全国中等职业学校电工类专业通用教材
全国技工院校电工类专业通用教材（中级技能层级）

电工仪表与测量

（第六版）

人力资源社会保障部教材办公室　组织编写

中国劳动社会保障出版社

简介

本书主要内容包括电工仪表与测量的基本知识、直流电流和直流电压的测量、交流电流和交流电压的测量、万用表、电阻的测量、电功率的测量、电能的测量、常用的电子仪器等。

本书由肖俊任主编，孙鼎敏任副主编，唐志忠、王莹、步晓文、郭中益、周明、张素华、周晓迪、何文燕、陈晨参加编写，陈惠群任主审。

图书在版编目（CIP）数据

电工仪表与测量 / 人力资源社会保障部教材办公室组织编写 . -- 6 版 . -- 北京 : 中国劳动社会保障出版社，2021

全国中等职业学校电工类专业通用教材　全国技工院校电工类专业通用教材 . 中级技能层级

ISBN 978-7-5167-3421-6

Ⅰ. ①电…　Ⅱ. ①人…　Ⅲ. ①电工仪表 – 中等专业学校 – 教材②电气测量 – 中等专业学校 – 教材　Ⅳ. ①TM93

中国版本图书馆 CIP 数据核字（2021）第 136946 号

中国劳动社会保障出版社出版发行

（北京市惠新东街 1 号　邮政编码：100029）

*

三河市华骏印务包装有限公司印刷装订　新华书店经销

787 毫米 × 1092 毫米　16 开本　17.75 印张　336 千字

2021 年 10 月第 6 版　　2021 年 10 月第 1 次印刷

定价：36.00 元

读者服务部电话：（010）64929211/84209101/64921644

营销中心电话：（010）64962347

出版社网址：http: //www.class.com.cn

http: //jg.class.com.cn

前 言

为了更好地适应全国技工院校电工类专业的教学要求，全面提升教学质量，人力资源社会保障部教材办公室组织有关学校的一线教师和行业、企业专家，在充分调研企业生产和学校教学情况、广泛听取教师使用反馈意见的基础上，吸收和借鉴各地技工院校教学改革的成功经验，对现有电工类专业通用教材进行了修订（新编）。

本次教材修订（新编）工作的重点主要体现在以下几个方面。

更新教材内容

◆ 根据企业岗位需求变化和教学实践，确定学生应具备的知识与能力结构，调整部分教材内容，增补开发教材，使教材的深度、难度、广度与实际需求相匹配。

◆ 根据相关专业领域的最新技术发展，推陈出新，补充新知识、新技术、新设备、新材料等方面的内容。

◆ 根据最新的国家标准、行业标准编写教材，保证教材的科学性和规范性。

◆ 根据一体化教学理念，提高实践性教学内容的比重，进一步强化理论知识与技能训练的有机结合，体现“做中学、学中做”的教学理念。

优化呈现形式

◆ 创新教材的呈现形式，尽可能使用图片、实物照片和表格等形式将知识点生动地展示出来，提高学生的学习兴趣，提升教学效果。

◆ 部分教材将传统黑白印刷升级为双色印刷和彩色印刷，提升学生的阅读体验。例如，《电工基础（第六版）》和《电子技术基础（第六版）》采用双色设计，使电路图、波形图的内涵清晰明了；《安全用电（第六版）》将图片进行彩色重绘，符合学生的认知习惯。

提升教学服务

为方便教师教学和学生学习，除全面配套开发习题册外，还提供二维码资源、电子教案、电子课件、习题参考答案等多种数字化教学资源。

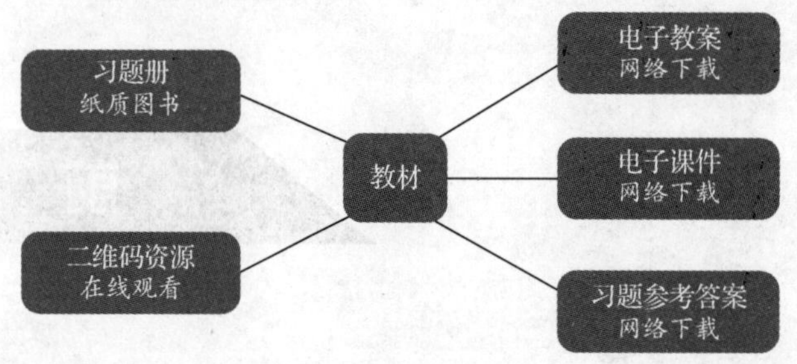

二维码资源——在部分教材中，针对重点、难点内容制作微视频，针对拓展学习内容制作电子阅读材料，使用移动设备扫描即可在线观看、阅读。

电子教案——结合教材内容编写教案，体现教学设计意图，为教师备课提供参考。

电子课件——依据教材内容制作电子课件，为教师教学提供帮助。

习题参考答案——提供教材中习题及配套习题册的参考答案，为教师指导学生练习提供方便。

电子教案、电子课件、习题参考答案均可通过中国技工教育网（http: //jg.class.com.cn）下载使用。

致谢

本次教材的修订（新编）工作得到了辽宁、江苏、山东、河南、广西等省（自治区）人力资源社会保障厅及有关学校的大力支持，在此我们表示诚挚的谢意。

人力资源社会保障部教材办公室

2020 年 9 月

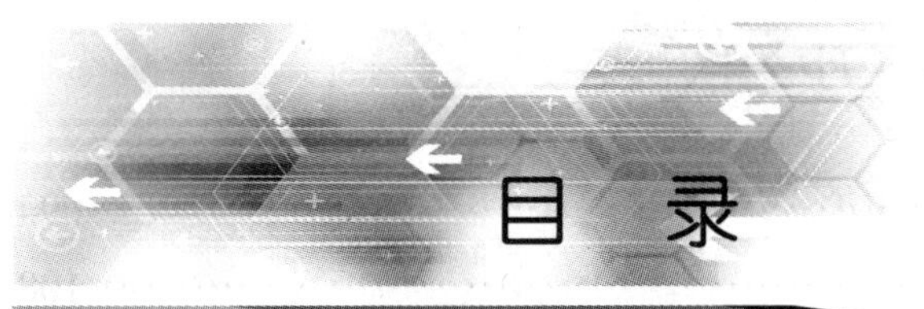

目 录

第四章　万　用　表

第五章　电阻的测量

第六章　电功率的测量

第七章　电能的测量

第八章 常用的电子仪器

绪 论

一、电工仪表与测量技术的应用

电工仪表与测量是中等职业技术学校电工类专业的一门专业课。作为电工，接触最多的是“电”。但“电”不像一般物质那样能够看得见、摸得着。因此，在电能的生产、传输、变配，特别是使用过程中，必须通过各种电工仪表对电能的质量及负载运行情况进行测量，并对测量结果进行分析，以保证供电、用电设备和线路可靠、安全、经济地运行。例如，发电厂控制室、企业配电柜、住宅小区电能表配电箱、企业生产车间机床维修、电气控制线路的安装和维修排故等，都离不开电工仪表，如图 0-1-1 所示。所以对从事电工相关工作的人员来讲，学习使用电工仪表与测量的技术，是十分重要且必要的。

a) 发电厂控制室内的电工仪表

b) 企业配电柜上的电工仪表

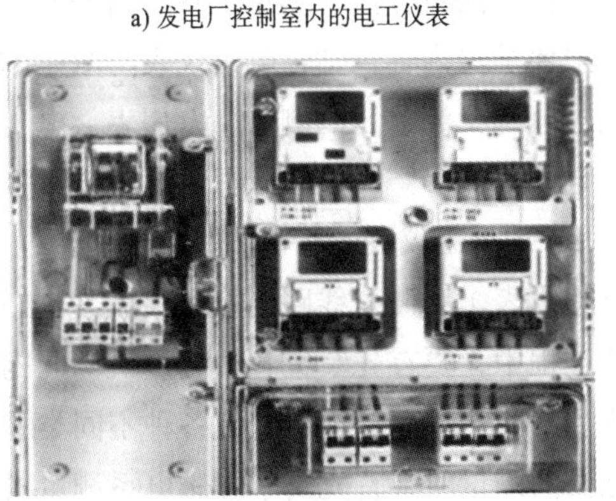

c) 住宅小区的电能表配电箱

d) 生产车间电气维修用的电工仪表

图 0-1-1　电工仪表在生产、生活中的应用

二、电工仪表的发展概况

电工仪表的发展始终与科学技术的发展密切相关。19 世纪 20 年代前后，随着“电流对磁针有力的作用”的发现，人们相继制造出了检流计、惠斯登电桥等最早的电工指示仪表。1895 年设计制造出了世界上第一台感应系电能表。

20 世纪 40 ~ 50 年代，由于新材料的出现，使电工仪表在准确度方面有了很大提高。20 世纪 60 年代更是出现了 0.1 级的磁电系和电动系仪表。

20 世纪 50 年代后，电子技术的发展更是为电工仪表的发展提供了有力支持。1952 年，世界上第一只电子管数字式电压表问世；20 世纪 60 年代生产出了晶体管数字式电压表；20 世纪 70 年代研制出了中、小规模集成电路的数字式电压表。近年来又相继推出了由大规模集成电路、超大规模集成电路构成的测量各种电量的数字式电工仪表。

在国内，20 世纪 90 年代前使用的电工仪表，主要是以磁电感应原理为基础设计制造的模拟式电工仪表。这类电工仪表有着显示直观、维修方便、可靠性高等优点。模拟式电工仪表是通过指针在表盘上摆动的大小来指示被测量的数值，因此也被称为指针式电工仪表。模拟式电工仪表造价低、价格便宜、功能全，但存在测量精度低、体积较大、容易损坏等缺点。20 世纪 90 年代后，我国进入了数字式电工仪表时代。数字式电工仪表集成了诸多先进技术，不仅能够满足更加多样的电工测量需求，而且具有极高的精度和测量准确度。模拟式电工仪表向数字式电工仪表的过渡，不仅是国内电工行业发展的需要，也是电工仪表技术发展的必然趋势。

三、本课程的学习任务、内容及方法

随着科学技术的不断发展，新的仪器仪表和测量手段也在不断更新。为适应这种变化和现实需要，本课程在内容设计上，力求将传统测量方法、测量工具与新的测量技术、测量仪器仪表相结合，突出实际运用。主要学习内容包括：电工仪表与测量的基本知识、直流电流和直流电压的测量、交流电流和交流电压的测量、万用表、电阻的测量、电功率的测量、电能的测量、常用的电子仪器等。通过本课程的学习，可以合理运用电工测量的方法，掌握正确选择和使用常用电工仪表的基本技能。

电工仪表主要由测量机构（或数字式电压基本表）和测量线路两部分组成，其中测量机构是整个仪表的核心。在学习本课程的过程中，要首先掌握各种测量机构的构造、工作原理和特点，然后在此基础上配合适当的测量线路，即可组成各种不同类型的电工仪表。例如，在学习直流电流和直流电压的测量时，首先要掌握磁电系测量机构的构造、原理和特点，再学习由不同的测量线路组成的直流电流表、直流电压表、等仪表。应注意的是，在学习本课程时，若能采取对比方法来总结各种仪表和各种测量线路的特点，将对学习本课程起到重要作用。

对于电子仪器，应主要掌握其组成方框图，了解各部分的作用，在此基础上学习电子仪器的使用方法会容易很多。

此外，在学习本课程时，除要重视课堂上的直观实物教学外，还要注意本课程与生产实习课的密切结合。只有这样，才能真正掌握好电工仪器仪表的使用与维护等知识，为今后进入工作岗位打下牢固的基础。

第一章
电工仪表与测量的基本知识

电工测量是将被测的电量、磁量或电路参数与同类标准量进行比较，从而确定被测量大小的过程。比较方法不同，测量方法及其引起的测量结果的误差大小也就不同。在电工测量中，除了应根据测量对象正确选择和使用电工仪表外，还必须采取合理的测量方法，掌握正确的操作技能，才能尽可能地减小测量误差。

在介绍各种常用电工仪表之前，本章首先介绍常用电工测量方法，常用电工仪表的分类、型号及标志，电工仪表的误差和准确度，测量误差及其消除方法，电工数字仪表和指示仪表的组成和技术要求等内容。

§1-1 电工测量和常用电工仪表常识

学习目标

1. 掌握电工测量的概念和常用的电工测量方法。
2. 掌握常用电工仪表的分类方法和标志符号。
3. 能正确识别电工仪表的型号和标志符号。

一、电工测量

测量是以确定某一物理量的量值为目的的操作，在这一过程中，往往需要借助专门的仪器和设备，将被测量与同类标准量进行比较，从而获得用数值和单位共同表示的测量结果。测量结果的量值是由数值和计量单位共同组成的，没有计量单位的数值是没有任何意义的。如用秤测量物体的质量，用温度计测量液体的温度等。

如前所述，电工测量是将被测的电量、磁量或电路参数与同类标准量进行比较，从而确定被测量大小的过程。常见的用电流表测量电路中的电流，用电压表测量电路负载两端的电压，用兆欧表测量电动机的绝缘电阻等都属于电工测量。

知识链接

度　量　器

在测量中实际使用的标准量是测量单位的复制体，称为度量器。如标准电池、标准电阻器、标准电感器分别是电动势、电阻和电感测量单位的复制体。度量器按精度和用途的不同，分为基准度量器和标准度量器两类。基准度量器是现代科学技术所能达到的精度最高的度量器，由各国最高的计量部门保存。为保证测量仪表的准确一致，还需要建立不同等级的标准度量器，用来鉴定低一级的测量仪表。常见的标准度量器如图 1–1–1 所示。

a) 标准电阻

b) 标准电感

c) 标准电容

图 1–1–1　常见的标准度量器

二、常用的电工测量方法

常用的电工测量方法见表 1–1–1。

三、常用电工仪表的分类

电工仪表是实现电磁测量过程中所需技术工具的总称。其种类很多，分类方法也各异。按结构和用途的不同主要分为四类，见表 1–1–2。

表 1-1-1　常用的电工测量方法

分类	定义	优点	缺点	适用范围	举例
直接测量法	凡能用直接指示的仪表读取被测量数值，而无须度量器参与的测量方法，称为直接测量法	方法简便，读数迅速	由于仪表接入被测电路后，会使电路工作状态发生变化，因而这种测量方法的准确度较低	适用于准确度要求不高的场合	电流表测量电流，电压表测量电压，功率表测量功率等
间接测量法	测量时先测出与被测量有关的电量，通过计算求得被测量数值的方法，称为间接测量法	在准确度要求不高的一些特殊场合应用十分方便	误差较大	适用于准确度要求不高的一些特殊场合	伏安法测量电阻，通过测量三极管发射极电压求得放大器静态工作点等
比较测量法	在测量过程中需要度量器的直接参与，并通过比较仪表来确定被测量数值的方法，称为比较测量法	准确度高	设备复杂，价格较高，操作麻烦	适用于准确度要求较高的场合	电桥测量电阻

表 1-1-2　常用电工仪表的分类

种类	特点	分类	典型仪表
指示仪表	能将被测量转换为仪表可动部分的机械偏转角，并通过指示器（指针）直接指示出被测量的大小，又称为直读式仪表、指针式仪表或模拟式仪表	按使用方法可分为安装式指示仪表和便携式指示仪表。按其工作原理又可分为磁电系仪表、电磁系仪表、电动系仪表和感应系仪表，此外还有整流系仪表、铁磁电动系仪表等	 安装式指示仪表 　便携式指示仪表
比较仪表	在测量过程中，通过被测量与同类标准量进行比较，然后根据比较结果才能确定被测量的大小	比较仪表又分为直流比较仪表和交流比较仪表两大类。直流电桥和电位差计属于直流比较仪表，交流电桥属于交流比较仪表	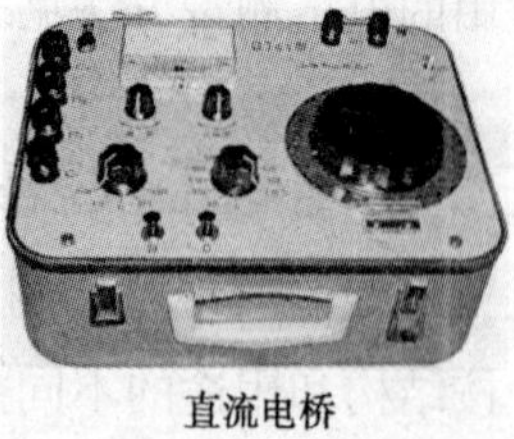 直流电桥

续表

种类	特点	分类	典型仪表
数字仪表	采用数字测量技术，并以数码的形式直接显示出被测量的大小	数字仪表可分为数字式电压表、数字式万用表、数字式频率表等	数字式电压表
智能仪表	利用微处理器的控制和计算功能，这种仪表可实现程控、记忆、自动校正、自诊断故障、数据处理和分析运算等功能	智能仪表一般分为带微处理器的智能仪器和自动测试系统两大类	数字式存储示波器

小提示

（1）安装式指示仪表是固定安装在开关板或电气设备面板上的仪表，又称面板式仪表。它广泛应用于发电厂、配电所的运行监视和测量中，但其准确度一般不高。

（2）便携式指示仪表是可以携带的仪表，其准确度较高，广泛应用于电气试验、精密测量及仪表检定中。

四、电工仪表的标志

不同的电工仪表具有不同的技术特性，为方便选择和使用电工仪表，规定用不同的符号来表示这些技术特性，并标注在仪表的面板上，这些图形符号称为电工仪表的标志。表 1-1-3 至表 1-1-10 所列为常见的电工仪表标志。

表 1-1-3 常用的测量单位符号

物理量	单位名称	单位符号	物理量	单位名称	单位符号	物理量	单位名称	单位符号
电流	安培	A	无功功率	兆乏	Mvar	相位	度	(°)
	毫安	mA		千乏	kvar	功率因数	无单位	—
	微安	μA		乏	var	无功功率因数	无单位	—
电压	千伏	kV	电阻	兆欧	MΩ	电容	法拉	F
	伏特	V		千欧	kΩ		毫法	mF
	毫伏	mV		欧姆	Ω		微法	μF
	微伏	μV		毫欧	mΩ		皮法	pF

续表

物理量	单位名称	单位符号	物理量	单位名称	单位符号	物理量	单位名称	单位符号
功率	兆瓦	MW	频率	兆赫	MHz	电感	亨	H
	千瓦	kW		千赫	kHz		毫亨	mH
	瓦特	W		赫兹	Hz		微亨	μH

表 1–1–4　仪表工作原理的常用图形符号

名称	符号	名称	符号	名称	符号
磁电系仪表		电动系仪表		感应系仪表	
磁电系比率表	×	电动系比率表		静电系仪表	
电磁系仪表		铁磁电动系仪表		整流系仪表	

表 1–1–5　准确度等级的符号（以准确度等级 1.5 为例）

名称	符号	名称	符号	名称	符号
以标度尺量程百分数表示的准确度等级	1.5	以标度尺长度百分数表示的准确度等级	1.5	以指示值百分数表示的准确度等级	1.5

注：仪表的准确度等级有 0.1、0.2、0.5、1.0、1.5、2.5、5.0 共七级。数字越小，仪表的误差越小，准确度等级越高。

表 1–1–6　仪表工作位置的常用符号

名称	符号	名称	符号	名称	符号
标度尺位置为垂直的	⊥	标度尺位置为水平的		标度尺位置与水平面倾斜成一角度，如 60°	60°

表 1–1–7 电流种类的常用符号

名称	符号	名称	符号	名称	符号
直流	⎓	交流	～	直流和交流	≂

表 1–1–8 仪表绝缘强度试验的常用符号

名称	符号	名称	符号
不进行绝缘强度试验	 ☆0	绝缘强度试验电压为 2 kV	 ☆2

表 1–1–9 外界工作条件的常用符号

名称	符号
A 组仪表（使用环境温度为 0 ~ 40 ℃，相对湿度为 85% 以内）	 △A
B 组仪表（使用环境温度为 –20 ~ 50 ℃，相对湿度为 85% 以内）	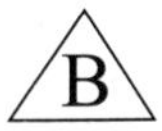 △B
C 组仪表（使用环境温度为 –40 ~ 60 ℃，相对湿度为 85% 以内）	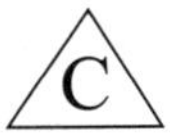 △C
Ⅰ级防外磁场（以磁电系仪表为例）	 [∩]
Ⅰ级防外电场（以磁电系仪表为例）	 [∩]（虚线框）
Ⅱ级防外磁场及外电场	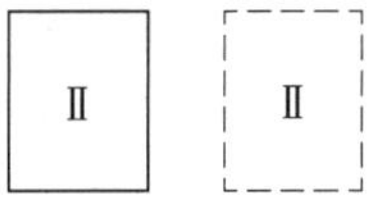 [Ⅱ] [Ⅱ]（虚线框）
Ⅲ级防外磁场及外电场	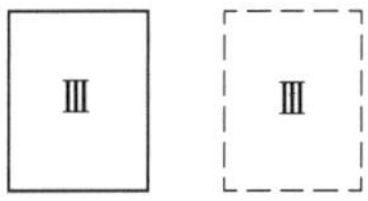 [Ⅲ] [Ⅲ]（虚线框）
Ⅳ级防外磁场及外电场	 [Ⅳ] [Ⅳ]（虚线框）

表 1-1-10　仪表端钮及调零器的符号

名称	符号	名称	符号	名称	符号	名称	符号
负端钮	—	公共端钮	⋇	与外壳相连接的端钮	⊥	调零器	⌒
正端钮	+	接地端钮	⏚	与屏蔽相连接的端钮	◯		

1. 电工指示仪表的标志

以图 1-1-2 所示电工指示仪表面板为例，介绍常用电工指示仪表的标志。

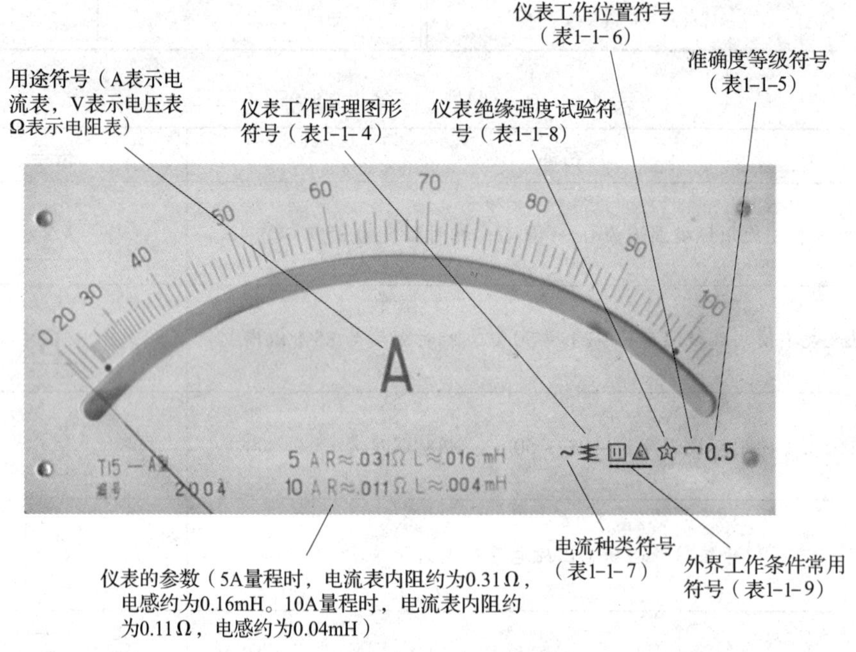

图 1-1-2　电工指示仪表的标志

2. 电工数字仪表的标志

以图 1-1-3 所示电工数字仪表面板为例，介绍常用电工数字仪表的标志，具体见表 1-1-11。

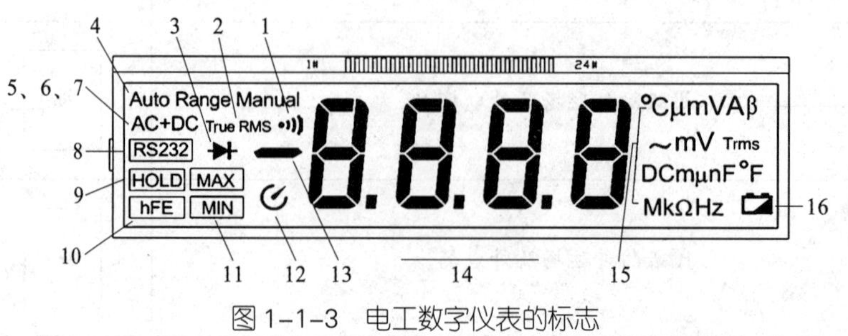

图 1-1-3　电工数字仪表的标志

表 1-1-11 电工数字仪表常见的标志

编号	名称	符号	编号	名称	符号
1	电路通断测量提示符	·)))	12	自动关机提示符	(自动关机符号)
2	真有效值提示符	True RMS	13	显示负的读数	▬
3	二极管测量提示符	▶|	14	超量程提示符	OL
4	自动或手动量程提示符	Auto Range、Manual	15	电阻单位	Ω、kΩ、MΩ
5	交流测量提示符	AC		电压单位	V、mV
6	直流测量提示符	DC		电流单位	μA、mA、A
7	交流 + 直流测量提示符	AC+DC		电容单位	nF、μF、mF
8	RS232 接口输出提示符	RS232		温度单位	℃、°F
9	数据保持提示符	HOLD		频率单位	Hz、kHz、MHz
10	三极管放大倍数测量提示符	hFE		三极管放大倍数测量提示符	β
11	最大、最小值提示符	MAX、MIN	16	电池欠压提示符	(电池符号)

五、常用电工仪表的型号

电工仪表是电工测量中最常用的仪表之一，学会识读电工仪表的型号对选择电工仪表具有重要意义。电工仪表的型号是按照国家标准编制的，它反映了仪表的用途、工作原理等主要特性。

1. 安装式指示仪表的型号

安装式指示仪表的型号由仪表形状第一位代号（面板形状）、仪表形状第二位代号（外壳形状）、组别号、设计序号和用途代号等组成。

如图 1-1-4 所示，42C2-A 表示设计序号为 2 的安装式磁电系电流表。其中，组别号 C 前面的数字 42 是仪表的形状代号，它表明这是一块 42 系列的方形安装式仪表，其外形尺寸为 120 mm × 120 mm，安装尺寸为 112 mm × 112 mm。

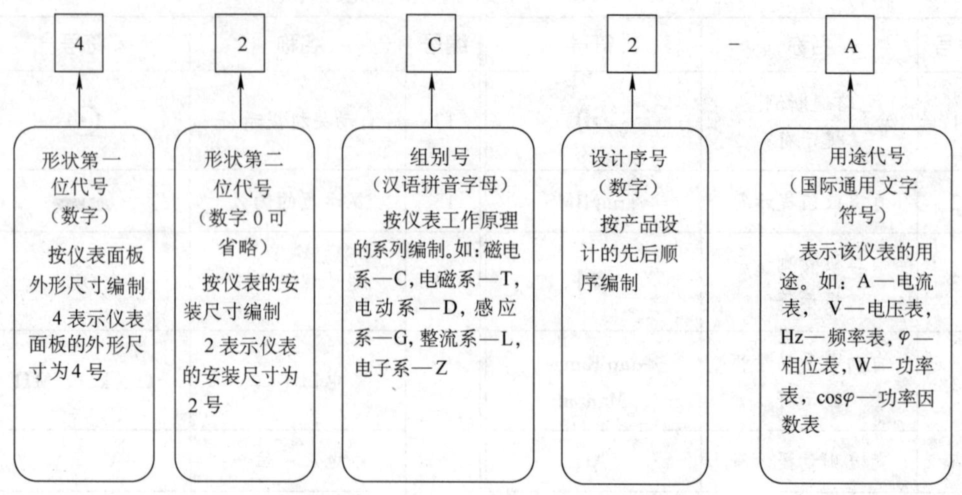

图1-1-4　安装式指示仪表型号的组成和含义

2. 便携式指示仪表的型号

由于便携式指示仪表不是固定安装在开关板上的，故不需要前面的形状代号，其他编制规则与安装式指示仪表相同。如图1-1-5所示，T19-A表示一块设计序号为19的便携式电磁系电流表。

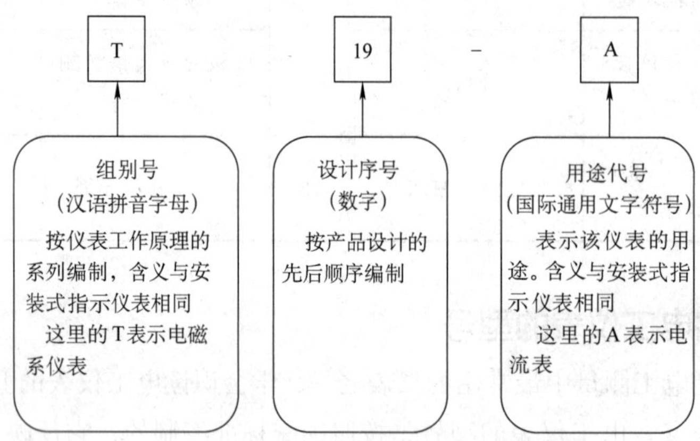

图1-1-5　便携式指示仪表型号的组成和含义

小提示

便携式指示仪表和安装式指示仪表型号的区别主要是看其组别号前面是否有数字。无数字的是便携式指示仪表，有数字的是安装式指示仪表。购买安装式指示仪表时一定要选择形状代号符合安装要求的仪表，否则购买的仪表可能安装不到开关柜上。

3. 电能表的型号

电能表型号的编制规则与便携式指示仪表的编制规则相似，但含义不同。如图 1-1-6 所示，DD282 表示一块设计序号为 282 的单相电能表。

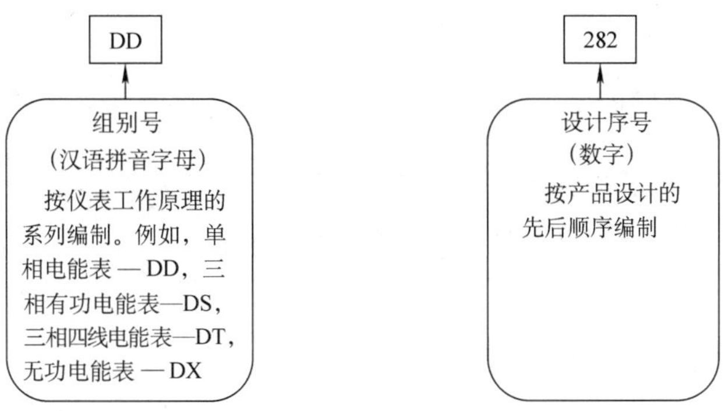

图 1-1-6 电能表型号的组成和含义

4. 数字仪表的型号

数字仪表的型号由产品类别、组别号、注册号、分割线“/”和企业补充标志组成，如图 1-1-7 所示。安装式数字仪表的企业补充标志中，应有仪表形状第一位代号（面板形状）和仪表形状第二位代号（外壳形状）。

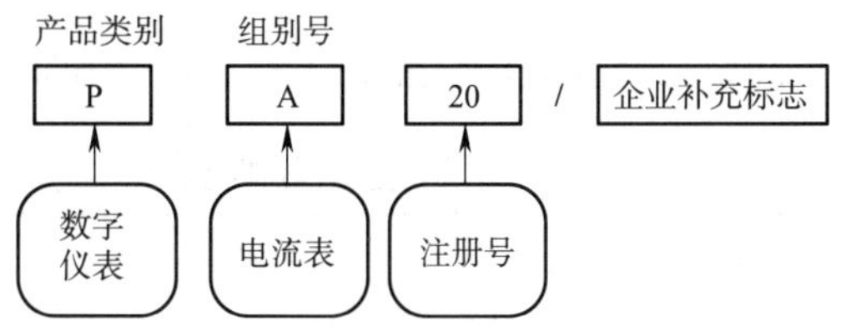

图 1-1-7 数字仪表型号的组成和含义

知识链接

电工仪表的组别号

电工仪表的组别号一般以汉语拼音的第一个字母表示，个别字母为了避免重复、误读，而不采用汉语拼音的第一个字母。例如，字母 I、O、V 宜避免使用。

§1-2　电工仪表的误差和准确度

学习目标

1. 了解误差的三种表示方法。
2. 掌握仪表准确度的含义及意义。

实际中，无论使用哪一种计量工具测量都有一定的偏差。如在商场买点心，用秤来称量点心，称量结果就与点心的实际质量有或多或少的差距。同样，在电工测量中，无论哪种电工仪表，也不论其质量多好，它的测量结果与被测量的实际值之间总会存在一定的差值，这个差值称为误差。准确度则是指仪表的测量结果与实际值的接近程度。仪表的准确度越高，误差越小。误差值的大小可以反映仪表本身的准确程度。

一、仪表的误差种类

按产生误差原因的不同，可将仪表的误差分为基本误差和附加误差，见表 1-2-1。

表 1-2-1　仪表误差的种类

仪表误差种类	定义	举例	说明
基本误差	仪表在正常工作条件下，由于其本身的结构、制造工艺等方面的不完善而产生的误差称为基本误差	仪表相对运动部分的摩擦、标度尺刻度不准、零件装配不当等原因造成的误差，都是仪表的基本误差	基本误差是仪表本身所固有的误差，一般无法消除
附加误差	仪表因为偏离了规定的工作条件而产生的误差称为附加误差	温度、频率、波形的变化超出规定的使用条件，工作位置不当或存在外电场、外磁场的影响等原因造成的误差，都是仪表的附加误差	附加误差实际上是一种因外界工作条件改变而造成的额外误差，一般可以设法消除

二、误差的表示方法

误差通常用绝对误差、相对误差和引用误差来表示。它们的定义不同，各自适用的场合也不同。

1. 绝对误差 Δ

仪表的指示值 A_x 与被测量实际值 A_0 之间的差值称为绝对误差，用 Δ 表示。

$$\Delta = A_x - A_0$$

在计算 Δ 值时，可用精度很高的标准表的指示值近似代替被测量的实际值。

【例 1-2-1】用一只标准电压表来校验甲、乙两只电压表，当标准表的指示值为 220 V 时，甲、乙两表的读数分别为 220.5 V 和 219 V，求甲、乙两表的绝对误差。

解：代入绝对误差的定义式得

甲表的绝对误差　　$\Delta_1 = A_{x1} - A_0 = 220.5\ \text{V} - 220\ \text{V} = 0.5\ \text{V}$

乙表的绝对误差　　$\Delta_2 = A_{x2} - A_0 = 219\ \text{V} - 220\ \text{V} = -1\ \text{V}$

计算结果表明，绝对误差有正负之分。正误差说明仪表指示值比实际值大，负误差说明仪表指示值比实际值小。另外，甲表的指示值偏离实际值较小，只有 0.5 V；而乙表的指示值偏离实际值较大，有 1 V。显然，甲表的指示值比乙表更准确。

实际中在测量同一被测量时，可以用绝对误差的绝对值 $|\Delta|$ 来比较不同仪表的准确程度，$|\Delta|$ 越小的仪表越准确。

将绝对误差的定义式变形可得

$$A_0 = A_x - \Delta = A_x + (-\Delta) = A_x + C$$

式中，$C = -\Delta$ 称为仪表的校正值。引入校正值 C 后，就可以利用上式对仪表的指示值进行校正，从而得到被测量的实际值 A_0。实际应用中，对于准确度较高的仪表，一般都给出该表的校正值，以便在测量过程中校正被测量的指示值，从而提高测量准确度。

2. 相对误差 γ

绝对误差 Δ 与被测量实际值 A_0 比值的百分数称为相对误差，用 γ 表示，即

$$\gamma = \frac{\Delta}{A_0} \times 100\%$$

一般情况下，实际值 A_0 难以确定，而仪表的指示值 $A_x \approx A_0$，故用以下公式计算相对误差：

$$\gamma = \frac{\Delta}{A_x} \times 100\%$$

【例 1-2-2】已知用甲表测量 200 V 电压时，$\Delta_1 = 2$ V；用乙表测量 10 V 电压时，$\Delta_2 = 1$ V。试比较两表的相对误差。

解：甲表相对误差为

$$\gamma_1 = \frac{\Delta_1}{A_{01}} \times 100\% = \frac{2\ \text{V}}{200\ \text{V}} \times 100\% = 1\%$$

乙表相对误差为

$$\gamma_2=\frac{\Delta_2}{A_{02}}\times 100\%=\frac{1\ \mathrm{V}}{10\ \mathrm{V}}\times 100\%=10\%$$

由上述结果可以看出，甲表的绝对误差 Δ_1 是乙表绝对误差 Δ_2 的 2 倍，但从绝对误差对测量结果的影响来看，甲表的绝对误差只占被测量的 1%，而乙表的绝对误差却占被测量的 10%，因此，甲表的相对误差小，乙表的相对误差大。显然，在测量不同大小的被测量时，不能简单地用绝对误差 Δ 来判断测量结果的准确程度。

实际测量中，常用相对误差来表示测量结果的准确程度，而且在测量不同大小的被测量时，利用相对误差可对其测量结果的准确程度进行比较。

3. 引用误差 γ_m

相对误差可以表示测量结果的准确程度，却不能说明仪表本身的准确程度。由式 $\gamma=\frac{\Delta}{A_x}\times 100\%$ 可以看出：同一只仪表，在测量不同被测量时，摩擦等原因造成的绝对误差 Δ 虽然变化不大，但被测量 A_x 却可以在仪表的整个刻度范围内变化。显然，对应于不同大小的被测量，就有不同的相对误差。因此，不能用相对误差来全面衡量一只仪表的准确程度。

工程中，一般采用引用误差来反映仪表的准确程度。绝对误差 Δ 与仪表量程（最大读数）A_m 比值的百分数，称为引用误差 γ_m，即

$$\gamma_m=\frac{\Delta}{A_m}\times 100\%$$

由上式可以看出，引用误差实际上就是仪表在最大读数时的相对误差，即满刻度相对误差。因为绝对误差 Δ 基本不变，仪表量程 A_m 也不变，故引用误差 γ_m 可以用来表示一只仪表的准确程度。

三、仪表的准确度

测量值不同时，仪表的绝对误差多少会有些变化，因而对应的引用误差也会随之发生变化。所以，国家标准中规定以最大引用误差来表示仪表的准确度。也就是说，仪表的最大绝对误差 Δ_m 与仪表量程 A_m 比值的百分数，称为仪表的准确度（$\pm K\%$），即

$$\pm K\%=\frac{\Delta_m}{A_m}\times 100\%$$

式中，K 表示仪表的准确度等级，它的百分数表示仪表在规定条件下的最大引用误差。显然，最大引用误差越小，仪表的基本误差越小，准确度越高。在仪表的技术参数中，仪表的准确度被用来表示仪表的基本误差。

根据国家标准规定，我国生产的电工仪表的准确度共分 7 级，各等级的仪表在正常工作条件下使用时，其基本误差不得超过表 1–2–2 中的规定。

表 1-2-2 仪表的基本误差

准确度等级	0.1	0.2	0.5	1.0	1.5	2.5	5.0
基本误差 /%	±0.1	±0.2	±0.5	±1.0	±1.5	±2.5	±5.0

若已知仪表量程，则可求出不同准确度等级仪表所允许的最大绝对误差 Δ_m，即

$$\Delta_m=\frac{\pm K\times A_m}{100}$$

【例 1-2-3】用准确度等级为 5.0 级、量程为 500 V 的电压表，分别测量 50 V 和 500 V 的电压。求其相对误差。

解：先求出该表的最大绝对误差：

$$\Delta_m=\frac{\pm K\times A_m}{100}=\frac{\pm 5.0\times 500}{100}\text{ V}=\pm 25\text{ V}$$

测量 50 V 电压时产生的相对误差为：

$$\gamma_1=\frac{\Delta_1}{A_{01}}\times 100\%=\frac{\pm 25\text{ V}}{50\text{ V}}\times 100\%=\pm 50\%$$

测量 500 V 电压时产生的相对误差为：

$$\gamma_2=\frac{\Delta_2}{A_{02}}\times 100\%=\frac{\pm 25\text{ V}}{500\text{ V}}\times 100\%=\pm 5\%$$

由以上计算结果可以看出，在一般情况下，测量结果的准确度（即最大相对误差）并不等于仪表的准确度，只有当被测量正好等于仪表量程时，两者才会相等。在例 1-2-3 中，当被测量远小于仪表量程时，测量结果的误差高达 50%。因此，绝不能把仪表的准确度与测量结果的准确度混为一谈。

实际测量时，为保证测量结果的准确性，不仅要考虑仪表的准确度，还要选择合适的量程。例如，电工指示仪表在测量时要使仪表指针处在满刻度的后三分之一段，如图 1-2-1 所示。

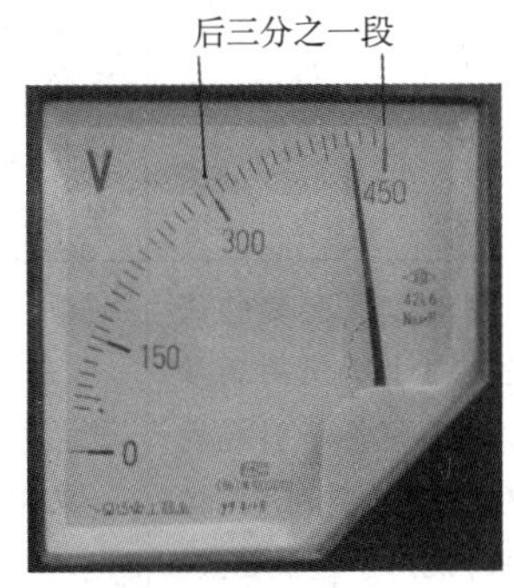

图 1-2-1 仪表指针的正确位置

§1-3 测量误差及其消除方法

学习目标

1. 理解测量误差的概念。
2. 掌握产生测量误差的原因及其消除方法。

无论是由于电工仪表本身的误差和所用测量方法不完善引起的误差，还是其他因素（如外界环境变化、操作者观测经验不足等）引起的误差，最终都会在测量结果上反映出来，即造成测量结果与被测量实际值存在差异，这种差异称为测量误差。可见，测量误差是由多种原因共同造成的。

根据产生原因的不同，测量误差可分为系统误差、偶然误差和疏失误差三大类。它们的定义、产生原因及消除方法见表 1-3-1。

表 1-3-1 各种测量误差的定义、产生原因及消除方法

种类	定义	产生原因	消除方法
系统误差	指在相同条件下多次测量同一量时，误差的大小和符号均保持不变，而在条件改变时遵从一定规律变化的误差	测量仪表引起的误差：包括测量仪表本身不完善而造成的基本误差，以及由于仪表工作条件改变而造成的附加误差	重新配置合适的仪表或对测量仪表进行校正，尽量满足仪表要求的工作条件 采用替代法：用已知量代替被测量，并使仪表的工作状态保持不变，由已知量的数值便可求得被测量（两者相等）。这样，仪表本身的不完善就不会对测量结果产生作用，从而消除了系统误差 已知仪表校正曲线的情况下可引入校正值：将相应的校正值引入测量结果中，即把测量值加上相应的校正值，从而消除系统误差
		测量方法引起的误差：由于所用的测量方法不完善而引起的误差。例如，利用间接法时采用了近似公式，且未考虑仪表内阻对测量结果的影响等	采用合适的测量方法

续表

种类	定义	产生原因	消除方法
系统误差	指在相同条件下多次测量同一量时，误差的大小和符号均保持不变，而在条件改变时遵从一定规律变化的误差	受外磁场的影响	采用正负误差补偿法：对同一量进行两次测量，使测量结果中的系统误差一次为正，一次为负，取其结果的平均值后，就能消除这种系统误差。例如，为消除外磁场对电流表读数的影响，可将电流表放置的位置调换 180° 后再测量一次，则在两种位置下测得结果的误差符号必然是一正一负，取其平均值后，就能消除由外磁场影响而引起的系统误差 采用替代法：用已知量代替被测量，并使仪表的工作状态保持不变，由已知量的数值便可求得被测量（两者相等）。这样，外界因素的影响就不会对测量结果产生作用，从而消除了系统误差
偶然误差	一种大小和符号都不固定的误差，又称为随机误差	主要由外界环境的偶发性变化引起。例如，外电场、磁场的突变，温度、湿度的突变，电源电压、频率的突变等，使得在重复测量同一量时，其结果不完全相同，从而产生偶然误差	实际中，一次测量结果的偶然误差没有规律，但多次测量中的偶然误差是符合统计学规律的。这种规律之一是随着测量次数的增多，绝对值相等、符号相反的偶然误差出现的次数基本相等。因此，通常采用增加重复测量次数，取算术平均值的方法来消除偶然误差对测量结果的影响。实践证明，测量次数越多，其算术平均值就越接近于实际值
疏失误差	一种严重歪曲测量结果的误差	主要由于操作者的粗心和疏忽造成，如测量中读数错误、记录错误、算错数据以及读数误差过大等	对含有疏失误差的测量结果应抛弃不用。消除疏失误差的根本方法是加强操作者的工作责任心，倡导认真负责的工作态度，同时要提高操作者的素质和技能水平

§1-4　电工仪表的组成

学习目标

1. 掌握电工指示仪表和电工数字仪表的组成。
2. 熟悉电工指示仪表和电工数字仪表的主要装置。

一、电工指示仪表

电工指示仪表的种类繁多，按照其工作原理可分为磁电系仪表、电磁系仪表、电动系仪表和感应系仪表四大类。虽然它们的工作原理各不相同，但是它们的任务却是相同的，都是要把被测电量转换为仪表可动部分的机械偏转角，然后用指针偏转角的大小来反映被测电量的数值。因此，它们在结构上就存在着相同的组成部分。

为了实现被测电量到仪表可动部分机械偏转角的转换，电工指示仪表都是由测量线路和测量机构两大部分组成的，如图 1-4-1 所示。

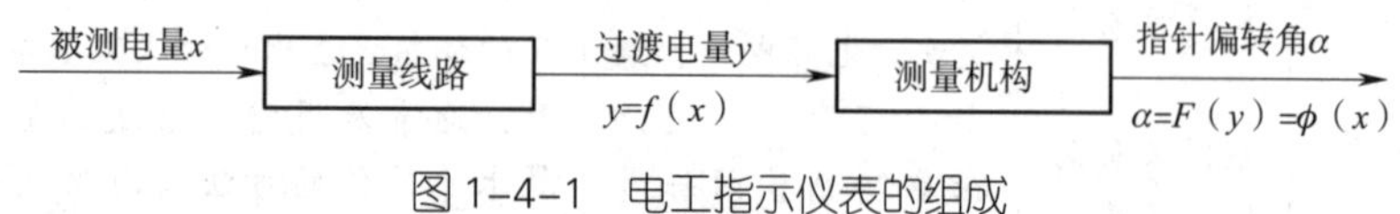

图 1-4-1　电工指示仪表的组成

1．测量线路

测量线路通常由电阻、电容、电感、二极管等电子元器件组成。应注意，不同仪表的测量线路是不同的，如电流表中采用分流电阻，电压表中采用分压电阻等。其作用是把各种不同的被测电量按一定比例转换为测量机构所能接受的过渡电量。

为使仪表指针的偏转角能够正确反映被测电量的数值，要求偏转角一定要与被测电量（过渡电量）保持一定的函数关系。

2．测量机构

各种类型电工指示仪表的测量机构尽管在结构及工作原理上各不相同，但是它们都是由固定部分和可动部分组成的，而且都能在被测电量的作用下产生转动力矩，驱动可动部分偏转，从而带动指针指示出被测电量的大小。测量机构是整个指示仪表的核心，其作用是把过渡电量转换成仪表可动部分的机械偏转角。

电工指示仪表的测量机构必须包括以下五个主要装置：

（1）转动力矩装置

要使电工指示仪表的指针偏转，测量机构必须有产生转动力矩 M 的装置，该装置由固定部分和可动部分组成。不同系列的指示仪表产生转动力矩的结构原理不同。例如，磁电系仪表的转动力矩是利用通电线圈在磁场中受到电磁力的作用而产生的。转动力矩 M 的大小与被测电量 x 及指针偏转角 α 成某种函数关系。

（2）反作用力矩装置

如果测量机构中只有转动力矩 M，则不论被测电量有多大，可动部分都将在其作用下偏转到尽头。为此，要求在可动部分偏转时，测量机构中能够产生随偏转角增大而增大的反作用力矩 M_f，使得当 $M=M_f$ 时，可动部分平衡，从而稳定在一定的偏转角 α 上。

反作用力矩 M_f 一般由游丝产生。其方向总是与转动力矩的方向相反，大小在游丝的弹性范围内与指针偏转角 α 成正比。如图 1–4–2 所示为用游丝产生反作用力矩的装置。当可动部分带动指针偏转时，游丝被扭紧，产生的反作用力矩 M_f 随之增大，方向与转动力矩 M 的方向相反。在游丝的弹性范围内，反作用力矩 M_f 与偏转角 α 成线性关系。

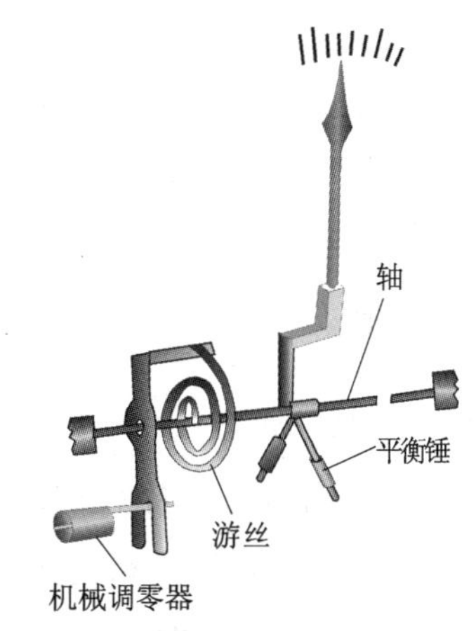

图 1–4–2 用游丝产生反作用力矩的装置

小提示

在电工指示仪表中，除利用游丝产生反作用力矩外，还有利用电磁力来产生反作用力矩的。

（3）阻尼力矩装置

由于电工指示仪表的可动部分都具有一定的惯性，因此，当 $M=M_f$ 时，可动部分（指针）不可能马上停止下来，而是在平衡位置附近来回摆动，因而不能快速地读取测量结果。为了缩短可动部分摆动的时间以尽快读数，仪表中还必须有产生阻尼力矩的装置。电工指示仪表中常用的阻尼力矩装置有空气阻尼器和磁感应阻尼器两种，如图 1–4–3 所示。

1）空气阻尼器是利用可动部分的运动带动阻尼片运动，而阻尼片在密封的阻尼器盒中运动时，必然要受到空气的阻力，从而产生阻尼力矩 M_z。显然，仪表可动部分运动的速度越快，阻尼力矩越大。

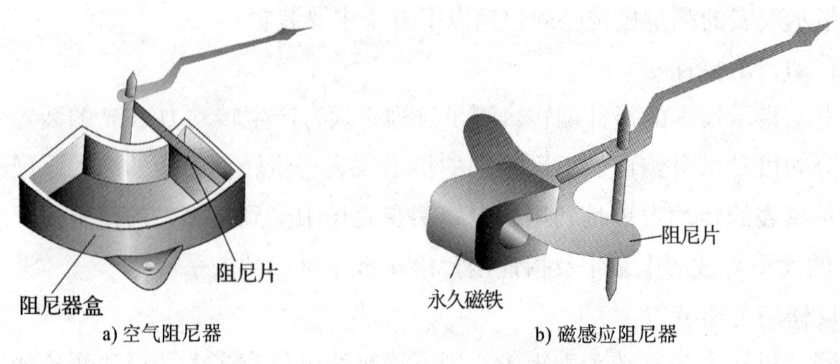

图 1–4–3　阻尼力矩装置

2）磁感应阻尼器通过可动部分的运动带动金属阻尼片在永久磁铁的磁场内运动，从而切割磁感线产生涡流。涡流与永久磁铁的磁场相互作用，产生了阻尼力矩 M_z。

由以上不难看出，阻尼力矩 M_z 只在仪表可动部分运动时才能产生。M_z 的大小与可动部分的运动速度成正比，方向与运动方向相反。当可动部分在平衡位置静止时，$M_z=0$。因此，可动部分的稳定偏转角只由转动力矩和反作用力矩的平衡关系 $M=M_f$ 决定，而与阻尼力矩无关。

（4）读数装置

读数装置由指示器和刻度盘组成。

1）指示器分指针式和光标式两种。指针又分矛形和刀形两种，如图 1–4–4a 和 b 所示。指针通常采用铝合金等材料制成，轻而坚固。大、中型安装式仪表多采用矛形指针，以便远距离读数。小型安装式仪表及便携式仪表多采用刀形指针，以利于精确读数。

光标式指示器如图 1–4–4c 所示，由灯泡射出的光线经过聚光装置照射到固定在可动部分转轴上的反射镜上，经反射投影在标度尺上，就能通过光标指示出被测量的数值。光标式指示器可以完全消除视觉误差，一般用于一些高灵敏度和高准确度的仪表。

2）刻度盘俗称表盘，它是一个画有标度尺和仪表标志符号的平面，如图 1–4–5 所示。为了消除视觉误差，有些便携式精密仪表在标度尺下面还安装有一块反射镜，当看到指针与其在镜中的影像重合时才能读数。

（5）支撑装置

测量机构中的可动部分要随被测电量大小而偏转就必须有支撑装置，常见的支撑方式有以下两种：

1）轴尖轴承支撑方式。如图 1–4–6a 所示，仪表可动部分（如线圈）装在转轴上，转轴两端是轴尖，轴尖支撑在轴承内。这种支撑方式的优点是坚固耐用，缺点是由于轴承和轴尖之间的摩擦，仪表的灵敏度会受到一定的影响。

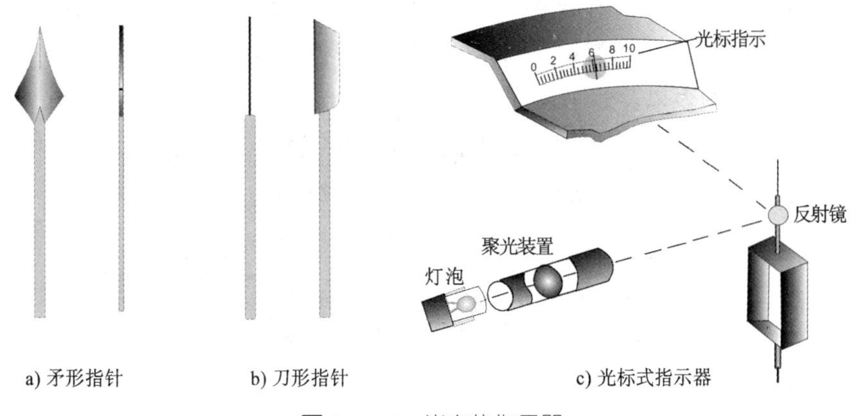

图 1-4-4 仪表的指示器

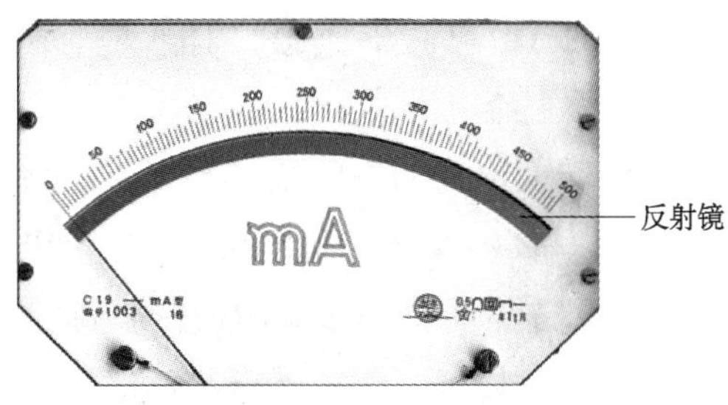

图 1-4-5 安装反射镜的表盘

2）张丝弹片支撑方式。如图 1-4-6b 所示，其中的弹片对张丝起减振及保护作用。在这种支撑方式中，由于用张丝弹片代替了轴尖和轴承，基本上消除了摩擦引起的误差，因而灵敏度很高。目前，许多检流计都采用了这种支撑方式。

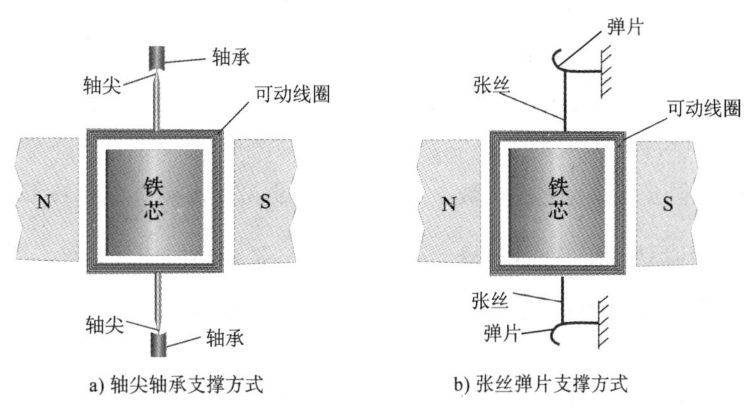

图 1-4-6 仪表的支撑方式

二、电工数字仪表

通过前面的学习已经知道，测量机构是电工指示仪表的核心，而数字式电压基本表就是以数字式万用表为代表的众多数字仪表的核心。同样道理，只要在数字式电压基本表的基础上增加不同的测量线路，就能组成各种不同用途的数字仪表。如数字式电流表、数字式欧姆表以及数字式万用表等。

为了实现被测电量到仪表数字显示的转换，电工数字仪表都是由测量线路、A/D 转换器和数字显示电路三大部分组成的，如图 1–4–7 所示。

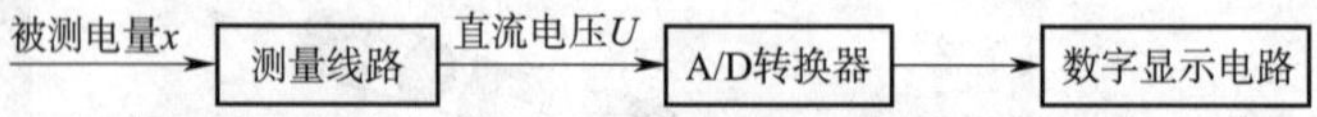

被测电量x → 测量线路 → 直流电压U → A/D转换器 → 数字显示电路

图 1–4–7　电工数字仪表的组成

1．测量线路

测量线路的任务是将被测模拟量转换为便于进行模—数转换的另一种模拟量（即中间量），由于现在实际使用的 A/D 转换器所用的中间量都是直流电压，所以现在的测量线路总是把被测电量转换为直流电压。

在指示仪表中，测量线路转换出来的中间量只要能与被测电量 x 保持一定的函数关系，即 $y=F(x)$ 即可。即使 $y=F(x)$ 不是线性函数，也可以通过非线性的标尺来解决。而数字仪表则不然，它要求转换后的中间量 U 必须与被测电量 x 保持线性关系。因为从中间模拟量开始，经 A/D 转换器，到数字显示器都是线性关系，因此要求在测量线路中，中间量必须与被测电量保持线性关系，即 $U=kx$，式中 k 为常数。

2．A/D 转换器

A/D 转换器的任务是把中间模拟量转换为数字量。模拟量是连续的量，其数值连续可变，且随时间连续变化。大部分物理量都是模拟量。数字量则是不连续的量，只能一个单位一个单位地增加或减少，而且在时间上也不连续。例如，用开关通断、脉冲个数表示一个数字时，需要占用时间。

所以，在电工数字仪表中，A/D 转换器就是把连续变化的直流电压转换为高电平或低电平的间断脉冲所组成的二进制数码。如果被测电量本身就已经是一种数字量，例如频率（交流电压每秒变化的次数），就无须经过 A/D 转换这个环节了。

A/D 转换器种类繁多，型号各异，而 CC7106 型是目前应用较广的一种 $3\frac{1}{2}$位 A/D 转换器，许多数字式电压表都采用这种芯片来完成模 / 数转换。

3．数字显示电路

数字显示电路的任务是把转换后的数字量用数码形式显示出来。

显示器可以是数码管、指示灯或其他显示器件。常用的数码管可以直接显示并行的二进制数码。如果是串行的电脉冲信号，则可用计数器转换为数码。

电工数字仪表所用的显示器一般为发光二极管（LED）显示器和液晶（LCD）显示器。

小提示

原则上，所有电工仪表都可以做成数字仪表。数字仪表以数字形式显示，没有机械转动部分，因此可以避免摩擦、读数等引起的误差。而且对于生产过程采用计算机控制的系统，采用数字仪表便于与计算机配合。

§1-5 电工仪表的技术要求

学习目标

1. 了解电工指示仪表和数字仪表的技术要求。
2. 熟悉电工指示仪表和数字仪表灵敏度的概念。

一、电工指示仪表的技术要求

电工指示仪表是监测电气设备运行的主要测量工具。为了保证测量结果的准确性和可靠性，在挑选电工指示仪表时要注重它的技术要求，具体包括以下几个方面。

1. 经济合理的准确度

仪表的准确度太高，会使制造成本增加，同时对仪表使用条件的要求也相应提高；而准确度太低，又不能满足测量的需要。因此，仪表准确度要根据实际测量的需要来选择，切忌片面追求仪表的高准确度。例如，0.1 级或 0.2 级的仪表通常作为标准表或精密测量时使用；实验室一般可选用 0.5 级或 1.0 级的仪表；一般的工程测量可选用 1.5 级以下的仪表。

2. 合适的灵敏度

在实际测量中，要根据被测电量的要求选择合适的灵敏度。灵敏度太高，仪表的制造成本就高，要求的使用条件也高；灵敏度太低，仪表不能反映被测电量的微小变化。因此，选择仪表灵敏度应以满足测量需要为宜。

3. 良好的读数装置

良好的读数装置是指仪表的标度尺刻度应尽量均匀，以便于读数。对刻度不均匀的标度尺，应标明读数的起点，并用符号“.”表示，如图 1–5–1 所示。

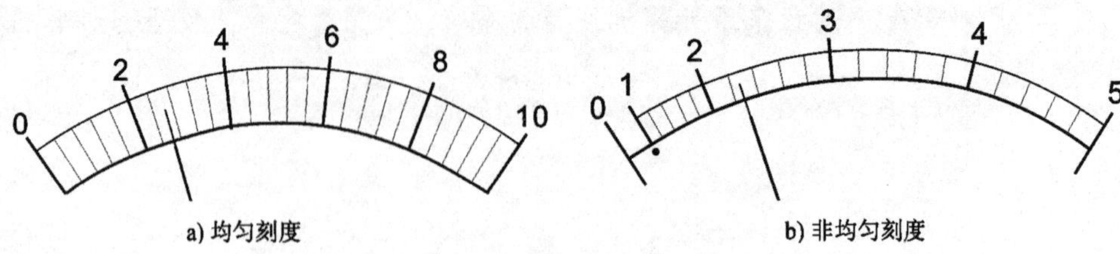

图 1–5–1　仪表的标度尺

4. 良好的阻尼装置

当仪表接入电路后，指针在平衡位置附近摆动的时间应尽可能短；在用仪表测量时，指针应能均匀、平稳地指向平衡位置，以便迅速读数。因此，需要良好的阻尼装置。若阻尼装置失效，则仪表会出现指针在平衡位置左右摆动、长时间不能停留在平衡位置的现象，从而延长读数的时间。

5. 仪表本身消耗功率小

在测量过程中，仪表本身必然会消耗一定的功率，但应要求消耗的功率尽量小。如果仪表本身消耗功率太大，轻则会改变被测电路原有的工作状态，产生较大的测量误差，重则可能造成仪表损坏。

6. 足够的绝缘强度

仪表有足够的绝缘强度，可以保证使用者和仪表的安全。使用中，严禁测量电路的电压超过仪表的绝缘强度试验电压，否则将引起危害人身和设备安全的事故。

7. 足够的过载能力

在实际使用中，由于某些原因（如被测量的突然变化、仪表使用者操作错误等）使仪表过载的现象时有发生，因此要求仪表具有足够的过载能力，以延长仪表的使用寿命。否则仪表一旦过载，轻则指针被打弯，重则可能损坏仪表。电工仪表对过载能力的要求，可查看有关标准中的规定。

8. 仪表的变差小

仪表在反复测量同一被测量时，由于摩擦等原因造成的两次读数不同，它们的差值称为“变差”。一般要求仪表的“变差”不应超过其基本误差的绝对值。

在挑选仪表时，要根据使用和测量的要求，针对以上几个技术要求，全面而又有所侧重地进行选择。例如，在实验中，要尽量选择准确度较高的仪表，以确保实验结果的准确；而在工厂企业进行一般的机床维修时，就可以选择准确度稍低的仪表来使用。在测量较高电压的场合，要特别注意仪表的绝缘强度是否满足要求；而在电压波动大或负载变化大的场合，要注意仪表的过载能力是否能够满足要求等。

知识链接

电工指示仪表的灵敏度

在电工指示仪表中，仪表可动部分偏转角的变化量 $\Delta\alpha$ 与被测电量的变化量 Δx 的比值称为仪表的灵敏度，用 S 表示，即 $S=\dfrac{\Delta\alpha}{\Delta x}$。

对于标度尺刻度均匀的仪表，其灵敏度是一个常数，它的数值等于单位被测电量所引起的偏转角，即 $S=\dfrac{\alpha}{x}$。

灵敏度的倒数称为仪表常数，用 C 表示，即 $C=\dfrac{1}{S}$。

灵敏度描述了仪表对被测电量的反应能力，即反映了仪表所能测量的最小被测电量。因此，灵敏度是电工指示仪表的一个重要指标。

二、电工数字仪表的技术要求

电压和频率是数字测量中的两个基本量，其他被测电量往往都转换成电压或频率进行测量，所以电工数字仪表的技术性能实际上反映数字测量的水平。

1. 显示位数

电工数字仪表的显示位数通常用一个整数和一个分数表示，例如 $3\frac{1}{2}$位、$3\frac{3}{4}$位、$4\frac{1}{2}$位、$4\frac{3}{4}$位等，其中整数部分表示能显示 0 ~ 9 全部数字的位数有几位，分数部分用于表示最高位的显示性能，分子表示最高位数字可能显示的最大数值，分母表示满程时应该显示的数值。例如 $3\frac{1}{2}$位，其整数为 3，所以个位、十位和百位 3 个位都可以显示 0 ~ 9 的任意值。分数为$\frac{1}{2}$，分子为 1，表示千位最大只能显示到 1。分母为 2，表示满量程时千位为 2，但因为分子为 1，所以最大显示值只能为 1 999，尽管满量程值为 2 000，但到 2 000 时千位无法显示，仍为 1 并闪烁，其余各位消隐不显示，以此表示满量程或超过满量程的溢出状态。可见，分数分母只能比分子大 1，例如$\frac{1}{2}$、$\frac{2}{3}$、$\frac{3}{4}$，若分子为 3，则满量程最高位不能超过 4，超过则为溢出。现在电工数字仪表显示位数最少为 4 位，最多可达 10 位。

2. 灵敏度

电工数字仪表可以通过电子放大器对被测电压进行放大，所以电工数字仪表的灵敏度也能够做得比较高。电工数字仪表没有刻度盘，所以它的灵敏度不用 S 表示，而用分辨力或分辨率表示。分辨力是指最低量程时末位 1 个字所对应的电压，分辨率是指能测出的电压最小变化量与最大数字之比的百分数。例如 $3\frac{1}{2}$ 位电工数字仪表，如果最低量程时末位为 1，代表 1 μV，则其分辨力为 1 μV，或者说灵敏度为 1 μV。测出的电压最小变化量为 1，最大数字为 1 999，则分辨率为 $\frac{1}{1\,999}\approx 0.05\%$。现在的电工数字仪表分辨力可达 1 nV，常用分辨率为 $\frac{1}{1\,999}\sim\frac{1}{99\,999\,999}$。

3．量程范围

量程范围指电压表测量电压时，从 0 到满量程的显示值，例如 0 ~ 1 999 V。若有正负号，则表示从 0 到正负满量程的显示值，例如 0 ~ ±1 999 V。如果有量程转换开关，则开关置不同挡位时，会有不同的量程范围，其中最小的量程范围具有最大的分辨力。当然，量程范围越大越好，但在位数不变的条件下，量程范围越大，分辨力就越低。另外，为安全起见，一般量程上限也不允许太高，都在千伏以下。有的电工数字仪表量程可达几千伏，但那是专门供测量电视机或其他具有高内阻的高压电源时使用的，不能用来测量一般的低内阻高压电源。若要测量低内阻高压电源，需要通过互感器隔离，不宜直接使用该电工数字仪表，否则将危及性命。

小提示

电工数字仪表的位数和量程范围，必须根据所用的 A/D 转换器字长来定，量程越大，它的 A/D 转换器字长越长。因为分辨力是指最低量程时末位 1 个字所对应的电压 U，如果 A/D 转换器的字长为 n 位，则 A/D 转换器允许输入的最大电压为 $U_m=2^n\times U$。例如，A/D 转换器的字长为 8 位，分辨力为 1 μV，则 A/D 转换器允许输入的最大电压为 $U_m=2^8\times$ 1 μV=256 μV。可见显示位数越多的电工数字仪表，要求 A/D 转换器的字长越长。

4．准确度

电工数字仪表的测量结果用数字显示，所以不存在视觉误差，而且仪表内部没有可动部件，所以不存在机械摩擦、变形等问题，它的准确度主要取决于 A/D 转换器和其他电子元器件的质量，控制电子元器件的质量比控制机械元件容易，所以数字仪表是比较容易制成高准确度仪表的。一般机械类指示仪表准确度达 0.1%（0.1 级）已很不容易，而数字仪表可以达到 0.05%，有些数字仪表还可以达到 0.01%。要注意电工数字仪表的分辨率不等于准确度，分辨率为 $\frac{1}{1\,999}=0.05\%$ 的电压表，并不代表它的准确率为 0.05%。

5．输入阻抗

电压表要求有较高的输入阻抗。因为电压表要与被测电路并联，如果输入阻抗太小，并联后会从被测电路吸取功率，改变被测电压值。

例如，图 1–5–2 所示被测电压源的内阻为 R_s，电压表输入阻抗为 R_i，电压源的电压为 U_x，可求得电压表测出的值为 $U_x' = \frac{R_i}{R_s+R_i}U_x$，测量的相对误差（考虑到 $R_i>>R_s$）$\gamma = \frac{U_x'-U_x}{U_x} = -\frac{R_s}{R_s+R_i} \approx -\frac{R_s}{R_i}$，可见输入阻抗 R_i 越大，测量的相对误差越小。电工数字仪表的输入电路，可以采用场效应晶体管提高输入阻抗，使输入电阻达到 20 000 ~ 25 000 MΩ，输入电容小于 40 pF。

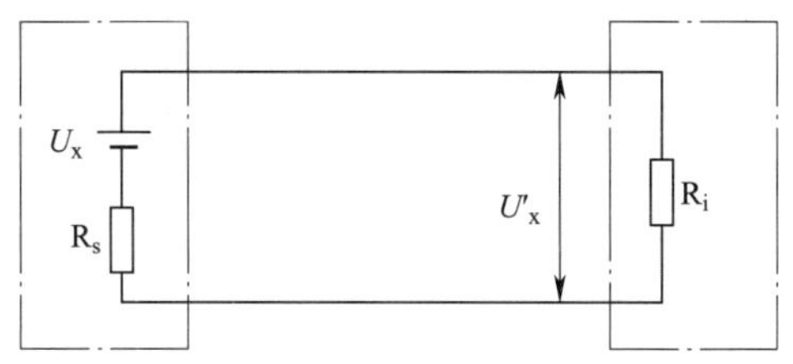

图 1–5–2　输入阻抗对测量结果的影响

6. 频率范围

数字仪表可以利用电子整流电路扩大频率宽度，其应用范围可以扩展到高频、超高频。但常用的数字仪表多用于直流和低频。

7. 测量速度

测量速度指单位时间内，以规定的准确度完成的最大测量次数。它取决于 A/D 转换的变换速率和前置放大的响应时间。因为 A/D 转换需要经过准备、复位、取样、测量、极性判断等过程，一般的测量速度为 10 s/ 次到每秒几十次。电工指示仪表由于指针的惯性，刚接入电路进行测量时，需要几秒的摆动才能稳定。相比之下，数字仪表的测量速度可以快很多。

知识链接

数字仪表的特点

数字仪表得到广泛的应用主要由于它具有以下特点：

（1）用数码管和光柱显示测量值或偏差值，直观明了，读数方便，无视差。

（2）表内普遍采用中、大规模集成电路，线路简单，可靠性好，耐振性强。由于采用先进的 CMOS 模 / 数（A/D）转换器、线性集成电路和半导体发光器件（LED），所以电路稳定、使用寿命长、耗电量小，使用、维修方便。

（3）仪表采用模块化设计方法，即不同品种的数字仪表，都是由为数不多的、功能分离的模块化电路组合而成。这不仅有利于制造厂实现流水线生产，降低生产成本，而且便于调试和维修。

（4）仪表品种繁多，配接灵活。仪表内设置不同的变换电路，即可输入不同类型的测量信号，而配置不同的调节电路，则可输出多种控制动作和报警信号。

（5）数字仪表除具有显示、调节和报警功能外，还可用作变送器，输出统一标准的电流信号（DC 0 ~ 10 mA 或 DC 4 ~ 20 mA）。

（6）仪表外形尺寸和开孔尺寸均按国家标准或国际 IEC 标准设计。

第二章
直流电流和直流电压的测量

电流与电压的测量是最基本的电工测量。通过测量电流的大小和电压的高低可以判断电气设备是否处于正常的工作状态，并确定故障的位置，因此在生产中应用十分广泛。测量电流和电压的基本工具是电流表和电压表，它们可以由不同类型的测量机构组成。本章着重分析指针式和数字式两种电流表和电压表的结构、工作原理及其扩大量程的方法。

§2-1 指针式直流电流表与电压表

学习目标

1. 掌握磁电系测量机构的结构和工作原理。
2. 理解磁电系仪表的优缺点。
3. 熟悉指针式直流电流表和电压表的组成。

电流分为直流电流和交流电流两大类，电压分为直流电压和交流电压两大类。测量直流电流和电压的专用仪表就是直流电流表和直流电压表，而直流电流表和直流电压表的核心都是磁电系测量机构（俗称“磁电系表头”）。只要在磁电系测量机构的基础上配上不同的测量线路，就能组成各种不同用途的直流电流表和直流电压表。

如图 2–1–1 所示为实验用电流表，它虽然只有一个测量机构（俗称“表头”），但当配合不同的测量线路时，就能组成各种不同量程的电流表和电压表。

一、磁电系测量机构

1. 磁电系测量机构的结构

磁电系测量机构主要由固定的磁路系统和可动的线圈两部分组成，其结构如图 2–1–2 所示。磁电系测量机构的固定部分由永久磁铁、极掌以及圆柱形铁芯组成，其作用是在极掌和铁芯之间的气隙中产生较强的均匀辐射磁场。磁电系测量机构的可动部分由绕在铝框上的线圈、线圈两端的转轴、与转轴相连的指针、平衡锤以及游丝组成。整个可动部分支撑在轴承上，线圈位于环形的气隙中。

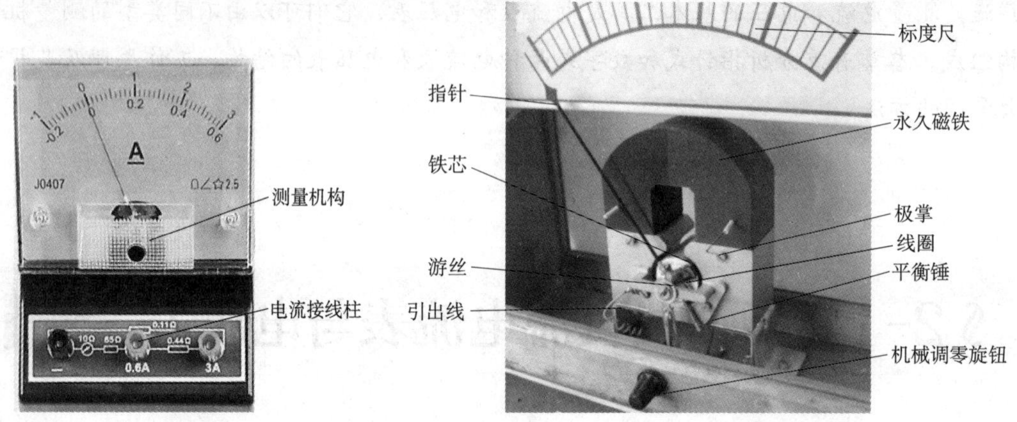

图 2–1–1　实验用电流表　　图 2–1–2　磁电系测量机构的结构

小提示

磁电系测量机构中游丝的作用有两个：一是产生反作用力矩；二是把被测电流导入和导出可动线圈。

磁电系测量机构中，利用铝制的线圈框架制成磁感应阻尼器，当铝框架在磁场中运动时，因切割磁感线而产生感应电流 i_c，磁场与感应电流 i_c 相互作用产生与铝框架运动方向相反的电磁阻尼力矩 M_Z。在高灵敏度仪表中，为减轻可动部分的质量，通常采用无框架动圈，并在动圈中加装短路线圈，利用短路线圈中产生的感应电流与磁场相互作用产生阻尼力矩，如图 2–1–3 所示。

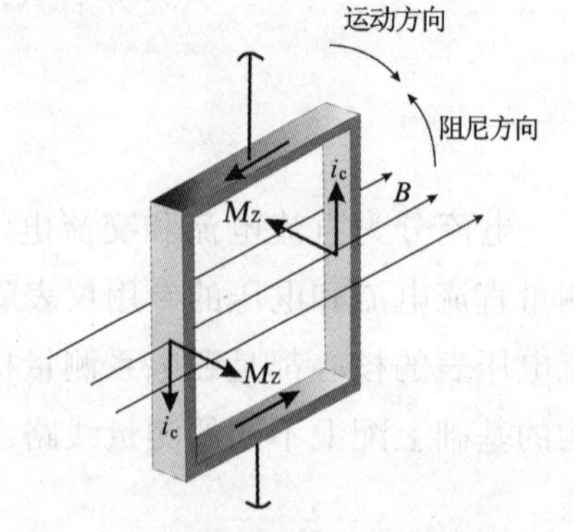

图 2–1–3　线圈框架制成的磁感应阻尼器

2. 磁电系测量机构的工作原理和特点

磁电系测量机构是根据通电线圈在磁场中受到电磁力作用发生偏转的原理而制成的。磁电系测量机构的工作原理如图 2–1–4 所示。当可动线圈中通入直流电流 I 时，载流线圈在永久磁铁的磁场中受到电磁力的作用，从而形成转动力矩 M，使可动线圈发生偏转。由于 $M \propto I$，即通过线圈的电流越大，线圈受到的转动力矩越大，仪表指针偏转的角度 α 也越大；同时，游丝扭得越紧，由于 $M_f \propto \alpha$，故反作用力矩也越大。当线圈受到的转动力矩与反作用力矩大小相等，即 $M=M_f$ 时，线圈就停留在某一平衡位置。此时，指针指示的值即为被测量的大小。

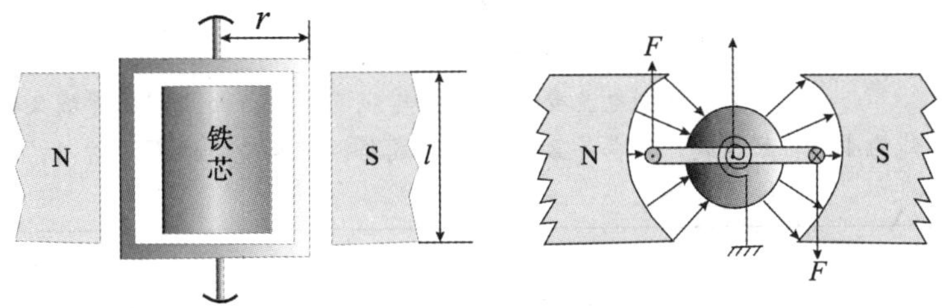

图 2–1–4 磁电系测量机构的工作原理

知识链接

磁电系测量机构中的磁路系统

在磁电系测量机构中，根据磁路系统结构的不同，又可分为外磁式、内磁式和内外磁式三种形式，如图 2–1–5 所示。在外磁式结构中，永久磁铁在可动线圈的外部。在内磁式结构中，永久磁铁在可动线圈的内部，故可节约磁性材料，而且体积小、成本低、对外磁泄漏少，因此被广泛使用。内外磁式结构中可动线圈的内、外部都有永久磁铁，故磁性更强，结构更紧凑。

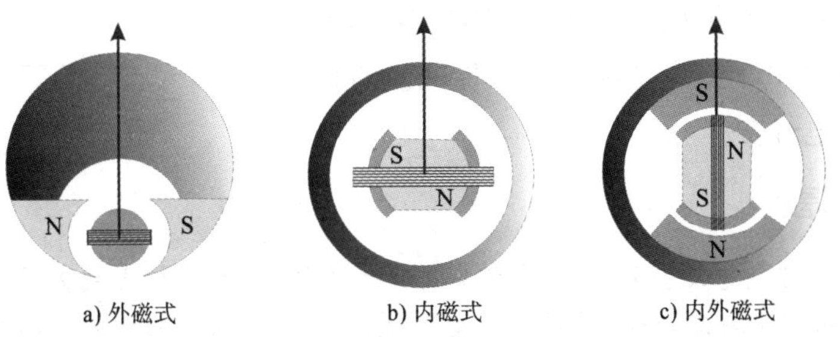

图 2–1–5 磁电系测量机构的磁路系统

磁电系仪表的特点见表 2–1–1。

表 2–1–1　磁电系仪表的特点

特点		原因
优点	准确度高、灵敏度高	由于永久磁铁的磁性很强，能在很小的电流作用下产生较大的转矩。所以，由摩擦、温度改变及外磁场影响所造成的误差相对较小，因而准确度很高。另外，当磁场强度很大时，灵敏度必然也较高
	功率消耗小	由于通过测量机构的电流很小，故仪表本身消耗的功率很小，对被测电路的影响很小
	刻度均匀	由于磁电系测量机构指针的偏转角与被测电流的大小成正比，因此仪表标度尺的刻度是均匀的，便于准确读数
缺点	过载能力小	由于被测电流要通过游丝与线圈连通，而线圈的导线又很细，因此一旦过载，容易导致游丝弹性减弱，甚至烧毁线圈。所以，磁电系仪表的过载能力很小
	只能测量直流电流	由于永久磁铁的极性是固定不变的，所以只有在线圈中通入直流电流，仪表的可动部分才能产生稳定的偏转。如果在线圈中通入交流电流，则产生的转动力矩也是交变的，可动部分由于惯性作用而来不及偏转，仪表指针只能在零位附近抖动或不动。所以，磁电系仪表只能测量直流电流。如果要测量交流电流，只有配用整流器后才能使用

二、直流电流表

目前使用的直流电流表和直流电压表，绝大部分都是采用磁电系测量机构配合适当的测量线路组成的。

1. 直流电流表的组成

在磁电系测量机构中，由于可动线圈的导线很细，而且电流要经过游丝，所以允许通过的电流很小，约几微安到几百微安。如果要测量较大的电流，必须接入分流电阻。因此，磁电系电流表实际上是由磁电系测量机构与分流电阻并联组成的，如图 2–1–6 所示。由于磁电系电流表只能测量直流电流，故又称为直流电流表。

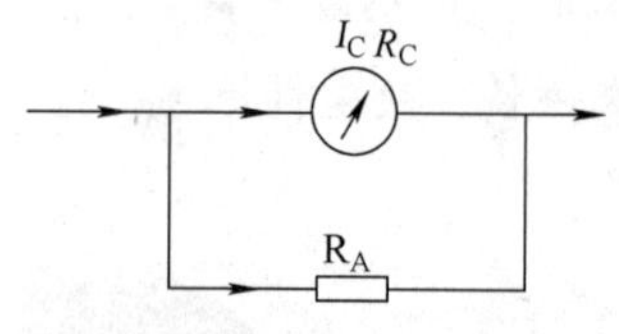

图 2–1–6　直流电流表的组成

小提示

磁电系测量机构的基本参数包括内阻 R_C（也称表头内阻）和满刻度电流 I_C（也称表头灵敏度）。表头内阻是指可动线圈所绕漆包线的直流电阻，严格地讲还包括上下游丝的直流电阻，其值一般为几百欧姆到几千欧姆。表头灵敏度是指它的满刻度电流，一般为几十微安到几百微安。其值越小，说明测量机构的灵敏度越高。

2. 分流电阻的计算

设磁电系测量机构的内阻为 R_C，满刻度电流为 I_C，被测电流为 I_X，则分流电阻 R_A 的大小可以按下述步骤进行计算：

（1）先计算电流量程扩大倍数 $n=\frac{I_X}{I_C}$。

（2）计算分流电阻 $R_A=\frac{R_C}{n-1}$。

上式说明，要使电流表量程扩大 n 倍，所并联的分流电阻应为测量机构内阻的 $\frac{1}{n-1}$ 倍。可见，对于同一测量机构，只要配上不同的分流电阻，就能制成不同量程的直流电流表。

小提示

一般情况下，R_A 比 R_C 小得多，故被测电流 I_X 的绝大部分要经分流电阻分流，实际通过测量机构的电流 I_C 只是 I_X 的很小一部分。同时，当 R_C 与 R_A 数值一定时，I_X 与 I_C 之比也是一定的。因此，只要将电流表标度尺的刻度放大 I_X/I_C 倍，就能用仪表指针的偏转角来直接反映被测电流的数值。

【例 2–1–1】现有一只内阻为 200 Ω、满刻度电流为 500 μA 的磁电系测量机构，由于工作需要，要将其改制成量程为 1 A 的直流电流表，应并联阻值为多大的分流电阻？

解： 先求电流量程扩大倍数

$$n=\frac{I_X}{I_C}=\frac{1\ \text{A}}{500\times10^{-6}\ \text{A}}=2\,000$$

应并联的分流电阻为

$$R_A=\frac{R_C}{n-1}=\frac{200\ \Omega}{2\,000-1}\approx0.1\ \Omega$$

知识链接

分 流 电 阻

分流电阻一般采用电阻率大、电阻温度系数小的锰铜制成。考虑到分流电阻的散热和安装尺寸，当被测电流小于 30 A 时，分流电阻可以安装在电流表的内部，称为内附分流器；当被测电流超过 30 A 时，分流电阻一般安装在电流表的外部，称为外附分流器。外附分流器一般都有两对接线端钮，如图 2–1–7 所示。外侧粗的一对称为电流端钮，使用时串联在被测的大电流电路中；内侧细的一对称为电位端钮，使用时与测量机构并联。采用这种连接方式可使分流电阻中不包括电流端钮的接触电阻，从而减小测量误差。

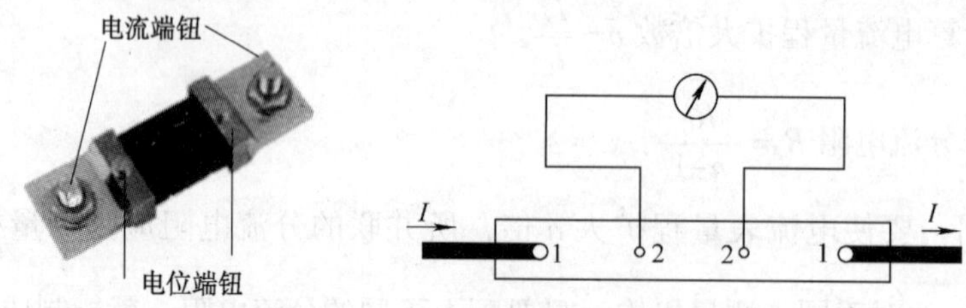

图 2–1–7　外附分流器及其接线

外附分流器上一般不标明电阻值，而是标明额定电压值和额定电流值。目前，国家标准规定外附分流器在通入额定电流时，对应的额定电压为 30 mV、45 mV、75 mV、100 mV、150 mV 和 300 mV，共六种规格。使用时，可根据具体情况选择上述规格的分流器。例如，有一磁电系测量机构的电压量程为 100 mV，要将其改装成 100 A 的电流表，只要选择额定电压为 100 mV、额定电流为 100 A 的外附分流器与测量机构并联，并将标度尺按 100 A 来刻度即可。

---

3. 多量程直流电流表

多量程直流电流表一般采用并联不同阻值分流电阻的方法来扩大电流量程。按照分流电阻与测量机构连接方式的不同，分为开路式和闭路式两种形式。

（1）开路式分流电路

开路式分流电路如图 2–1–8 所示。它的优点是各量程间相互独立、互不影响。缺点是由于转换开关的接触电阻包含在分流电阻中，可能引起较大的测量误差。特别是当转换开关触点接触不良，导致分流电路断开时，被测电流将全部流过测量机构而导致其烧毁。因此，开路式分流电路目前很少应用。

（2）闭路式分流电路

闭路式分流电路如图 2–1–9 所示。这种分流电路的缺点是各个量程之间相互影响，计算分流电阻较复杂。但其转换开关的接触电阻处在被测电路中，而不在测量机构与分流电阻的电路中，因此对分流准确度没有影响。特别是当转换开关触点接触不良而导致被测电路断开时，它能够保证测量机构不被烧毁。所以，闭路式分流电路得到了广泛的应用。

在图 2–1–9 所示的闭路式分流电路中，因为分流电阻越小电流表量程越大，所以量程 $I_3>I_2>I_1$。

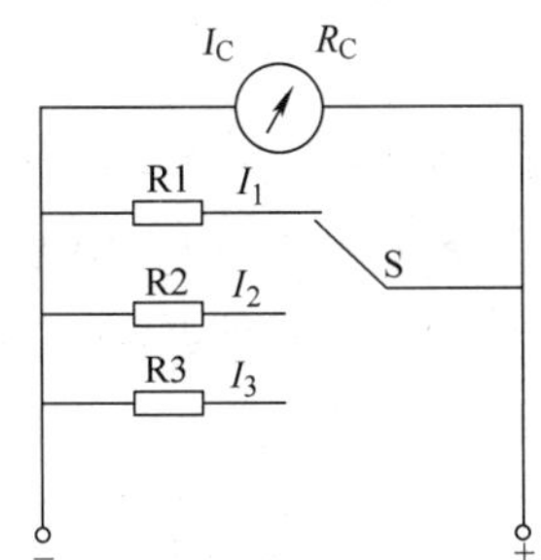

图 2–1–8 开路式分流电路

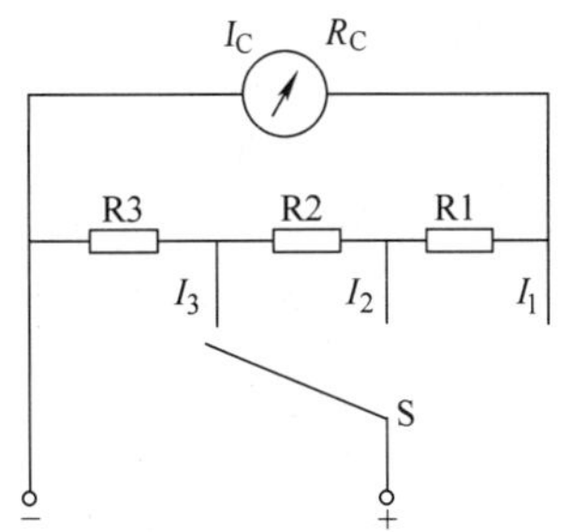

图 2–1–9 闭路式分流电路

小提示

目前，许多多量程指针式直流电流表都采用闭路式分流电路。

三、直流电压表

1. 直流电压表的组成

根据欧姆定律，一只内阻为 R_C、满刻度电流为 I_C 的磁电系测量机构，本身就是一只量程为 $U_C=I_CR_C$ 的直流电压表，只是其电压量程太小而无实际使用价值。如果需要测量更高的电压，就必须扩大其电压量程。根据串联电阻具有分压作用的原理，扩大电压量程的方法就是给测量机构串联一只分压电阻 R_V，如图 2–1–10 所示。可见，磁电系直流电压表是由磁电系测量机构与分压电阻串联组成的。

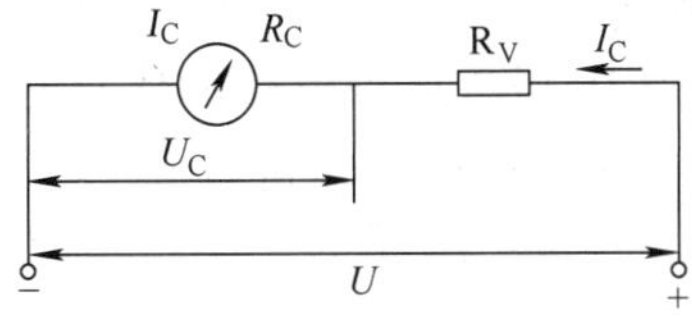

图 2–1–10 直流电压表的组成

设磁电系测量机构的额定电压为 $U_C=I_CR_C$，串联适当的分压电阻后，可使电压量程扩大为 U。此时，通过测量机构的电流仍为 I_C，且 I_C 与被测电压 U 成正比。所以，可以用仪表指针偏转角的大小来反映被测电压的数值。

2. 分压电阻的计算

（1）先计算磁电系测量机构的额定电压 $U_C=I_CR_C$。

（2）计算电压量程扩大倍数 $m=\dfrac{U}{U_C}$。

（3）计算所需串联的分压电阻 $R_V=(m-1)R_C$。

上式说明，要使电压表量程扩大 m 倍，需要串联的分压电阻是测量机构内阻的 $(m-1)$ 倍。

小提示

分压电阻一般应采用电阻率大、电阻温度系数小的锰铜丝绕制而成。分压电阻也分为内附式和外附式两种。通常量程低于 600 V 时，可采用内附式；量程高于 600 V 时，应采用外附式。外附式分压电阻是单独制造的，并且要与仪表配套使用。

【例 2–1–2】 现有一只内阻为 500 Ω、满刻度电流为 100 μA 的磁电系测量机构，根据实际需要，要将其改制成 50 V 量程的直流电压表，应串联阻值为多大的分压电阻？该电压表的总内阻是多少？

解： 先求出测量机构的额定电压

$$U_C=I_CR_C=100\times10^{-6}\ \text{A}\times500\ \Omega=0.05\ \text{V}$$

再求出电压量程扩大倍数

$$m=\frac{U}{U_C}=\frac{50\ \text{V}}{0.05\ \text{V}}=1\,000$$

应串联的分压电阻为

$$R_V=(m-1)R_C=(1\,000-1)\times500\ \Omega=499\,500\ \Omega$$

该电压表的总电阻为

$$R=R_C+R_V=500\ \Omega+499\,500\ \Omega=500\,000\ \Omega=500\ \text{k}\Omega$$

3. 多量程直流电压表

多量程直流电压表由磁电系测量机构与不同阻值的分压电阻串联组成。通常采用如图 2–1–11 所示的共用式分压电路。这种电路的优点是高量程分压电阻共用了低量程的分压电阻，达到了节约材料的目的。缺点是一旦低量程分压电阻损坏，则高量程电压挡也将不能使用。

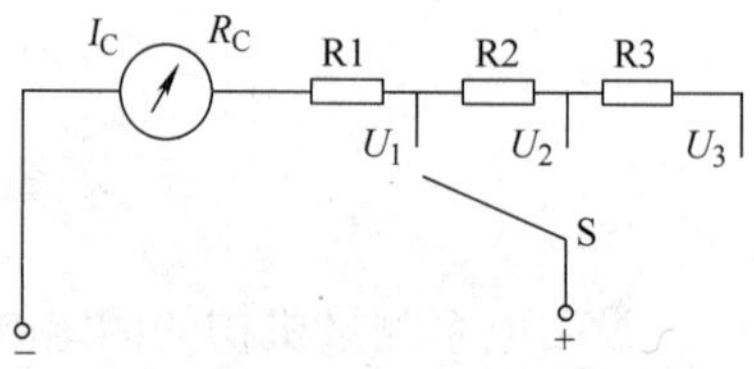

图 2–1–11　共用式分压电路

在图 2–1–11 所示分压电路中，量程 $U_3>U_2>U_1$，其中 U_3 量程的分压电阻是 $R_1+R_2+R_3$，U_2 量程的分压电阻是 R_1+R_2，U_1 量程的分压电阻是 R_1，端钮“–”是公共的。

知识链接

电压灵敏度

电压表的内阻应为测量机构的内阻与分压电阻之和。显然，电压表内阻的大小与电压量程有关。对某一块电压表来讲，其电压量程越高，则电压表内阻越大。但是，各量程内阻与相应电压量程的比值却为一常数，该常数是电压表的一个重要参数，称为电压灵敏度，单位是“Ω/V”。通常在电压表面板的显著位置标出，如图 2–1–12 所示。

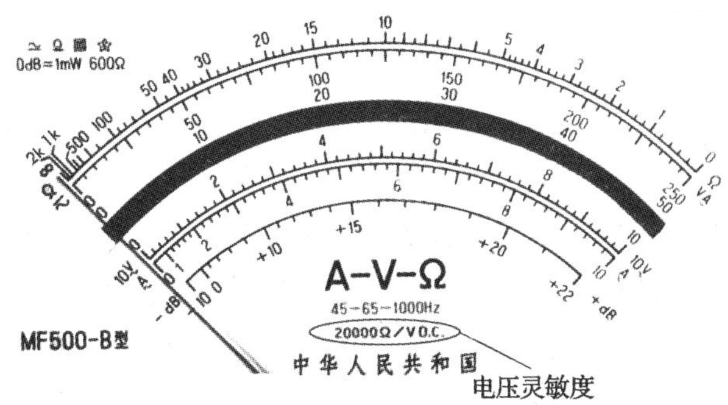

图 2–1–12 万用表面板上的电压灵敏度

电压灵敏度有两个作用：

（1）能计算出电压表指针偏转至满刻度时取自被测电路的电流值。

（2）能方便地计算出该电压表各量程的内阻。

例如，MF500–B 型万用表直流电压挡的电压灵敏度为 20 kΩ/V。它表示测量直流电压，当指针偏转至满刻度时，取自被测电路的电流为 1 V/20 000 Ω=50 μA，在 10 V 挡时电压表内阻为 10 V×20 000 Ω/V=200 kΩ。

可见，电压灵敏度的意义是电压灵敏度越高，相同量程下电压表的内阻越大，取自被测电路的电流越小，对被测电路的影响越小，测量准确度也越高。

§ 2–2 数字式电压基本表

学习目标

1. 熟悉数字式电压基本表的组成及各部分的作用。
2. 理解 CC7106 型 A/D 转换器的作用和组成。
3. 了解数码显示器的分类和用途。
4. 掌握数字式仪表的特点。

数字式仪表是利用模拟/数字（A/D）转换器，将被测的模拟量（连续量）自动地转换成数字量（离散量），然后再进行测量，并将测量的结果以数字形式显示的电工测量仪表。

通过前面的学习可知，测量机构是电工指示仪表的核心，而数字式电压基本表是以数字式万用表为代表的多种数字式仪表的核心。

一、数字式电压基本表的组成

数字式电压基本表的任务是用模/数转换器把被测电量的电压模拟量转换成数字量，并送入计数器中，再通过译码器变换成笔段码（由于七段数码显示器是由 a ~ g 七个发光笔段组合起来构成十进制数，因此，要求译码器将输入端的每一个四位二进制代码翻译成显示所要求的七段二进制代码，即所谓的“笔段码”），最终驱动显示器显示出相应的数值。一般数字式电压基本表的结构框图如图 2-2-1 所示，它主要包括模拟电路和数字电路两大部分，其各部分的作用见表 2-2-1。

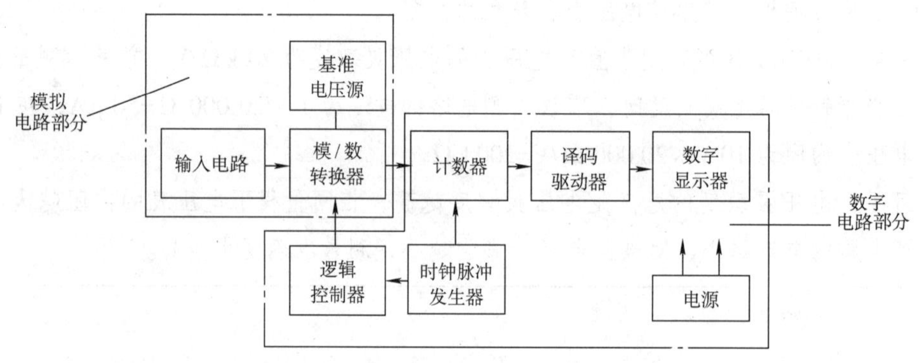

图 2-2-1　数字式电压基本表的结构框图

表 2-2-1　数字式电压基本表组成部分的作用

组成	名称	作用
模拟电路部分	输入电路	包括衰减器、前置放大器、量程转换开关等。作用是把各种不同的被测电量转换成数字式电压基本表的基本量程以内的电量，以满足各种测量的需要。如输入电压高于仪表基本量程，须经衰减器对输入电压进行衰减后，再送入模/数转换器；若输入电压低于基本量程，则可通过前置放大器对输入电压进行放大
	模/数转换器	将电压模拟量转换成数字量
	基准电压源	向模/数转换器提供一个稳定的直流基准电压，其准确度和稳定度都将直接影响到转换器的转换质量
数字电路部分	逻辑控制器	它是仪表的中枢，用以控制模/数转换的顺序，保证测量的正常进行
	计数器	将由模/数转换器转换来的数字量以二进制的形式进行计数
	译码驱动器	将二进制数变换成笔段码，送入数字显示器

续表

组成	名称	作用
数字电路部分	数字显示器	显示测量结果
	时钟脉冲发生器	它产生的信号可作为计数器的填充脉冲，同时作为时间基准送往逻辑控制器，控制模/数转换过程的时间分配标准（即“定时”）。时钟脉冲发生器产生的时钟脉冲频率决定了数字式电压基本表的测量速率
	电源	为数字式电压基本表的各部分提供所需的能源

二、CC7106 型 A/D 转换器

为了对模拟量（如电压）进行数字化测量，必须将被测的模拟量转换成数字量，通常把完成这种转换的装置称为模/数转换器，即 A/D 转换器。A/D 转换器是数字式电压基本表的核心。

A/D 转换器种类繁多，型号各异。CC7106 型 A/D 转换器是目前应用较广的一种 $3\frac{1}{2}$位 A/D 转换器，许多袖珍式数字电压表都采用这种芯片来完成模/数转换。CC7106 型 A/D 转换器是把 A/D 转换的有关电路全部集成在一块芯片上，其芯片集成度高、功能完善、价格较低，能以最简单的方式构成一块数字式电压基本表。

CC7106 型 A/D 转换器采用双列直插式塑料或陶瓷封装，共 40 个引脚，如图 2-2-2 所示。各引脚的功能如下：

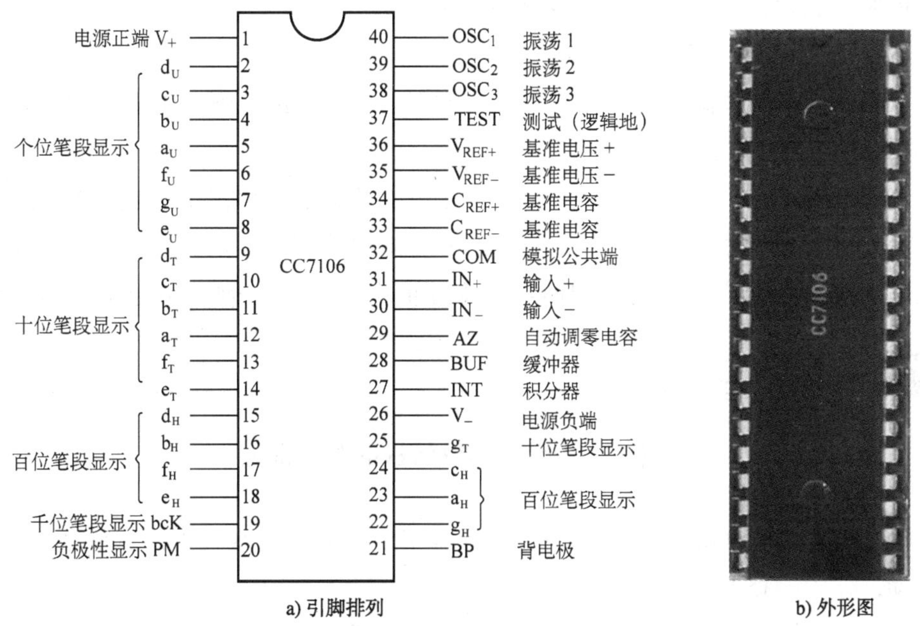

图 2-2-2 CC7106 型 A/D 转换器的引脚排列及外形图

V_+ 和 V_-：分别接电源的正、负极。

IN_+ 和 IN_-：模拟电压输入端，分别接输入直流电压的正、负端。

a_U ~ g_U、a_T ~ g_T、a_H ~ g_H：分别为个位、十位、百位笔段驱动信号输出端，依次接至个位、十位、百位液晶显示器的相应笔段电极，如图 2–2–3a 所示。LCD 液晶显示器为七段显示（a ~ g），DP 表示小数点。

bcK：千位笔段驱动信号输出端（即最高位，因为此位不能输出 0 ~ 9，只能输出“1”，故称为$\frac{1}{2}$位），接千位液晶显示器的 b、c 两个笔段电极，如图 2–2–3b 所示。当计数大于 1 999 时发生溢出，千位显示“1”，其余均不亮，表示仪表过载。

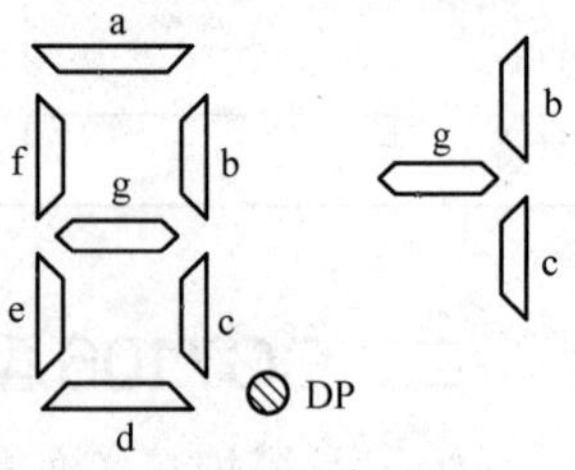

a) 七段数组笔段　b) 千位笔段

图 2–2–3　LCD 显示器笔段

PM：负极性显示的输出端，接千位数码的 g 段，PM 为低电位时，显示“–”。

BP：液晶显示器背面公共电极的驱动端，简称“背电极”。

V_{REF+} 和 V_{REF-}：分别接基准电压的正、负极，利用内部基准电压源可获得所需要的基准电压。

C_{REF+} 和 C_{REF-}：接基准电容的两端。

OSC_1 ~ OSC_3：时钟振荡器的引出端，外接阻容元件，可组成多谐振荡器，产生时钟脉冲信号。

AZ：外接自动调零电容 C_{AZ} 端。

BUF：缓冲放大器的输出端，接积分电阻。

INT：积分器输出端，接积分电容。

COM：模拟信号输入公共端，简称“模拟地”，使用时与输入信号负端、基准电压的负极相连接。

TEST：测试端，该端经内部 500 Ω 电阻接至数字电路的公共端，故也称为“数字地”或“逻辑地”。此端可用来检查显示器有无笔段残缺现象，具体检查方法是：将该端与 V_+ 短接后，LCD 显示器的全部笔段都应点亮，显示值应为 1 888，否则表示显示器有故障。

知识链接

CC7106 型 A/D 转换器的特点

（1）采用单电源供电，可使用 9 V 叠层电池，有助于实现仪表的小型化。电压范围较宽，为 7 ~ 15 V。

（2）功耗低。正常情况下，一节 9 V 叠层电池可使用半年以上。

（3）输入阻抗高。典型值为 1×10^{10} Ω，对输入信号基本无衰减作用。

（4）内部有“异或”门输出电路（当两个输入端的状态相异时，输出高电平；当两个输入端的状态相同时，输出低电平），能直接驱动 LCD 显示器工作。

（5）具有自动调零功能（即输入为零时，输出自动调整为零），能自动判定被测电压的极性。

（6）整机组装方便。只要配上 5 个电阻、5 个电容和 1 个 LCD 显示器，就能组成一块数字式电压基本表。

三、数码显示器

数字式仪表一般采用发光二极管式（LED）显示器和液晶（LCD）显示器。

1. 发光二极管式显示器

LED 显示器是用七个条状的发光二极管组成如图 2-2-3 所示的字形。这种显示器的特点是发光亮度高，但驱动电流较大（5 ~ 10 mA），功耗大，适用于安装式的数字式仪表。

2. 液晶显示器

液晶显示器的特点是工作时所需要的驱动电压低（3 ~ 10 V），工作电流小（μA 级），可以直接用 CMOS 集成电路驱动。因此，被广泛应用于数字式仪表、电子表和计算器中。

液晶显示器属于无源显示器件。它本身不发光，只能反射外界光线。环境亮度越高，显示越清晰。这是因为液晶是一种具有晶体特性的流体，并具有光电效应，即不加电压时，液晶呈透明状；在液晶层加上电压时，液晶就变得混浊且不透光。

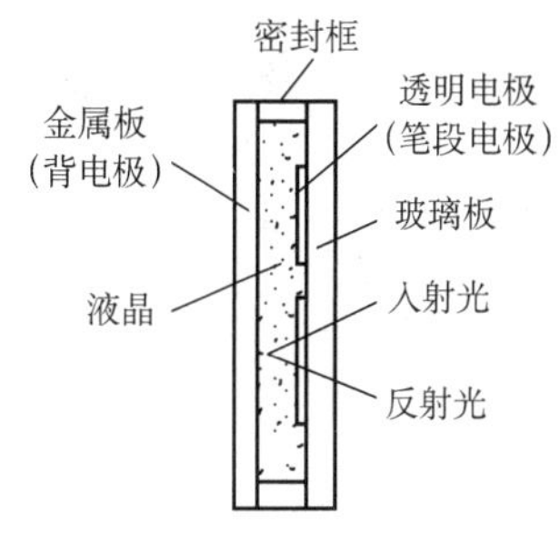

图 2-2-4 数字式电压表的液晶显示器结构

图 2-2-4 所示为数字式电压表所用液晶显示器的结构，它是在透明的绝缘薄板上，按需要显示的笔段制作透明导电膜，并引出电极，用反光的金属薄板作为背电极，在两极之间填充液晶，最后用绝缘密封框封装而成的。

小提示

液晶显示器必须用交流（频率在 30 ~ 200 Hz 的方波）电压驱动。若采用直流或直流成分较大的交流驱动，将会使液晶材料发生电解，导致出现气泡而变质。

便携式数字电压表中广泛使用 LD-B7015A 型液晶显示器，它可以用 CC7106 型 A/D 转换器直接驱动。LD-B7015A 型液晶显示器的最大显示值为 1 999，其内部接线和外形如图 2-2-5 所示。

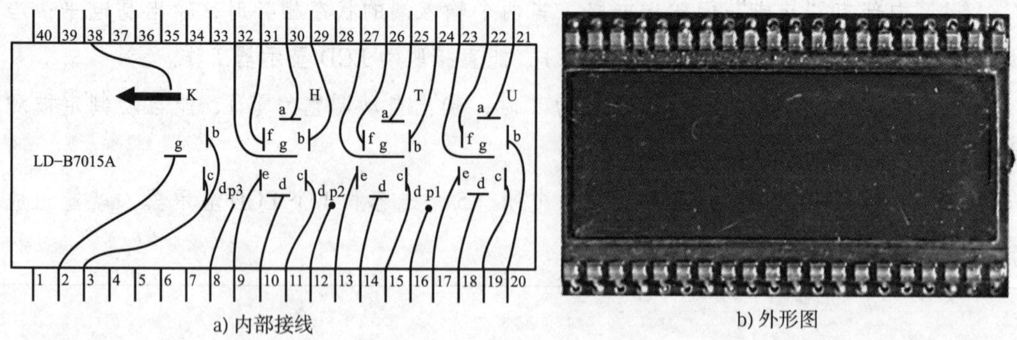

a) 内部接线　　b) 外形图

图 2-2-5　液晶显示器的内部接线及外形图

LD-B7015A 型液晶显示器各引脚功能如下：2 脚为负极性显示；3 脚为千位 1 笔段显示；9、10、11、29、30、31、32 脚为百位 0 ~ 9 笔段显示；13、14、15、24、25、26、27 脚为十位 0 ~ 9 笔段显示；17、18、19、20、21、22、23 脚为个位 0 ~ 9 笔段显示；8、12、16 脚为小数点显示；38 脚为电池电压不足显示；1、28、33、34、35、36、37、39、40 脚在外部并联后接 CC7106 的 21 脚（背电极）；4、5、6、7 脚空置。

四、典型的数字式电压基本表

由 CC7106 型 A/D 转换器组成的 $3\frac{1}{2}$ 位数字式电压基本表的典型电路如图 2-2-6 所示。该表量程 U_m=200 mV，称为基准挡或基本表。图中各元器件的作用如下：

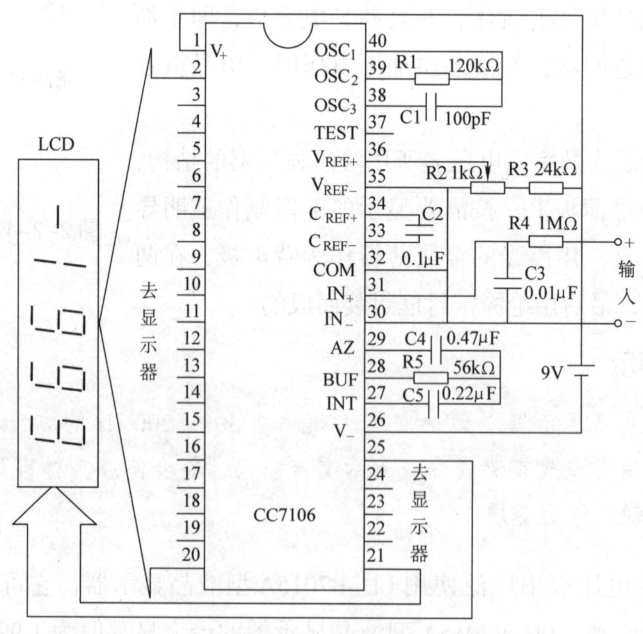

图 2-2-6　$3\frac{1}{2}$ 位数字式电压基本表的典型电路

R1、C1：时钟振荡器的组成部分。

R2、R3：组成基准电压源的分压电路。其中，R2 为可调电阻，调整 R2 可使基准电压 U_{REF}=100 mV。仪表调好后不得再调整 R2，因为整机测量的准确度就取决于 R2 的调整。

R4、C3：组成模拟输入端的阻容滤波电路，用于增强仪表的抗干扰和过载能力。

C2：基准电容。

C4：自动调零电容。

R5、C5：积分电阻和积分电容。

V_+ 与模拟公共端（32 脚）之间有 2.8 V（典型值）的稳定电压。仪表使用 9 V 叠层电池供电，该表测量速率为 2.5 次 /s。

数字式电压基本表的工作过程分为三步：第一步，输入模拟量的直流电压；第二步，A/D 转换器将模拟量直流电压变换成数字量脉冲输出；第三步，计数器检测脉冲数，由译码显示电路以数字形式显示被测电压值。

五、数字式仪表的特点

数字式仪表的特点见表 2–2–2。

表 2–2–2　数字式仪表的特点

特点	原因
显示清晰直观，读数准确	数字式直流仪表能避免人为测量误差（例如视差），保证读数的客观性与准确性；同时它符合人们的读数习惯，能缩短读数和记录的时间，具备标志符显示功能
分辨率高	分辨率是指所能显示的最小数字（零除外）与最大数字的百分比。数字式直流仪表在最低量程上末位 1 个字所代表的数值能反映仪表灵敏度的高低，且灵敏度随显示位数的增加而提高
输入阻抗高	除数字式直流电流表外，其他数字式直流仪表的输入阻抗最高可达 1 TΩ。在测量时取自被测电路的电流极小，不会影响被测信号源的工作状态，能减小由信号源内阻引起的测量误差
扩展能力强	在数字式直流仪表的基础上可扩展成各种通用及专用数字式仪表、数字式万用表和智能仪器，以满足不同的需要。如通过转换电路可测量交、直流电压和电流，通过特性运算可测量峰值、有效值、功率等，通过不同的适配器可测量频率、周期、相位等
测量速率快	数字式直流仪表在每秒钟内对被测电路参数的测量次数称为测量速率，单位是“次 /s”。测量速率主要取决于 A/D 转换器的转换速率，其倒数是测量周期。$3\frac{1}{2}$位、$5\frac{1}{2}$位数字式直流仪表的测量速率分别为几次 /s、几十次 /s。$8\frac{1}{2}$位数字式直流仪表采用降位的方法，测量速率可达 10 万次 /s

续表

特点	原因
抗干扰能力强	$5\frac{1}{2}$位以下的数字式直流仪表大多采用积分式 A/D 转换器，其串模抑制比（SMR）、共模抑制比（CMR）分别可达 100 dB、80 ~ 120 dB。高档的数字式直流电压表还采用数字滤波、浮地保护等先进技术，进一步提高了抗干扰能力，CMR 可达 180 dB
准确度高	数字式直流仪表的准确度远优于指针式仪表。例如，$3\frac{1}{2}$位、$4\frac{1}{2}$位数字式电压表的准确度分别可达 ±0.1%、±0.02%
集成度高，功耗小	新型数字式直流电压表普遍采用 CMOS 大规模集成电路，整机功耗很低

§2-3 数字式直流电压表与电流表

学习目标

1. 了解数字式直流电压表和电流表的功能和选型。
2. 掌握数字式直流电压表和电流表接线的方法和规则。
3. 熟悉数字式直流电压表和电流表的显示面板、参数设置及通信。

数字式仪表的原理较为复杂，各种型号、功能不同，原理也不尽相同。共同之处在于都是由电子元器件组成，都是将被测的模拟量转换成数字量（A/D 转换），最终由数码显示器来显示被测量的数值。由于读数直观、方便、没有视觉误差等优点，数字式仪表的发展很快，近几年更发展为可以与其他执行机构（如打印机）连接，还可以输出开关量或模拟量，用以连接控制系统或计算机。还有些数字式仪表有自己的中央处理器（CPU）和各种存储器，这些数字式仪表已经“微机”化、智能化。如图 2-3-1 所示为数字式直流电压表和电流表。

数字式直流仪表的产品种类较多，有的着重于提高性能，比如有较宽的频率范围、较高的灵敏度和准确度，电路结构比较复杂。有的性能一般，但其结构简单、价格便宜。尽管它们的复杂程度不同，但其组成原则基本相同。下面以常见的 SPA-96BD 系列数字式直流电压表和电流表为例作介绍。

a) 数字式直流电压表

b) 数字式直流电流表

图 2-3-1 数字式直流电压表和电流表

一、数字式直流仪表功能

该系列数字式直流电压表和电流表专为光伏系统、移动电信基站、直流屏等电力监控而设计，可以测量并显示直流数值。可选配 RS485 通信接口，通过标准的 Modbus-RTU 协议，与各种组态系统兼容，从而把前端采集到的直流电量实时传送给系统数据中心。作为一种先进的智能化、数字化的电力信号采集装置，数字式直流电压表通过前部按键，可以方便设置所接传感器的量程，从而使仪表直接显示出直流电压数值。数字式直流电流表通过前部按键，可以方便设置所接分流器或传感器的量程，从而使仪表直接显示直流电流数值。该系列数字式仪表有两路继电器报警输出，一路模拟量变送输出，使用范围较广。

二、数字式直流仪表的型号说明

1. 数字式直流电压表的型号说明

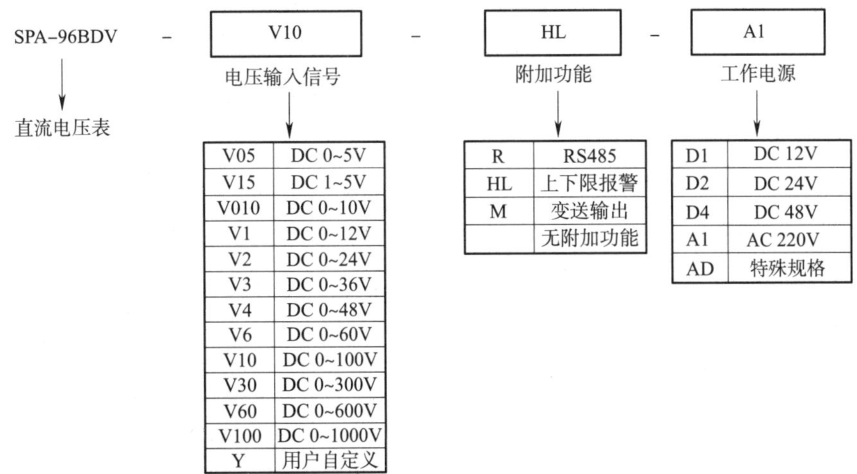

V05	DC 0~5V
V15	DC 1~5V
V010	DC 0~10V
V1	DC 0~12V
V2	DC 0~24V
V3	DC 0~36V
V4	DC 0~48V
V6	DC 0~60V
V10	DC 0~100V
V30	DC 0~300V
V60	DC 0~600V
V100	DC 0~1000V
Y	用户自定义

R	RS485
HL	上下限报警
M	变送输出
	无附加功能

D1	DC 12V
D2	DC 24V
D4	DC 48V
A1	AC 220V
AD	特殊规格

例如，型号 SPA-96BDV-V10-HL-A1 表示该仪表为数字式直流电压表，其输入信号为 DC 0 ~ 100 V，具有上下限报警功能，工作电源为 AC 220 V。

2. 数字式直流电流表的型号说明

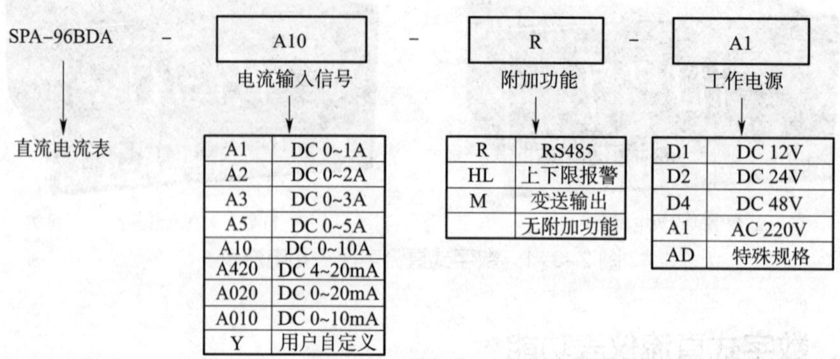

例如，型号 SPA-96BDA-A10-R-A1 表示该仪表为数字式直流电流表，其输入信号为 DC 0 ~ 10 A，具有 RS485 通信输出功能，工作电源为 AC 220 V。

三、数字式直流仪表接线方式

1. 数字式直流电压表接线方式

数字式直流电压表的接线端子如图 2-3-2 所示。接线端子的参数含义见表 2-3-1。

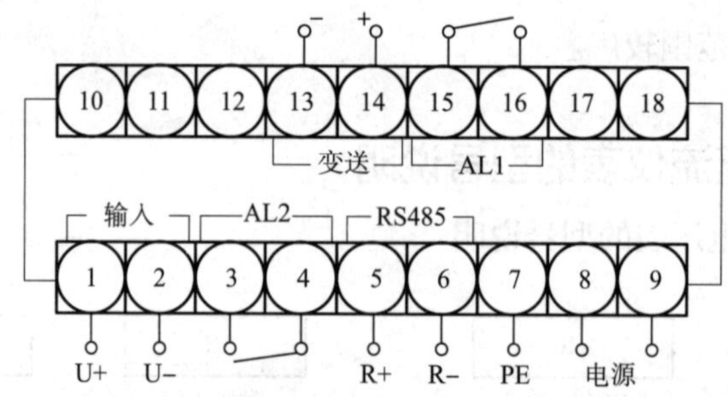

图 2-3-2 数字式直流电压表的接线端子

表 2-3-1 数字式直流电压表接线端子的参数含义

端子	功能	参数含义
①②	电压输入	最大直接输入电压为 DC 1 000 V（范围可定制），超出 DC 1 000 V 需加电压霍尔传感器
③④ ⑮⑯	继电器输出	最多可选两路继电器输出，可设置报警方式和报警值。采用常开继电器，其容量为 DC 2 A/30 V 或 AC 2 A/250 V
⑤⑥	通信	RS485/RS232 通信接口，Modbus-RTU 协议，通信地址为 1 ~ 254（可设置），传输速率为 300 ~ 9 600 bit/s（可设置）
⑦	接地	用于接地保护

续表

端子	功能	参数含义
⑧⑨	工作电源	有 AC 220 V、DC 48 V、DC 24 V、DC 12 V，其功耗 <3 W
⑬⑭	输出	有一路 DC 0 ～ 10 V 输出
⑩⑪⑫⑰⑱		备用

当被测量的电压值在仪表范围内时，数字式直流电压表可直接接入。如果被测量值超出范围，则需通过电压霍尔传感器接入，如图 2-3-3 所示。

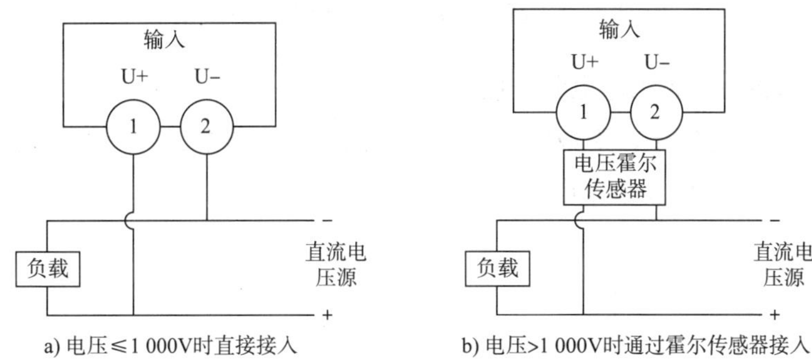

图 2-3-3 数字式直流电压表电压输入接线

2. 数字式直流电流表接线方式

数字式直流电流表的接线端子如图 2-3-4 所示。接线端子的参数含义见表 2-3-2。

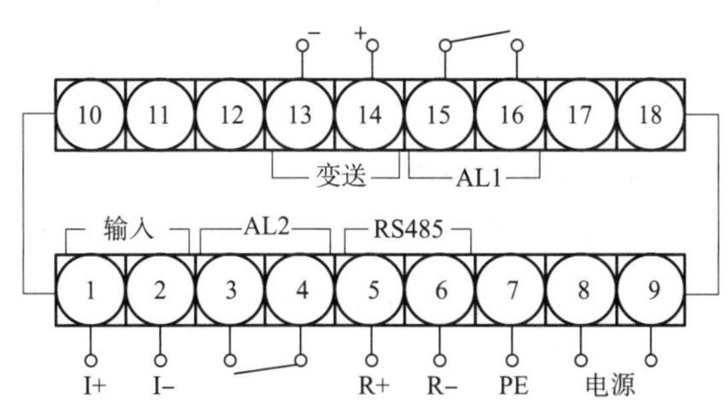

图 2-3-4 数字式直流电流表的接线端子

表 2-3-2 数字式直流电流表接线端子的参数含义

端子	功能	参数含义
①②	电流输入	最大直接输入电流为 DC 10 A（范围可定制），超出 DC 10 A 需加分流器或传感器

注：数字式直流电流表其他接线端子的参数含义同表 2-3-1。

当被测量的电流值在仪表范围内时，数字式直流电流表可直接接入。如果被测量值超出范围，则需通过分流器或穿孔式电流霍尔传感器接入，如图 2–3–5 所示。

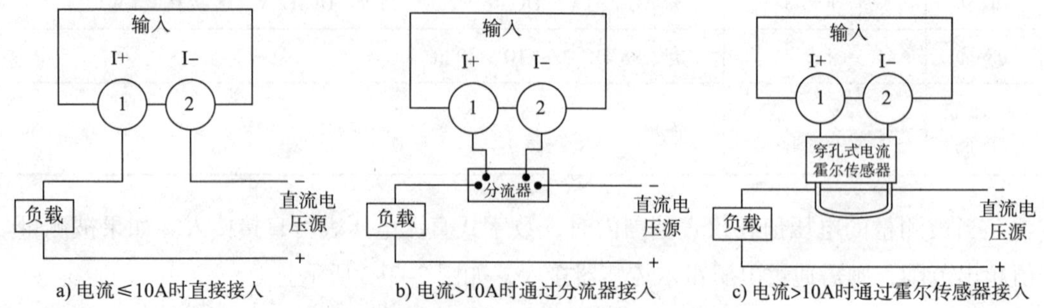

图 2–3–5　数字式直流电流表电流输入接线

3. 数字式直流仪表工作电源的接线方式

为了保证供配电安全，给数字式直流仪表供电的回路中，必须加装熔断器或小型空气断路器，熔断器可选用长延时熔丝，如图 2–3–6 所示。

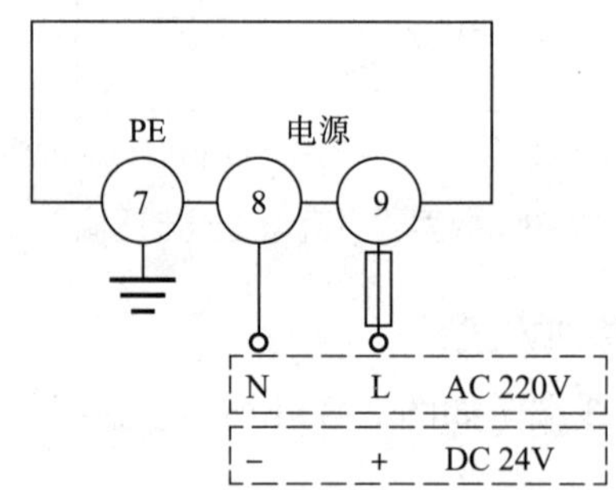

图 2–3–6　数字式直流仪表工作电源接线图

四、数字式直流仪表显示面板

数字式直流电压表和电流表的显示面板如图 2–3–7 所示。面板上的测量数据显示窗口（四位 LED 数码管）实时显示电压测量值和电流测量值。面板右上角的两个指示灯 AL1、AL2 为报警指示灯，报警继电器动作时，对应指示灯亮；报警继电器恢复时，对应指示灯熄灭。COMM 为通信指示灯。

五、数字式直流仪表参数设置

如图 2–3–7 所示，在仪表面板的右下部，长按“SET”键大于 3 s，可进入参数设置主菜单；在测量界面下同时长按“SET”键和“◄”键，可进入参数设置子菜单。进入参数设置界面后，按“SET”键可选择需修改的参数，选定参数后按“◄”键可进入参数修改界面，此时按“◄”键可实现移位，按“▲”“▼”键可修改闪烁数码管的数值，参数修改完成后，按“SET”键确认。在参数设置界面中，长按“◀”键大于 3 s，可返回仪表测量显示界面。

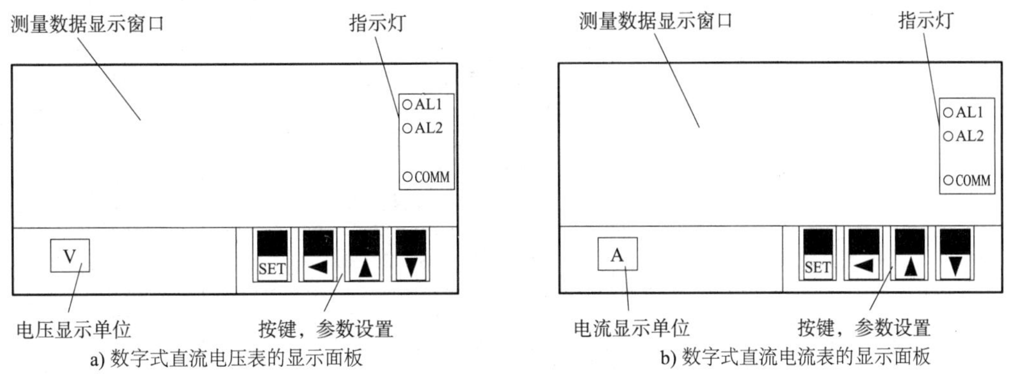

图 2-3-7 数字式直流仪表的显示面板

六、数字式直流仪表通信

Modbus-RTU 通信协议允许 SPA 系列仪表与施耐德、西门子、AB、GE 等品牌的可编程序控制器（PLC）、分散控制系统（RTU 系统）、数据采集与监控系统（SCADA 系统）以及其他具有 Modbus-RTU 标准通信协议的监控系统之间进行信息交换和数据传送。

实训 1　用电流表和电压表测量直流电路的参数

一、实训目的

1. 理解指针式磁电系仪表的结构和工作原理。
2. 掌握指针式和数字式直流仪表接线的方法和规则。
3. 掌握直流电路中电流和电压的测量方法。

二、实训器材

用电流表和电压表测量直流电路参数所需的实训器材明细见表 2-3-3。

表 2–3–3　实训器材明细表

名称	规格	数量
直流稳压电源	0 ~ 15 V，1 A	1 台
指针式直流电流表	50 mA，2.5 级	1 个
指针式直流电压表	15 V，2.5 级	2 个
	50 V，2.5 级	2 个
数字式直流电流表	50 mA，2.5 级	1 个
数字式直流电压表	15 V，2.5 级	2 个
	50 V，2.5 级	2 个
电阻	1 kΩ，1 W	2 个
	500 Ω，1 W	1 个
开关		1 个

三、实训内容及步骤

1. 外观检查

主要检查仪表的外壳、指针、端钮、调零器、刻度盘、数字显示面板等是否完好无损，指针转动是否灵活，有无卡阻现象，必要的标志和极性符号是否清晰，表内有无元器件脱落等。

2. 直流电流的测量

（1）按图 2–3–8 所示测量电路接线。

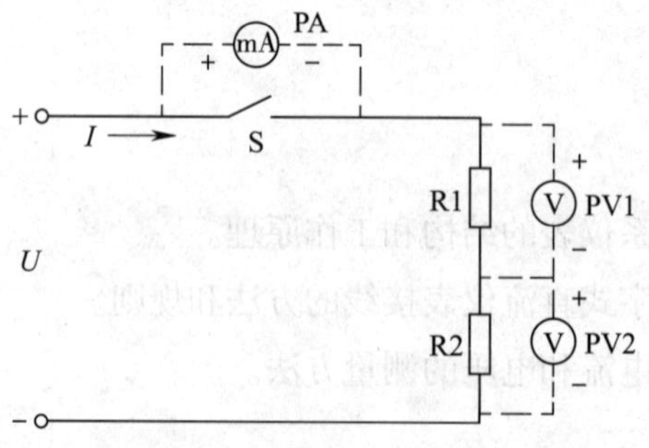

图 2–3–8　直流电流、电压测量电路

（2）接通直流稳压电源 15 V，用指针式直流电流表测量电路的电流 I，填入表 2–3–4 中。

（3）接通直流稳压电源 15 V，合上开关 S，再次用指针式直流电流表测量电路的直流电流 I，填入表 2-3-4 中。

（4）将指针式直流电流表更换为数字式直流电流表，重复上述步骤，将测量结果填入表 2-3-4 中。

（5）分析使用指针式直流电流表和数字式直流电流表的测量结果有何不同。

表 2-3-4 直流电流测量记录表

电阻	接通直流电源	接通直流电源并合上开关
R_1= 500 Ω R_2=1 000 Ω	计算值 I=______mA	计算值 I=______mA
	指针式电流表的测量值 I=______mA	指针式电流表的测量值 I=______mA
	数字式电流表的测量值 I=______mA	数字式电流表的测量值 I=______mA
R_1=1 000 Ω R_2=1 000 Ω	计算值 I=______mA	计算值 I=______mA
	指针式电流表的测量值 I=______mA	指针式电流表的测量值 I=______mA
	数字式电流表的测量值 I=______mA	数字式电流表的测量值 I=______mA

3. 直流电压的测量

（1）按图 2-3-8 所示测量电路接线。

（2）接通直流电源 15 V，用两种不同量程等级的指针式直流电压表，分别测量电阻 R1 和 R2 两端的电压，将结果填入表 2-3-5 中。

（3）将指针式直流电压表更换为数字式直流电压表，重复上述步骤，将测量的结果填入表 2-3-5 中。

（4）分析使用不同规格的直流电压表的测量结果有何不同。

表 2-3-5 直流电压测量记录表

电阻	用 15 V 电压表测量	用 50 V 电压表测量
R_1=1 000 Ω R_2=5 00 Ω	电阻 R1 两端的计算电压 U_{R1}=______V 电阻 R2 两端的计算电压 U_{R2}=______V	
	指针式电压表： 电阻 R1 两端的测量电压 U_{R1}=______V 电阻 R2 两端的测量电压 U_{R2}=______V	指针式电压表： 电阻 R1 两端的测量电压 U_{R1}=______V 电阻 R2 两端的测量电压 U_{R2}=______V
	数字式电压表： 电阻 R1 两端的测量电压 U_{R1}=______V 电阻 R2 两端的测量电压 U_{R2}=______V	数字式电压表： 电阻 R1 两端的测量电压 U_{R1}=______V 电阻 R2 两端的测量电压 U_{R2}=______V

4．按照现场管理规范清理场地，归置物品。

四、实训注意事项

在使用电流表和电压表之前，首先要根据被测电量的性质和大小选择合适的仪表和量程，然后按要求进行接线。

1．直流电流表的使用

测量电路的直流电流时，要将电流表串联在被测电路中，同时要注意仪表的极性和量程，如图 2–3–8 所示。使用指针式电流表时要保证使被测电流从仪表的“+”端流入，“–”端流出，以避免指针反转而损坏仪表。使用数字式电流表时要注意接线的端子号和正负极性。

小提示

（1）在测量较高电压电路的电流时，电流表应串联在被测电路中的低电位端，以保证操作人员的安全。

（2）如果将电流表错接成并联，会因其内阻较小而使被测量电路短路，烧毁电流表。

2．直流电压表的使用

测量电路的直流电压时，应将电压表并联在被测电路或负载的两端，如图 2–3–8 所示。使用指针式电压表时要注意接线端钮上的“+”“–”极性标记，以避免指针反转而损坏仪表。使用数字式电压表时要注意接线的端子号和正负极性。

小提示

如果将电压表错接成串联，则会因其内阻太大而使测量电路呈开路状态，电压表无法正常工作。

3．通电前，一定要检查电路连接是否正确，并经实训指导教师同意后方能进行通电实训。

五、实训测评

根据表 2–3–6 的标准对实训进行测评，并将评分结果填入表中。

表 2-3-6 用电流表和电压表测量直流电路的参数实训评分标准

序号	测评内容	测评标准	配分（分）	得分（分）
1	仪表外观检查	仪表的检查结果符合实训的要求	15	
2	直流电流的测量	按照实训步骤要求进行，电流的计算值正确，指针式电流表测量值在合理范围内	15	
		按照实训步骤要求进行，数字式电流表测量值在合理范围内	10	
		能正确回答开关接通前后电流值发生变化的原因	10	
3	直流电压的测量	按照实训步骤要求进行，电压的计算值正确，指针式电压表测量值在合理范围内	15	
		按照实训步骤要求进行，数字式电压表测量值在合理范围内	10	
		能正确回答采用两种量程的电压表，测量值会有误差的原因	10	
4	安全文明实训	工作环境整洁，操作习惯良好，具有安全意识，能积极参与教学活动，整体符合 6S 标准	15	
合计			100	

第三章
交流电流和交流电压的测量

前面介绍了测量直流电流和直流电压的磁电系仪表。但在实际生产中，由于交流电的产生较直流电容易，电压的改变也很方便，因此交流电的使用范围更广泛。这使得在电能的产生、传输和使用过程中，使用的几乎都是交流仪表。目前指针式交流电流表和交流电压表大部分采用电磁系测量机构，也有采用整流系测量机构的，只有在极少数的场合，如要求测量精度很高的实验室，才会采用电动系测量机构。随着时代的发展，数字式交流电流表和交流电压表的应用也越来越广泛。本章着重分析指针式和数字式两种电流表和电压表的结构、工作原理及其扩大量程的方法，以及其他测量交流电量时使用的仪表等。

§3-1 指针式交流电流表与电压表

学习目标

1. 熟悉电磁系测量机构的结构、工作原理和优缺点。
2. 掌握交流电流表、电压表的组成。
3. 熟悉整流系测量机构的结构及工作原理。

测量直流电流和电压的专用仪表是直流电流表和直流电压表，而直流电流表和直流电压表的核心都是磁电系测量机构。同样，测量交流电流和电压的专用仪表就是交流电流表和交流电压表，而交流电流表和交流电压表的核心都是电磁系测量机构。如

图 3–1–1 所示的实验用电流表，它虽然只有一个测量机构（表头），但当配合不同的测量线路时，就能组成各种不同量程的电流表、电压表。

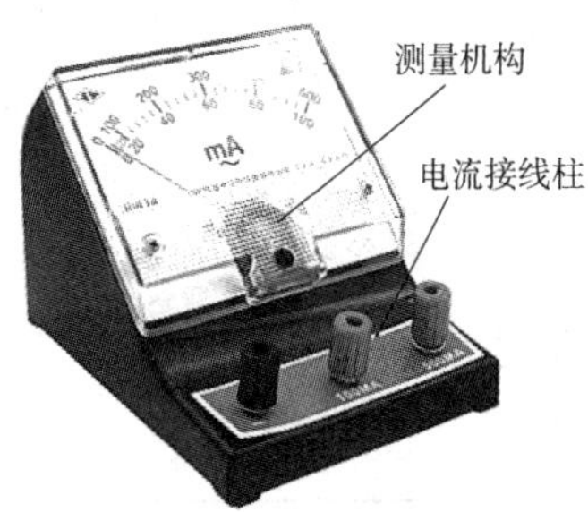

图 3–1–1 实验用电流表

一、电磁系测量机构

1. 电磁系测量机构的结构

电磁系测量机构主要由固定线圈和可动软磁铁片组成。根据其结构形式的不同，可分为吸引型和排斥型两类。

（1）吸引型测量机构

吸引型测量机构的结构如图 3–1–2 所示。固定线圈和偏心地装在转轴上的可动铁片组成产生转动力矩的装置。转轴上还装有指针、阻尼片和游丝等。另外，为防止磁感应阻尼器中永久磁铁的磁场对线圈磁场产生影响，在永久磁铁前加装了用导磁性能良好的材料制成的磁屏蔽。

小提示

在电磁系测量机构中，游丝的作用只是产生反作用力矩，而不通过被测电量的电流。

（2）排斥型测量机构

排斥型测量机构的结构如图 3–1–3 所示。其固定部分包括固定线圈以及固定在线圈内侧壁上的固定铁片。可动部分包括固定在转轴上的可动铁片、游丝、指针及阻尼片等，阻尼装置采用了磁感应阻尼器。

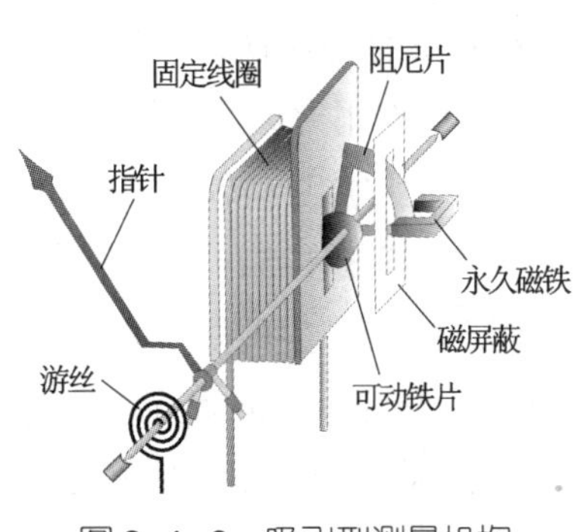

图 3–1–2 吸引型测量机构

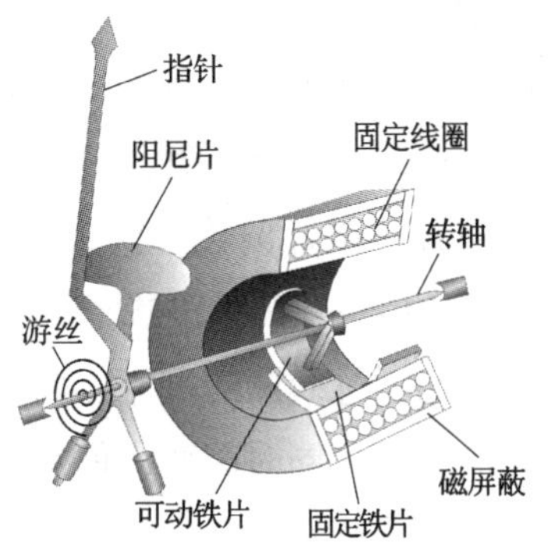

图 3–1–3 排斥型测量机构

知识链接

磁感应阻尼器

磁感应阻尼器由阻尼片和永久磁铁组成。磁感应阻尼器的工作原理是当铝阻尼片随仪表可动部分偏转时，铝阻尼片切割永久磁铁的磁感线，从而产生涡流，其方向如图 3-1-4 所示。当铝阻尼片向左运动时，产生的涡流方向如图中虚线所示。该涡流和永久磁铁的磁场相互作用，就产生一个向右的阻尼力矩。无论铝阻尼片向哪个方向运动，所产生的阻尼力矩的方向总是与铝阻尼片运动方向相反，其大小与铝阻尼片运动速度成正比。

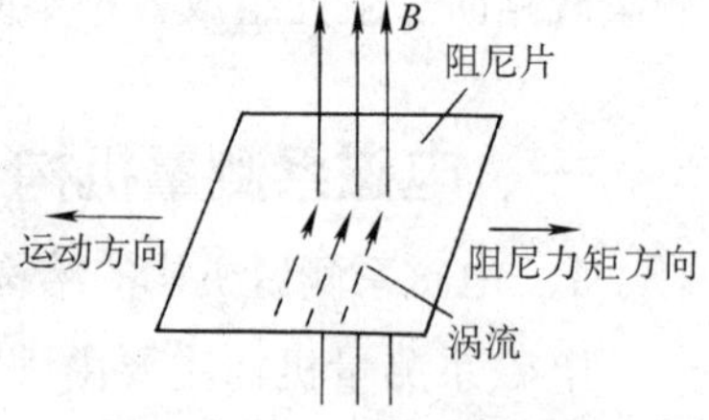

图 3-1-4 磁感应阻尼器原理

2. 电磁系测量机构的工作原理和特点

（1）吸引型电磁系测量机构的工作原理

吸引型电磁系测量机构的工作原理如图 3-1-5 所示。

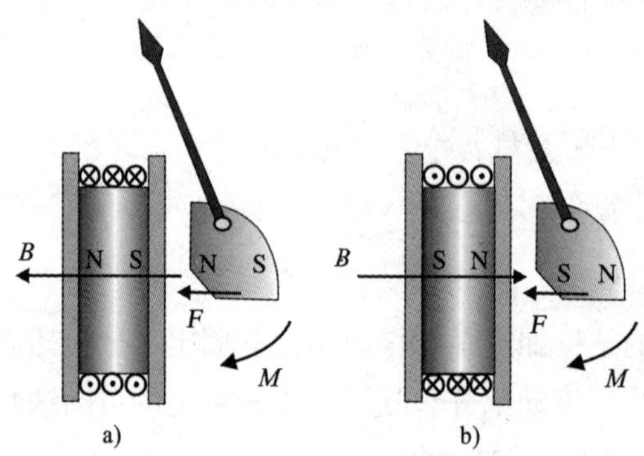

图 3-1-5 吸引型电磁系测量机构的工作原理

当固定线圈通电后，线圈产生磁场 B，将可动铁片磁化并对铁片产生吸引力，使固定在同一转轴上的指针随之发生偏转，同时游丝产生反作用力矩。线圈中电流越大，磁化作用越强，指针偏转角就越大。当游丝产生的反作用力矩与转动力矩相平衡时，指针就稳定地停留在某一位置，指示出被测量的大小（见图 3-1-5a）。

显然，当通过线圈的电流方向改变而大小不变时，线圈产生的磁场极性及可动铁片被磁化的极性也同时改变，但它们之间的作用力仍是吸引力，转动力矩的大小和方向不变，保证了指针偏转角不会改变（见图 3-1-5b）。所以，吸引型电磁系测量机构可用来组成交、直流两用仪表。

（2）排斥型电磁系测量机构的工作原理

排斥型电磁系测量机构的工作原理如图 3-1-6 所示。

当电流通过固定线圈时，产生磁场 B，使固定铁片和可动铁片同时磁化，且两铁片的同一侧为相同的极性。由于同性磁极相互排斥，产生的转动力矩使可动铁片转动，带动指针偏转。当游丝产生的反作用力矩与转动力矩相平衡时，指针就停留在某一位

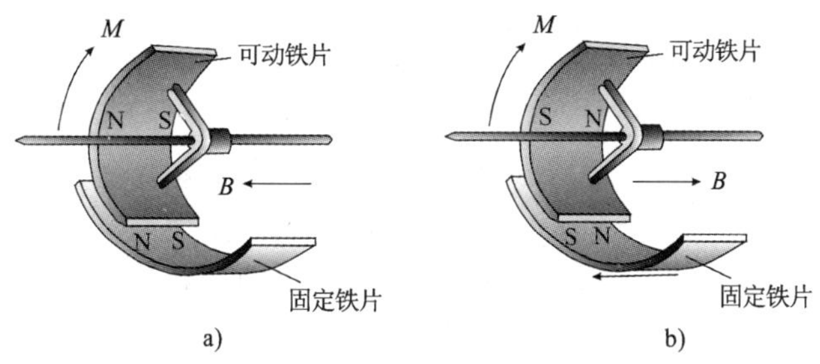

图 3-1-6 排斥型电磁系测量机构的工作原理

置，指示出被测量的大小（见图 3-1-6a）。如果线圈中电流方向改变，线圈产生磁场的方向会随之改变，两铁片的磁化极性也同时改变，但其相互间排斥力的方向不变（见图 3-1-6b）。所以，由排斥型电磁系测量机构组成的电磁系仪表同样适用于交、直流测量。

综上所述，电磁系测量机构的工作原理是利用通电的固定线圈产生磁场，使铁片磁化。然后利用线圈与铁片（吸引型）或铁片与铁片（排斥型）的相互作用产生转动力矩，带动指针偏转。

（3）指针偏转角与线圈中电流的关系

对吸引型电磁系测量机构而言，转动力矩的大小取决于固定线圈的磁场和可动铁片被磁化后的磁场强弱，而它们磁场的强弱又都与被测电流有关。可见，转动力矩的大小与线圈产生磁势的平方成正比。对排斥型电磁系测量机构而言，其转动力矩取决于固定铁片和可动铁片被磁化后磁场的强弱，而它们的磁场也都与被测电流有关。所以，排斥型电磁系测量机构转动力矩的大小也应与线圈产生磁势的平方成正比。

显然，电磁系测量机构的转动力矩与线圈产生磁势的平方成正比，即

$$M=K_1(NI)^2$$

式中，M 为转动力矩，K_1 为比例系数，N 为线圈匝数，I 为线圈中的电流。

上式说明，电磁系测量机构的转动力矩 M 与被测电流的平方成正比，因此可用来测量被测电流的大小。

电磁系仪表的特点见表 3-1-1。

表 3-1-1 电磁系仪表的特点

特点		说明
优点	既可测量直流，又可测量交流。但由于测量直流时有磁滞误差，故只有当铁片采用优质坡莫合金材料时，才可以制成交直流两用仪表	当流过线圈的电流方向改变而大小不变时，线圈产生的磁场极性及可动铁片（或动静铁片）被磁化的极性也同时改变，因此转动力矩的大小和方向不变
	可直接测量较大电流，过载能力强，并且结构简单，制造成本低	电磁系仪表在测量时，被测电流不经过游丝进入线圈，因此可以选择导线较粗的固定线圈，以测量较大电流

续表

特点		说明
缺点	标度尺刻度不均匀	电磁系仪表指针的偏转角与被测电流的平方成正比，故标度尺的刻度分布具有平方律的特性，即起始段分布较密，而末段分布稀疏
	易受外磁场影响	电磁系仪表的磁场由固定线圈通入电流而产生，强度较弱，故易受外磁场影响，因此必须设法减小外磁场的影响

知识链接

电磁系仪表减小外磁场影响的方法

（1）磁屏蔽

即将测量机构装在用导磁性能良好的材料做成的屏蔽罩内。这样，外磁场的磁感线将沿着屏蔽罩穿过，而不会影响罩内的测量机构，如图 3–1–7 所示。有时，为了进一步削弱外磁场的影响，可采用两层甚至三层屏蔽罩。

（2）无定位结构

即把测量机构的固定线圈分成完全相同的两部分且反向串联，如图 3–1–8 所示。当线圈通电后，两线圈产生的磁场方向相反，但其总转矩是相加的。一旦有外磁场存在，一个线圈的磁场若被削弱，另一个线圈的磁场必将增强。因两线圈的结构完全对称，所以不论仪表放置的位置如何，外磁场的作用总能相互抵消，故得名“无定位结构”。

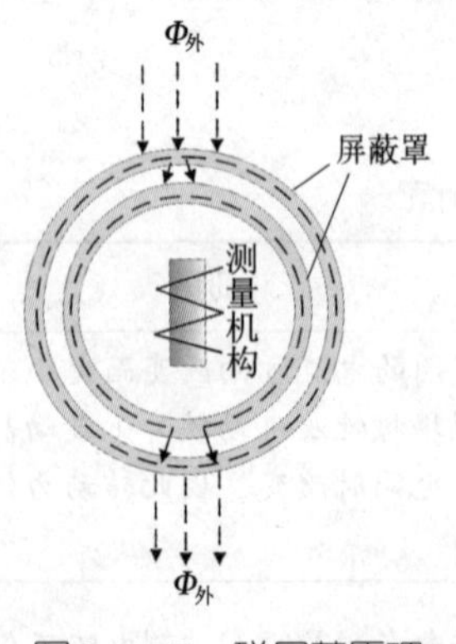

图 3–1–7　磁屏蔽原理

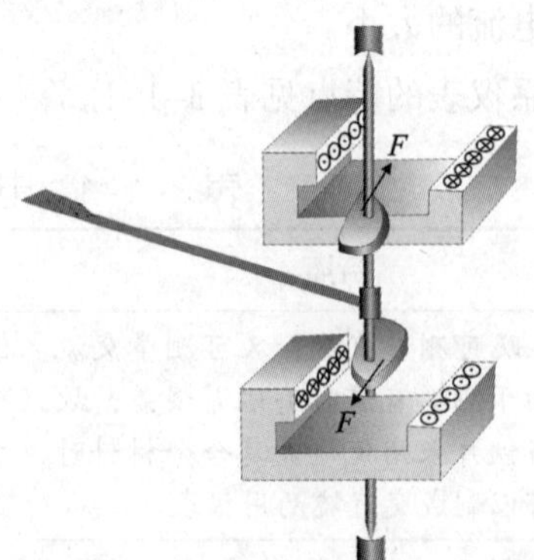

图 3–1–8　无定位结构

二、电磁系交流电流表

电磁系交流电流表通常由电磁系测量机构组成。由于电磁系交流电流表的固定线圈直接串联在被测电路中，所以，要制造不同量程的电流表时，只要改变线圈的线径和匝数即可，测量线路十分简单。

1. 安装式电磁系交流电流表

安装式电磁系交流电流表一般制成单量程，但最大量程不得超过 200 A。这是因为电流太大时，靠近仪表的导线产生的磁场会引起仪表较大的误差，且仪表端钮与导线接触不良时，会严重发热而酿成事故。因此，在测量较大的交流电流时，仪表必须与电流互感器配合使用。

2. 便携式电磁系交流电流表

为了方便使用，便携式电磁系交流电流表一般制成多量程，但它不能采用并联分流电阻的方法扩大量程。这是因为电磁系交流电流表的内阻较大，所以要求分流电阻也较大，这会造成分流电阻的体积及功率损耗都很大。因此，为扩大便携式电磁系交流电流表量程，一般将固定线圈分段，然后利用分段线圈进行串、并联。图 3-1-9 所示为双量程电磁系交流电流表的原理电路：当连接片按图 3-1-9a 连接时，两段线圈串联，电流表量程为 I；按图 3-1-9b 连接时，两段线圈并联，电流表量程扩大为 $2I$。仪表的标度尺一般按量程 I 来刻度，当量程为 $2I$ 时，只需将读数乘 2。

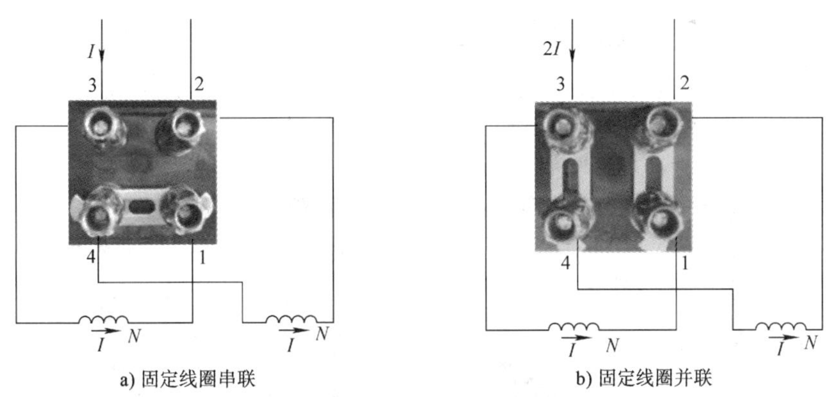

a) 固定线圈串联　　b) 固定线圈并联

图 3-1-9　双量程电磁系交流电流表的原理电路

三、电磁系交流电压表

电磁系交流电压表由电磁系测量机构与分压电阻串联组成。作为电压表，一般要求通过固定线圈的电流很小，但为了获得足够的转矩，又必须要有一定的励磁磁动势，所以其固定线圈的匝数一般较多，并用较细的漆包线绕制。

1. 安装式电磁系交流电压表

安装式电磁系交流电压表一般制成单量程，但最大量程不超过 600 V。要测量更高的交流电压时，仪表必须与电压互感器配合使用。

2. 便携式电磁系交流电压表

便携式电磁系交流电压表一般制成多量程，如图 3-1-10 所示为三量程电磁系交流电压表的电路图，它采用了共用式分压电路。

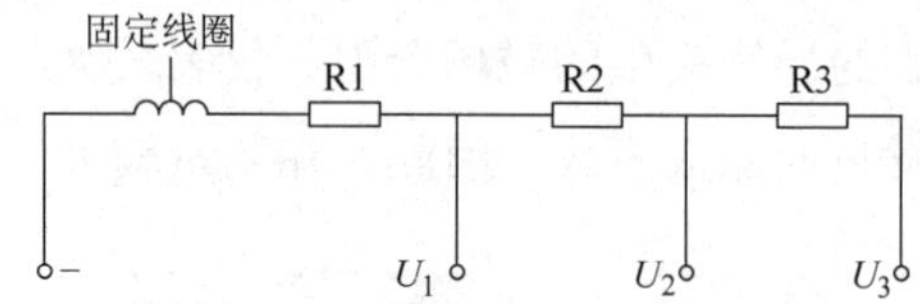

图 3-1-10　三量程电磁系交流电压表电路图

小提示

为保证足够的励磁磁动势，要求电磁系交流电压表固定线圈的匝数尽量多。但是线圈匝数总是有限的，因此电流就不能太小，这就意味着分压电阻不能太大。所以，电磁系交流电压表的内阻较小，一般只有几十到几百欧姆，而其功耗较大，灵敏度较低，故一般不适合制造低量程的电磁系电压表。

四、整流系交流电流表和电压表

除了前面所讲的电磁系交流电压表和电流表之外，目前，许多安装式交流电压表和电流表也采用了整流系仪表，如图 3-1-11 所示。

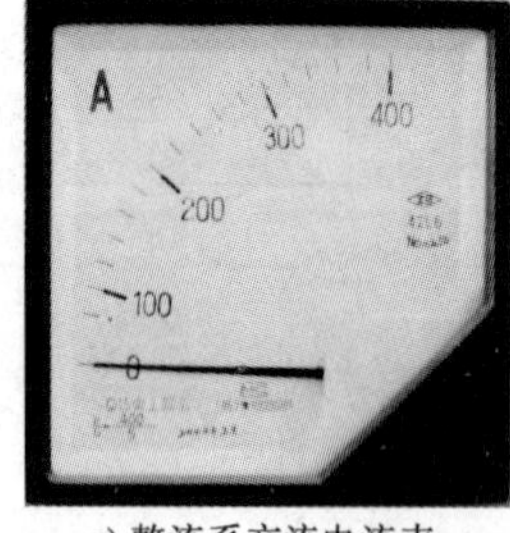

a) 整流系交流电流表

b) 整流系交流电压表

图 3-1-11　整流系交流电流表和电压表

前面已经介绍过磁电系测量机构只能用来测量直流量。如果要测量交流量，则必须加上整流器，将交流电变换成直流电后，再送入测量机构，并且确定整流后的电流与输入交流电流之间的关系，才能在仪表标度尺上标出输入交流电的大小。通常把由磁电系测量机构和整流装置组成的仪表称为整流系仪表。整流系交流电压表就是在整流系仪表的基础上串联分压电阻而组成的。其中，整流系测量机构是整个仪表的核心。

知识链接

整流系交流电压表中的整流电路

整流系交流电压表中所用的整流电路有半波和全波两种形式。如图 3-1-12 所示为半波整流电路，图中的 R_V 为分压电阻。与测量机构串联的 VD1 是整流二极管，它能将输入的交流电流变成脉动直流电流，送入磁电系微安表中。VD2 是保护二极管，可以防止输入交流电压在负半周时反向击穿整流二极管 VD1。如果没有 VD2，则在外加电压负半周时，由于整流二极管 VD1 反向截止而承受很高的反向电压，可能造成 VD1 的反向击穿。接入 VD2 后，在负半周时 VD2 导通，使 VD1 两端的反向电压大大降低，保证了 VD1 不会被反向击穿。此外，VD2 的接入还可消除指针的颤抖。

整流系仪表中的全波整流电路通常由 4 个整流元件构成，如图 3-1-13 所示。当 *A*、*B* 两端加上交流电压时，如正半周时 *A* 端的极性为正，*B* 端为负，则电流的途径为 $A \rightarrow R_V \rightarrow$ VD1 →表头→ VD3 → *B*，如图中实线箭头所示；而在电压负半周时，*B* 端极性为正，*A* 端为负，电流的途径变为 *B* → VD2 →表头→ VD4 → $R_V \rightarrow A$，如图中虚线箭头所示。可见，不管在外加电压的正半周还是负半周，表头中都只有同一方向的电流通过。在外加电压相同的情况下，全波整流时的表头电流要比半波整流时增大一倍，仪表的灵敏度较高。

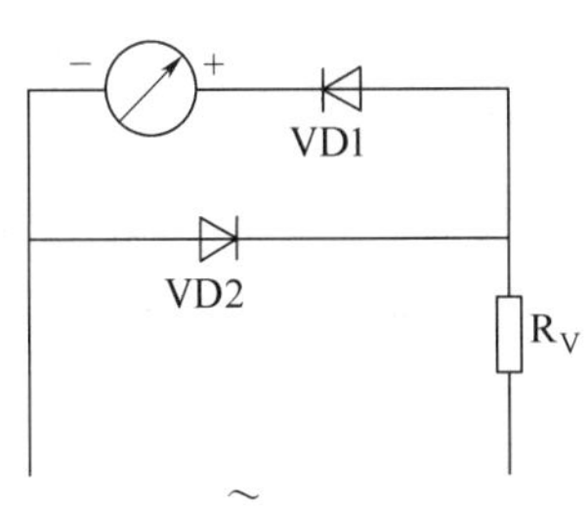

图 3-1-12　半波整流电路

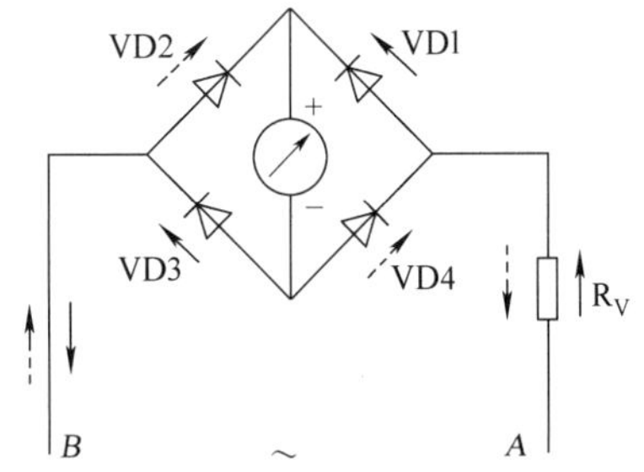

图 3-1-13　全波整流电路

由于通过测量机构的电流实际上是经过整流后的单向脉动电流，而其指针的偏转角是与脉动电流的平均值成正比的，所以，整流系仪表所指示的值应该是交流电的平均值。但是，交流电的大小习惯上是指交流电的有效值。为此，可根据交流电有效值与平均值之间的关系来刻度标度尺。

对于半波整流电路，$I_{有效}=2.22I_{平均}$；

对于全波整流电路，$I_{有效}=1.11I_{平均}$。

这样，交流电压表的标度尺就可以直接按交流电的有效值来进行刻度，即整流系交流电压表的读数是正弦交流电压的有效值。如果被测电压不是正弦波，将会产生波形误差，这是整流系交流电压表的一个主要缺点。

整流系仪表保留了磁电系仪表灵敏度高、功率消耗小、标度尺均匀等优点。此外，由于电路内电感较小，因而适用于较高频率电流和电压的测量，测量频率范围为 40 ~ 1 000 Hz。但是，由于整流元件特性不稳定，受温度的影响大，所以其准确度较低，一般在 1.0 级以下。做成万用表测量交流电压时，准确度一般在 2.5 级左右。

§3-2　数字式交流电压表与电流表

学习目标

1. 了解数字式交流仪表的结构。
2. 掌握数字式交流仪表的选型、接线方式和通信。
3. 了解三相智能电力仪表的选型和接线方式。

在数字式交流仪表中，为了提高测量的灵敏度和准确度，一般先将被测交流电压降压，经线性 AC/DC 转换器（注意不要和模拟 / 数字转换器的简称 A/D 转换器混淆）变换成微小直流电压，再送入电压基本表中进行显示。

一、数字式交流仪表结构

图 3–2–1 所示为数字式交流电压表的测量电路。运算放大器 062 和二极管 VD7、VD8 组成线性的均值检波电路（简称线性 AC/DC 转换器）。二极管 VD5、VD6、VD11、VD12 接在 AC/DC 转换器输入端作双向过压保护。C1、C2 是输入耦合电容，R21、R22 是输入电阻。线性 AC/DC 转换器的输出端接由 R26、C6、R31、C10 构成的阻容滤波器进行滤波。RP 的作用是调节交流电压测量的灵敏度。

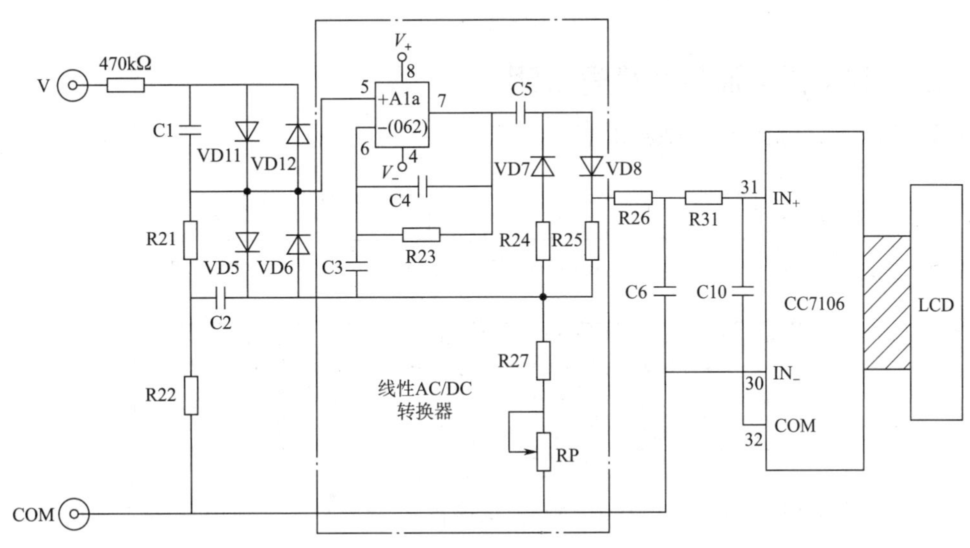

图 3-2-1 数字式交流电压表测量电路

被测量的交流电压，经过线性 AC/DC 转换器，变换成数字式电压基本表能够接收的直流信号给 LCD 显示。由于放大器 062 的作用，避免了二极管在小信号整流时所引起的非线性失真，保证了仪表测量的准确性。

下面以 SPC-96B 系列数字式交流电压表和电流表为例作介绍。

二、数字式交流仪表功能

SPC-96B 系列数字式交流仪表专门为工矿企业、民用建筑、楼宇自动化等行业的电力监控系统而设计。仪表采用交流采样技术，通过面板按键设置参数，可直观显示系统电压、电流参数。该表配有 RS485 通信接口，通过标准的 Modbus-RTU 协议，可与各种组态系统兼容，从而把前端采集到的电压、电流量实时传送给系统数据中心。该系列数字式仪表可设置电压互感器和电流互感器的参数，用于不同电压、电流等级的交流系统。数字式交流电流表是在数字式交流电压表的基础上，将交流电流表与负载串联组成的，显示的是流经负载的电流值。作为一种先进的智能化、数字化电力信号采集装置，该系列仪表已广泛应用于各种控制系统、SCADA 系统、DCS 系统和电能管理系统中，如图 3-2-2 所示。

a) 数字式交流电压表

b) 数字式交流电流表

图 3-2-2 数字式交流电压表和电流表

三、数字式交流仪表型号说明

1. 数字式交流电压表型号说明

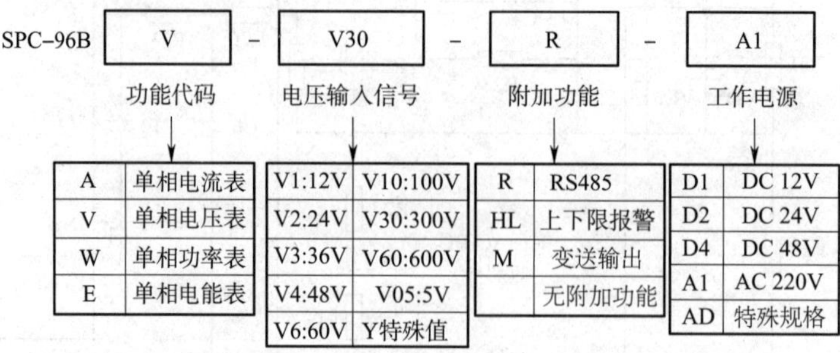

例如，型号 SPC–96BV–V30–R–A1 表示该仪表为数字式交流电压表，其输入信号为 AC 0 ~ 300 V，具有 RS485 通信输出功能，工作电源为 AC 220 V。

2. 数字式交流电流表型号说明

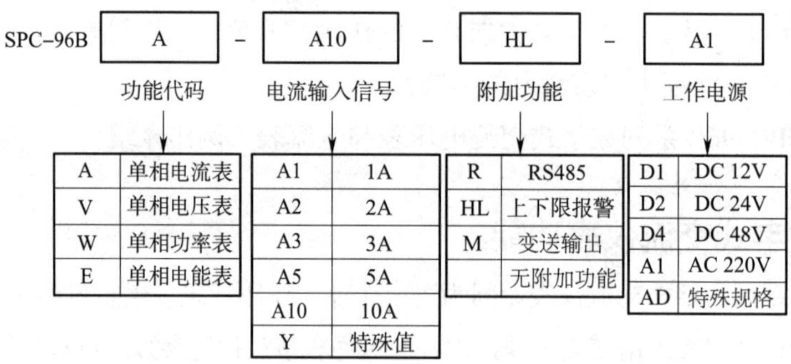

例如，型号 SPC–96BA–A10–HL–A1 表示该仪表为数字式交流电流表，其输入信号为 AC 0 ~ 10 A，具有上下限报警功能，工作电源为 AC 220 V。

四、数字式交流仪表接线方式

1. 数字式交流电压表接线方式

数字式交流电压表的典型接线图如图 3–2–3 所示。接线端子的参数含义见表 3–2–1。

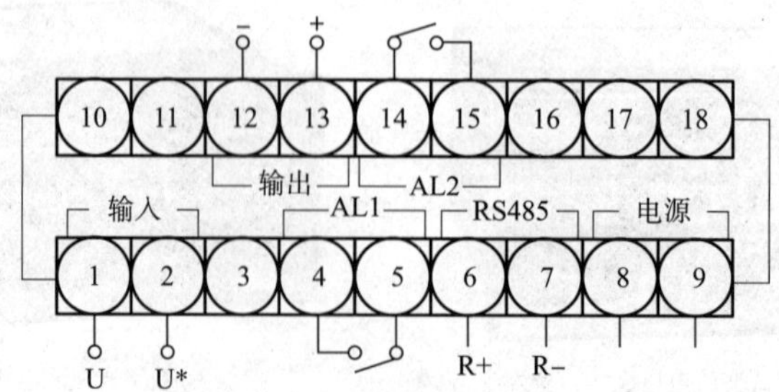

图 3–2–3 数字式交流电压表的典型接线图

表 3-2-1 数字式交流电压表接线端子的参数含义

端子号	功能	参数含义
①②	电压输入	额定值为 AC 100 V 或 AC 400 V，可设置电压互感器变比（面板显示为一次值）
④⑤ ⑭⑮	继电器输出	最多可选两路继电器输出，可设置报警方式和报警值，采用常开继电器，其容量为 DC 2 A/30 V 或 AC 2 A/250 V
⑥⑦	通信	RS485/RS232 通信接口，Modbus-RTU 协议，传输速率为 300 ~ 19 200 bit/s（可设置）
⑧⑨	工作电源	有 AC/DC 220 V，DC 48 V，DC 24 V，功耗 <2 W
⑫⑬	输出	有一路 DC 4 ~ 20 mA 输出
③⑩⑪ ⑯⑰⑱	—	备用

2. 数字式交流电流表接线方式

数字式交流电流表的典型接线图如图 3-2-4 所示。接线端子的参数含义见表 3-2-2。

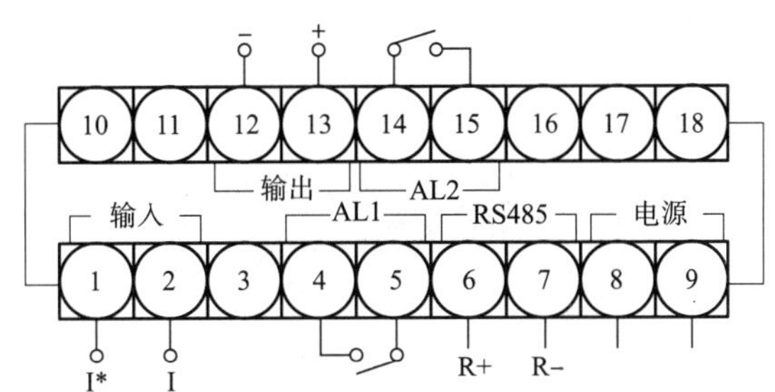

图 3-2-4 数字式交流电流表的典型接线图

表 3-2-2 数字式交流电流表接线端子的参数含义

端子号	功能	参数含义
①②	电流输入	额定值为 AC 1 A 或 AC 5 A，可设置电流互感器变比（面板显示为一次值）

注：数字式交流电流表其他接线端子的参数含义同表 3-2-1。

3. 数字式交流仪表工作电源的接线方式

数字式交流仪表工作电源的接线与数字式直流仪表工作电源的接线相同。

五、数字式交流仪表通信

SPC 系列数字式交流仪表只要简单地增加一套基于计算机（或工控机）的监控软

件（如组态王、Intouch、FIX、Synall 等）就可以构成一套电力监控系统，如图 3–2–5 所示。

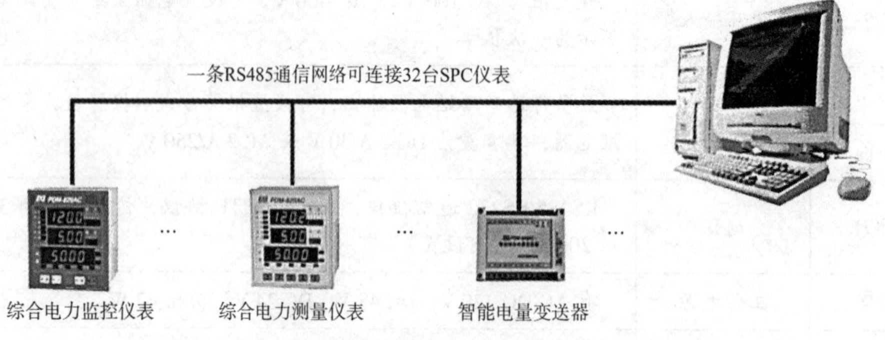

图 3–2–5　基于计算机监控软件构成的电力监控系统

数字式交流仪表显示面板和参数设置与数字式直流仪表类似，这里不再赘述。

六、三相智能电力仪表

三相智能电力仪表是一种能够采集多种配电信息，具备数据分析和传输功能的高性能数字智能电力仪表。下面以 SPC660 系列三相智能电力仪表（见图 3–2–6）为例作介绍。

图 3–2–6　SPC660 系列三相智能电力仪表

SPC660 系列三相智能电力仪表专为配电系统、工矿企业、公共楼宇的电力监控系统而设计。它采用大规模集成电路和高亮度、长寿命的 LED 显示器，运用数字采样技术对三相交流电路中常用的电力参数（如三相相电压、三相线电压、三相电流、有功功率、无功功率、视在功率、功率因数、频率等）进行实时测量、显示和控制，并配有 RS485 通信接口，通过标准的 Modbus–RTU 协议，可与各种组态系统兼容，从而把前端采集到的电力参数实时传送给系统数据中心。通常 SPC660 系列三相智能电力仪表的电压互感器变比为 220 V/220 V（可设），电流互感器变比为 800 A/5 A（可设）。

1. 三相智能电力仪表型号说明

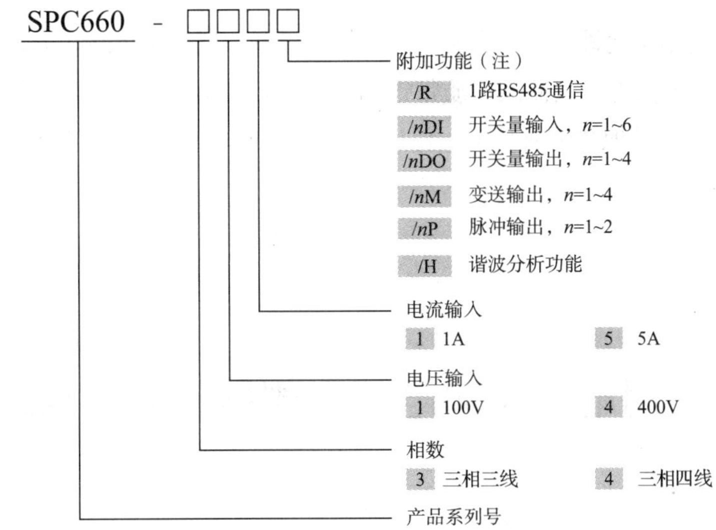

例如，型号 SPC660-445/R 表示三相智能电力仪表的电源供电方式为三相四线制，输入电压最大值为 400 V，输入电流最大值为 5 A，具有 1 路 RS485 通信输出功能。

2. 三相智能电力仪表接线端子和接线注意事项

三相智能电力仪表插拔式端子符号定义如图 3-2-7 所示。

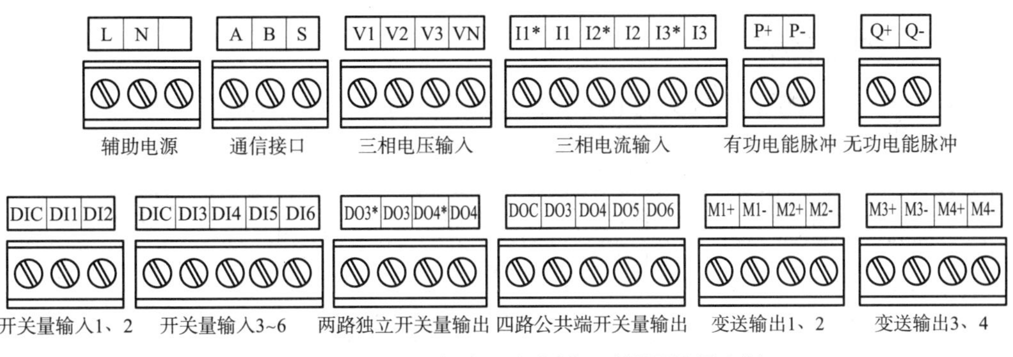

图 3-2-7 三相智能电力仪表插拔式端子符号定义

三相智能电力仪表接线注意事项如下：

（1）在电压输入端的相线上须加装熔丝或小型空气断路器。电流互感器出线上不要加装熔丝或小型空气断路器。

（2）工作电源不要接在电压互感器的输出线上，否则将会导致电压测量不准确。

（3）确保输入电压与输入电流相对应，保证相号和相序一致，否则会出现测量数据和符号错误。

（4）如果使用的电流互感器上接有其他仪表，应采用串联方式连接该回路所有仪表。

（5）拆除仪表或修改电流输入连接线之前，一定要确保一次回路断电或者短接电流互感器二次回路。

（6）建议使用接线排，不要直接连接电流互感器，以便于短路和拆装。

（7）RS485 通信连接应使用优质带铜网的屏蔽双绞线，线径不小于 0.7 mm，布线时应使通信线远离其他强电场环境，保证一条总线屏蔽层的单点连接独立于盘柜的接地点。

实训 2　用电流表和电压表测量交流电路的参数

一、实训目的

1. 理解指针式电磁系仪表的结构和工作原理。
2. 掌握指针式和数字式仪表接线的方法和规则。
3. 掌握交流电路中电流和电压的测量方法。

二、实训器材

用电流表和电压表测量交流电路参数所需的实训器材明细详见表 3–2–3。

表 3–2–3　实训器材明细表

名称	规格	数量
调压器	220 V，1 kV · A	1 台
变压器	220 V/36 V，100 V · A	1 台
指针式交流电流表	50 mA，2.5 级	1 个
指针式交流电压表	50 V，2.5 级	1 个
	250 V，2.5 级	1 个
数字式交流电流表	50 mA，2.5 级	1 个
数字式交流电压表	50 V，2.5 级	1 个
	250 V，2.5 级	1 个
电阻	1 kΩ，1 W	2 个
	500 Ω，1 W	2 个
开关		1 个

三、实训内容及步骤

1. 外观检查

主要检查仪表的外壳、指针、端钮、调零器、刻度盘、数字显示面板等是否完好无损，指针转动是否灵活，有无卡阻现象，必要的标志和极性符号是否清晰，表内有无元器件脱落等。

2. 交流电流的测量

（1）按图 3-2-8 所示测量电路接线。

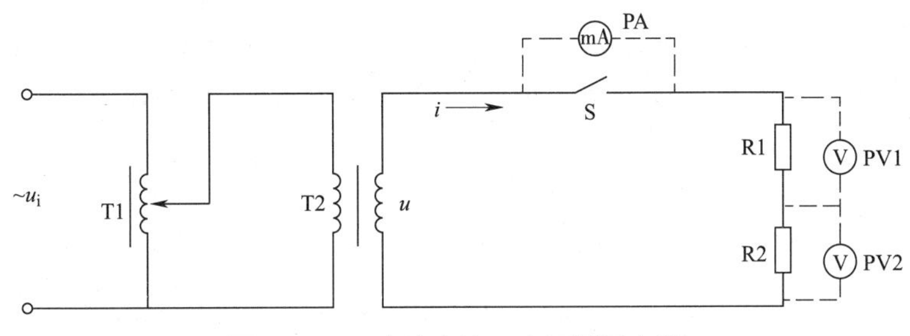

图 3-2-8 交流电流、电压测量电路

（2）接通交流电源，用指针式交流电流表测量电路的电流 i，填入表 3-2-4 中。

（3）接通交流电源，合上开关 S，再次用指针式交流电流表测量电路的交流电流 i，填入表 3-2-4 中。

（4）将指针式交流电流表更换为数字式交流电流表，重复上述步骤，将测量的结果填入表 3-2-4 中。

表 3-2-4 交流电流测量记录表

电阻	接通交流电源	接通交流电源和开关
R_1=500 Ω，R_2=1 000 Ω	计算值 I=______mA	计算值 I=______mA
	指针式电流表的测量值 I=______mA	指针式电流表的测量值 I=______mA
	数字式电流表的测量值 I=______mA	数字式电流表的测量值 I=______mA
R_1=1 000 Ω，R_2=1 000 Ω	计算值 I=______mA	计算值 I=______mA
	指针式电流表的测量值 I=______mA	指针式电流表的测量值 I=______mA
	数字式电流表的测量值 I=______mA	数字式电流表的测量值 I=______mA

（5）分析使用指针式交流电流表和数字式交流电流表，测量结果有何不同。

3. 交流电压的测量

（1）按图 3-2-8 所示测量电路接线。

（2）接通交流电源，合上开关 S，用两种不同量程等级的指针式交流电压表，分

别测量电源电压 u、电阻 R1 和 R2 两端的电压，将结果填入表 3–2–5 中。

（3）将指针式交流电压表更换为数字式交流电压表，重复上述步骤，将测量的结果填入表 3–2–5 中。

表 3–2–5　交流电压测量记录表

<table>
<tr><th>电阻</th><th>用 50 V 电压表测量</th><th>用 250 V 电压表测量</th></tr>
<tr><td rowspan="3">R_1=1 000 Ω
R_2=500 Ω</td><td colspan="2">电阻 R1 两端的计算电压 U_{R1}=____V
电阻 R2 两端的计算电压 U_{R2}=____V</td></tr>
<tr><td>指针式电压表：
电源电压 U=____V
电阻 R1 两端的测量值 U_{R1}=____V
电阻 R2 两端的测量值 U_{R2}=____V</td><td>指针式电压表：
电源电压 U=____V
电阻 R1 两端的测量值 U_{R1}=____V
电阻 R2 两端的测量值 U_{R2}=____V</td></tr>
<tr><td>数字式电压表：
电源电压 U=____V
电阻 R1 两端的测量值 U_{R1}=____V
电阻 R2 两端的测量值 U_{R2}=____V</td><td>数字式电压表：
电源电压 U=____V
电阻 R1 两端的测量值 U_{R1}=____V
电阻 R2 两端的测量值 U_{R2}=____V</td></tr>
</table>

（4）分析使用不同规格的交流电压表测量结果有何不同。

4．按照现场管理规范清理场地，归置物品。

四、实训注意事项

在使用电流表和电压表之前，首先要根据被测电量的性质和大小选择合适的仪表和量程，然后按要求进行接线。和测量直流参数不同，交流仪表接线端钮上无“+”“–”极性标记。

1．交流电流表的使用

测量电路的交流电流时，应将交流电流表串联在被测电路中，接线如图 3–2–9 所示。在测量较大的电流时，常常借助于电流互感器来扩大电流表的量程，如图 3–2–10 所示（电流互感器将在下一节介绍）。

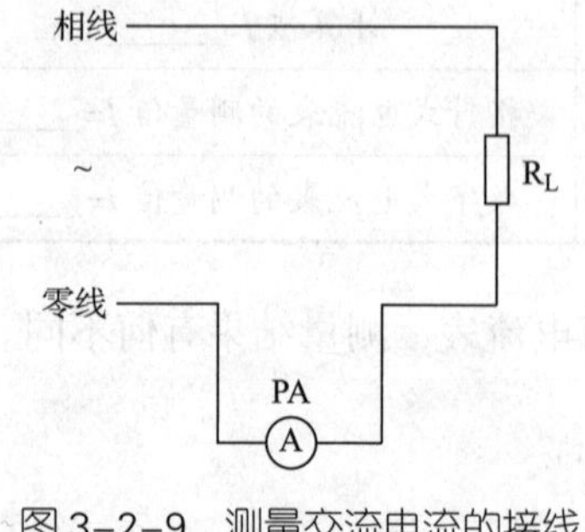

图 3–2–9　测量交流电流的接线

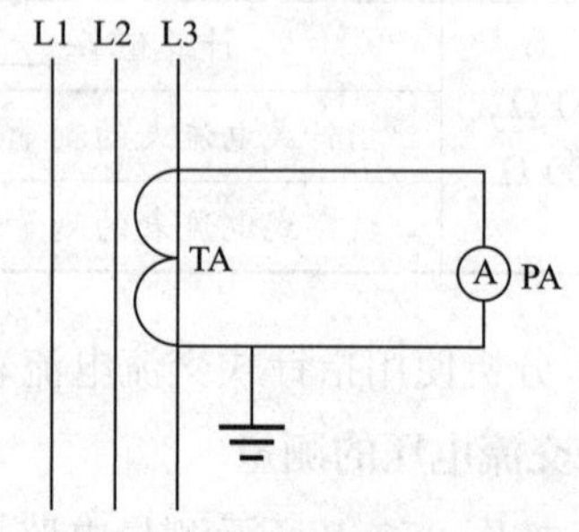

图 3–2–10　带有电流互感器的交流电流表接线

2. 交流电压表的使用

测量电路的交流电压时，应将交流电压表并联在被测电路的两端，接线如图 3-2-11 所示。

为安全起见，对于 600 V 以上的交流电压，不宜直接接入电压表。一般都是通过电压互感器，将一次侧较高的交流电压变换到二次侧的低电压后再进行测量，如图 3-2-12 所示（电压互感器将在下一节介绍）。

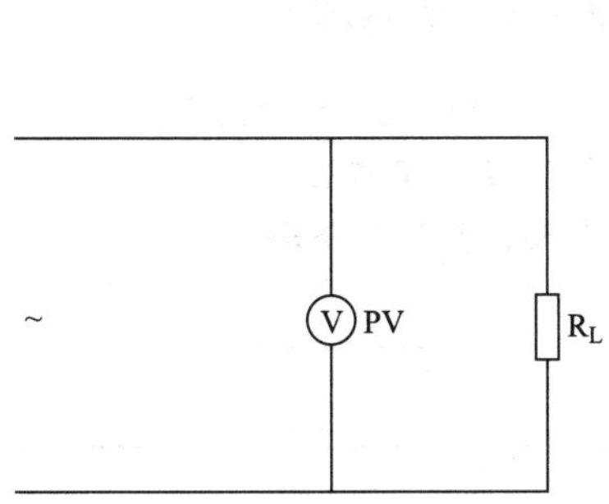

图 3-2-11 测量交流电压的接线

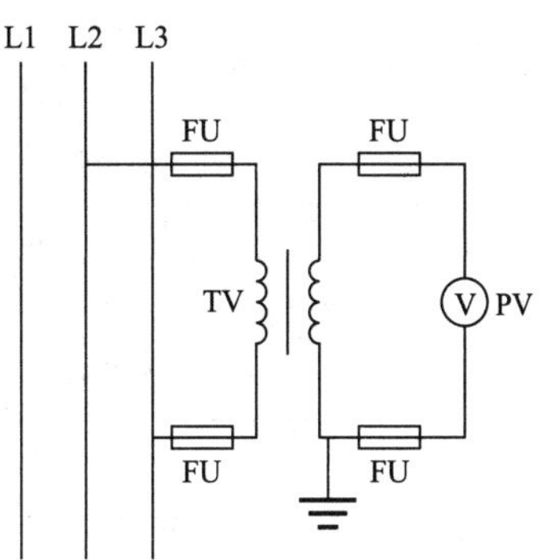

图 3-2-12 带有电压互感器的交流电压表接线

小提示

一般测量的交流电流比较大，交流电压也比较高，所以交流电流表、电压表的接线必须牢固可靠。

3. 通电前，一定要检查电路连接是否正确，并经实训指导教师同意后方能进行通电实训。

五、实训测评

根据表 3-2-6 中的测评标准对实训进行测评，并将评分结果填入表中。

表 3-2-6 用电流表和电压表测量交流电路的参数实训评分标准

序号	测评内容	测评标准	配分（分）	得分（分）
1	仪表外观检查	仪表的检查结果符合实训的要求	20	
2	交流电流的测量	按照实训步骤要求进行，电流的计算值正确，指针式电流表的测量值在合理范围内	10	
		按照实训步骤要求进行，数字式电流表的测量值在合理范围内	10	
		正确回答开关接通前后电流值变化的原因	10	

续表

序号	测评内容	测评标准	配分（分）	得分（分）
3	交流电压的测量	按照实训步骤要求进行，电压的计算值正确，指针式电压表的测量值在合理范围内	10	
		按照实训步骤要求进行，数字式电压表的测量值在合理范围内	10	
		正确回答采用两种量程的电压表，测量值不同的原因	10	
4	安全文明实训	工作环境整洁，操作习惯良好，具有安全意识，能积极参与教学活动，整体符合6S标准	20	
合计			100	

§3-3　仪用互感器

学习目标

1. 熟悉仪用互感器的作用。
2. 掌握电流互感器的组成及使用。
3. 掌握电压互感器的组成及使用。

实际生产中，前面介绍的交流电流表和交流电压表的量程往往不能满足测量的要求，这就需要利用仪用互感器来扩大交流仪表的量程。仪用互感器是用来按比例变换交流电压或交流电流的仪器，它包括变换交流电压的电压互感器和变换交流电流的电流互感器。

一、仪用互感器的作用

仪用互感器的作用主要有以下三个方面。

1．扩大交流仪表的量程

在大电流、高电压的情况下，采用分流电阻和分压电阻的方法来扩大仪表量程已显得非常困难。例如，一只内阻为 0.1 Ω 的电流表直接串联接入电路中去测量 1 000 A 的电流时，电流表本身的压降就有 100 V，功率损耗高达 100 000 W。显然，这时电流表不仅要为散热而增大体积，而且串联接入电路后还会影响电路正常的工作状态。在这样的情况下，如果利用仪用互感器把大电流、高电压按比例地变换成小电流、低电压，再用低量程的仪表进行测量，就相当于扩大了交流仪表的量程，同时大大降低了仪表本身的功耗。

2．测量高电压时保证工作人员和仪表的安全

由于仪用互感器能将高电压变换成低电压，并且仪表与被测电路之间没有直接的电联系。所以，在测量高压电路时，不但可以保证工作人员和仪表的安全，而且降低了对仪表的绝缘要求。

3．有利于仪表生产的标准化，降低生产成本

由于电压互感器二次侧的额定电压统一规定为 100 V，电流互感器二次侧的额定电流统一规定为 5 A。因此，只要生产量程为 100 V 的交流电压表和 5 A 的交流电流表，再配合不同变比的仪用互感器，就能满足测量各种高电压和大电流的要求。

鉴于以上原因，仪用互感器在电工测量中得到了广泛的应用。

二、电流互感器

1．电流互感器的构造与原理

电流互感器实际上是一个降流变压器，它能把一次侧的大电流变换成二次侧的小电流。由于变压器的一次侧、二次侧电流之比与一次侧、二次侧的匝数之比成倒数关系，所以电流互感器一次侧的匝数远少于二次侧的匝数，一般只有一匝到几匝。电流互感器的符号如图 3–3–1a 所示。使用时，将一次侧与被测电路串联，二次侧与电流表串联，如图 3–3–1b 所示。由于电流表的内阻一般很小，所以电流互感器在正常工作时，接近于变压器的短路状态。

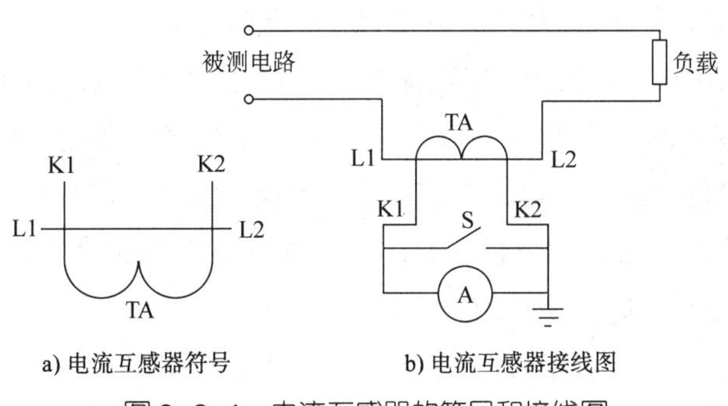

图 3–3–1　电流互感器的符号和接线图

电流互感器的一次侧额定电流 I_{1N} 与二次侧额定电流 I_{2N} 之比，称为电流互感器的额定变流比，用 K_{TA} 表示，即

$$K_{TA}=\frac{I_{1N}}{I_{2N}}$$

每个电流互感器的铭牌上都标有它的额定变流比。测量时，可根据电流表的指示值 I_2，计算出一次侧被测电流 I_1 的数值，即

$$I_1=K_{TA}\times I_2$$

同理，为使用方便，对与电流互感器配合使用的交流电流表，可按一次侧电流直接进行刻度。例如，按 5 A 设计制造，与 K_{TA}=400/5 的电流互感器配合使用的电流表，其标度尺可直接按 400 A 进行刻度。数字式电流表因内含电流互感器，可以通过按键直接设置数字式电流表的变比，如图 3–3–2 所示。

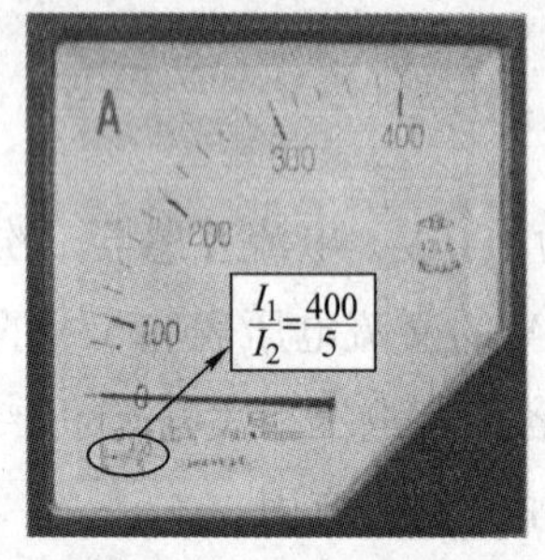

a) 与电流互感器配合使用的交流电流表

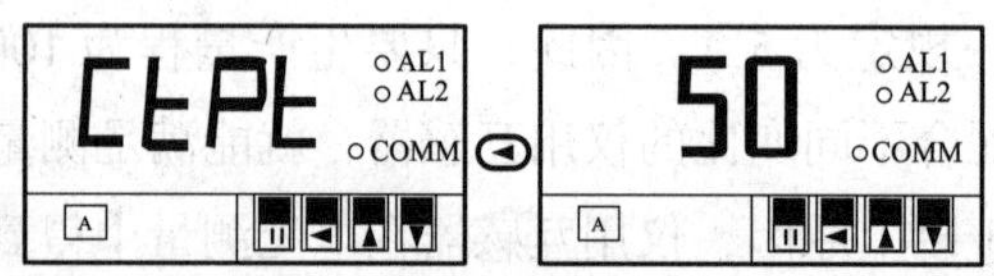

b) 数字式电流表设置变比

图 3–3–2　电流表与电流互感器的配合使用

小提示

购买大量程的指针式交流电流表时，一定要看清楚表盘上所标明的与之配套的电流互感器的额定变流比，并同时购买所要求的电流互感器。

2. 电流互感器的使用

（1）正确接线。将电流互感器的一次侧与被测电路串联，二次侧与电流表（或仪表的电流线圈）串联。当功率表、电能表等转动力矩与电流方向有关的仪表与电流互感器配合使用时，还要注意电流互感器的极性，极性接反会导致仪表指针反转。电流互感器一次侧、二次侧的 L1 和 K1、L2 和 K2 是同名端。

（2）电流互感器的二次侧在运行中绝对不允许开路。因此，在电流互感器的二次侧回路中严禁加装熔断器。运行中需拆除或更换仪表时，应先将电流互感器的二次侧短路后再进行操作。为使用方便，有的电流互感器中装有供短路用的开关，例如，图 3–3–1b 中的开关 S 就起这个作用。

（3）在高压电路中，电流互感器的铁芯和二次侧的一端必须可靠接地，以确保人身和设备的安全。但在 380 V/220 V 低压电路中，电流互感器的铁芯和二次侧的一端可

以不接地。

（4）接在同一互感器上的仪表不能太多，否则接在二次侧的仪表消耗的功率将超过互感器二次侧的额定功率，从而导致测量误差增大。

常用的电流互感器见表 3-3-1。

表 3-3-1 常用的电流互感器

型号	用途	外形
SPKH-0.66 系列开口式电流互感器	SPKH 系列开口式电流互感器专为改造项目而设计，安装时无须穿线或断开母线、母排，可以节省大量的安装时间和安装成本，适用于 3 kV 及以下、50 Hz 的交流线路中，作电流、电能测量及继电保护用	
LDZJ1-10 型电流互感器	LDZJ1-10 型电流互感器适用于户内 10 kV、50 Hz 交流电力系统中，作电流、电能测量及继电保护用	
LQG-0.5 型电流互感器	LQG-0.5 型电流互感器为户内装置线圈式电流互感器，用于 500 V、50 Hz 的交流线路中，作电流、电能测量及继电保护用	
LAZBJ-10 型电流互感器	LAZBJ-10 型电流互感器适用于户内 10 kV、50 Hz 交流电力系统中，作电流、电能测量及继电保护用	
LMZ1-0.5 系列电流互感器	LMZ1-0.5 系列电流互感器适用于 0.5 kV 及以下、50 Hz 的交流线路中，作电流、电能测量及继电保护用	

三、电压互感器

1. 电压互感器的构造与原理

电压互感器实际上是一个降压变压器，它能将一次侧的高电压变换成二次侧的低电压，其一次侧的匝数远多于二次侧匝数。电压互感器的符号如图 3–3–3a 所示。使用时，将一次侧与被测电路并联，二次侧与电压表并联，如图 3–3–3b 所示。由于二次侧的额定电压一般为 100 V，故不同变压比的电压互感器，其一次侧的匝数是不同的。另外，由于电压表的内阻都很大，所以电压互感器的正常工作状态接近于变压器的开路状态。

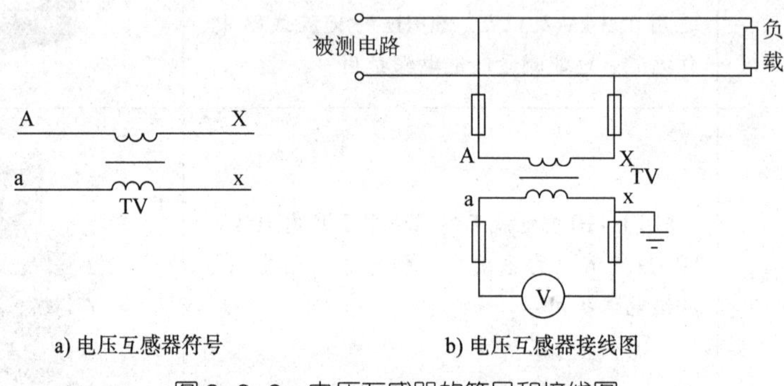

图 3–3–3　电压互感器的符号和接线图

电压互感器一次侧额定电压 U_{1N} 与二次侧额定电压 U_{2N} 之比，称为电压互感器的额定变压比，用 K_{TV} 表示，即

$$K_{TV}=\frac{U_{1N}}{U_{2N}}$$

K_{TV} 一般都标在电压互感器的铭牌上。测量时可根据电压表的指示值 U_2，计算出一次侧被测电压 U_1 的大小，即

$$U_1=K_{TV}\times U_2$$

在实际测量中，为测量方便，对与电压互感器配合使用的电压表，常按一次侧电压进行刻度。例如，按 100 V 电压设计制造，与 K_{TV}=10 000/100 的电压互感器配合使用的电压表，其标度尺可按 10 000 V 直接刻度。同理，数字式电压表因内含电压互感器而可以通过按键直接设置数字式电压表的变比。

2. 电压互感器的使用

（1）正确接线。将电压互感器的一次侧与被测电路并联，二次侧与电压表（或仪表的电压线圈）并联。当将某些转动力矩与电流方向有关的仪表（如功率表、电能表等）与电压互感器连接时，要注意极性，极性接反会导致仪表指针反转。电压互感器一次侧的 A 与二次侧的 a 是同名端，一次侧的 X 与二次侧的 x 是同名端，即若一次侧电流从 A 流入电压互感器，二次侧电流应从其对应的同名端 a 流入电压互感器。

（2）电压互感器的一次侧、二次侧在运行中绝对不允许短路。因此，电压互感器的一次侧、二次侧都应装设熔断器，以免一次侧短路影响高压供电系统以及二次侧短路烧毁电压互感器。

（3）电压互感器的铁芯和二次侧的一端必须可靠接地，以防止绝缘损坏时，一次侧的高压电窜入低压端，危及人身和设备的安全。

常用的电压互感器见表 3-3-2。

表 3-3-2 常用的电压互感器

型号	用途	外形
JDJ-6、10 型电压互感器	JDJ-6、10 型电压互感器分别适用于 6 kV、10 kV，50 Hz 的交流电路中，作电压、电能测量和继电保护用	
JDZ-3、6、10Q 型和 JDZJ-3、6、10Q 型电压互感器	JDZ-3、6、10Q 和 JDZJ-3、6、10Q 型电压互感器都是用环氧树脂浇注的半封闭式电压互感器，分别适用于户内频率为 50 Hz，3 kV、6 kV、10 kV 的电力系统中，作电压、电能测量及继电保护用	
JDG4-0.5 型电压互感器	JDG4-0.5 型电压互感器用于频率为 50 Hz 的 500 V 及以下的交流线路中，作电压、电能测量及继电保护用	

实训3 用电流互感器配合交流电流表测量交流电流

一、实训目的

1. 熟悉电流互感器的结构及工作原理。
2. 掌握用电流互感器配合交流电流表测量交流电流的方法。

二、实训器材

用电流互感器配合交流电流表测量交流电流所需的实训器材明细见表3–3–3。

表3–3–3 实训器材明细表

名称	规格	数量
三相三线制交流电源	380 V	1处
电流互感器	SPKH–0.66	3个
交流电流表	5 A，2.5级	3个
	5 A，1.0级	3个
三相交流异步电动机	7.5 kW	1台
连接导线		若干

三、实训内容及步骤

1. 外观检查

主要检查仪表的外壳、端钮、按键等是否完好无损，必要的标志和极性符号是否清晰，表内有无元器件脱落等。

2. 单相交流电流的测量

（1）将交流电流表与电流互感器按图3–3–4进行连接，合上电源开关，测量电路中的电流，将测量结果填入表3–3–4中。

（2）更换不同准确度等级的电流表，再次测量电路中的电流，将测量结果填入表3–3–4中。

3. 三相交流电流的测量

（1）按图3–3–5所示的原理图连接三相交流电流的测量电路。

（2）按照线路原理图，将三个交流电流表与电流互感器分别与三相电源线连接，要求接线安全可靠，布局合理。

（3）合上电源开关，测量三相交流电路的电流，并将测量结果填入表3–3–4中。

（4）更换不同准确度等级的电流表，再次测量三相交流电路的电流，并将测量结果填入表 3–3–4 中。

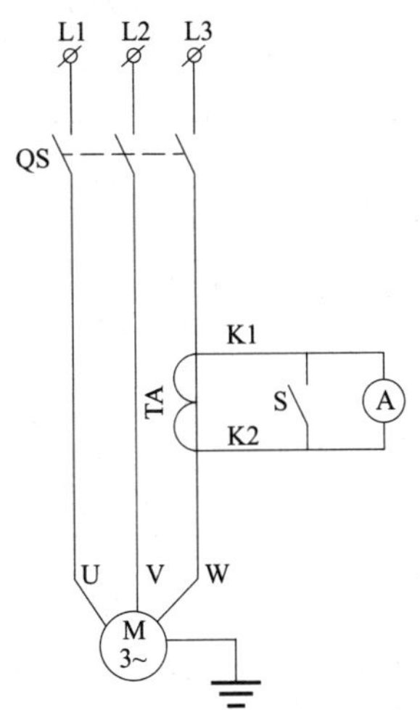

图 3–3–4 单相交流电流测量

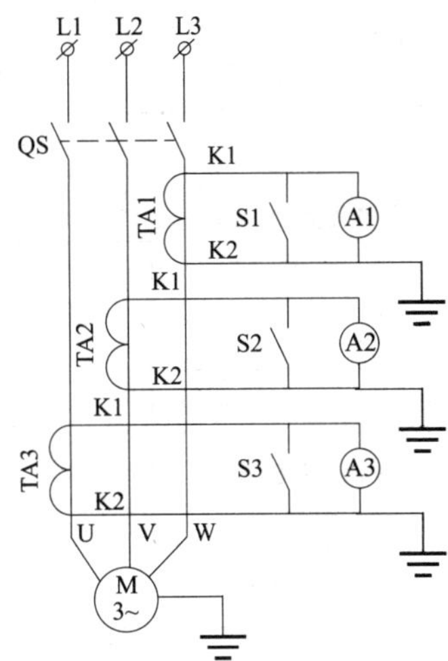

图 3–3–5 三相交流电流测量

表 3–3–4 交流电流测量记录表

测量位置	单相交流电路		三相交流电路	
	1.0 级电流表	2.5 级电流表	1.0 级电流表	2.5 级电流表
U 相	—	—	i_U=______mA	i_U=______mA
V 相	—	—	i_V=______mA	i_V=______mA
W 相	i_W=______mA	i_W=______mA	i_W=______mA	i_W=______mA

4. 按照现场管理规范清理场地，归置物品。

四、实训注意事项

1. 实训时，电源开关应采用自动空气断路器，以免出现电弧。

2. 如被测电流较小，可将被测导线在电流互感器的铁芯上多绕几圈，此时测量值应为电流表指示值除以互感器铁芯上的导线圈数所得的值。

3. 要根据线路电流的大小，选择合适变比的电流互感器。

4. 通电前，一定要检查电路连接是否正确，并经实训指导教师同意后方能进行通电实训。

五、实训测评

根据表 3–3–5 中的测评标准对实训进行测评，并将评分结果填入表中。

表 3-3-5　电流互感器配合交流电流表测量电流实训评分标准

序号	测评内容	测评标准	配分（分）	得分（分）
1	仪表外观检查	仪表的检查结果符合实训的要求	20	
2	单相交流电流的测量	按照实训步骤要求进行，电流互感器使用方法正确，电流的测量值在合理范围内	15	
		正确回答用两种不同准确度的电流表测量结果不同的原因	15	
3	三相交流电流的测量	按照实训步骤要求进行，电流互感器使用方法正确，电流的测量值在合理范围内	15	
		正确回答用两种不同准确度的电流表测量结果不同的原因	15	
4	安全文明实训	工作环境整洁，操作习惯良好，具有安全意识，能积极参与教学活动，整体符合 6S 标准	20	
合计			100	

§3-4　钳形电流表

学习目标

1. 熟悉钳形电流表的构造及原理。
2. 熟练掌握钳形电流表的使用方法。

在测量电路中的电流时，首先应当切断被测电路，再将电流表串联接入后才能进行。那么，有没有不用切断电路就能测量电路中电流的仪表呢？下面介绍的钳形电流表的最大优点就是能在不停电、不切断线路的情况下测量电流。例如，用钳形电流表可以在不切断电路的情况下，测量运行中的交流异步电动机的工作电流，从而更方便地了解其工作状况。

实际中使用的钳形电流表主要分为指针式和数字式两大类，本节将介绍这两种钳形电流表的构造和原理，并重点介绍其使用方法。

一、钳形电流表的构造及原理

钳形电流表按照用途分为专门测量交流电流的互感器式钳形电流表和可以交直流两用的电磁系钳形电流表两种。

1. 互感器式钳形电流表

指针互感器式钳形电流表由电流互感器和整流系电流表组成，数字互感器式钳形电流表由电流互感器和数字式电压基本表组成，分别如图 3-4-1a、b 所示。

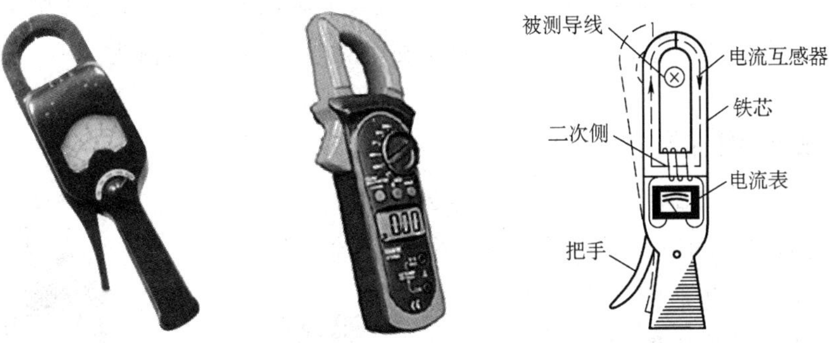

a) 指针互感器式钳形电流表　b) 数字互感器式钳形电流表　c) 互感器式钳形电流表的结构

图 3-4-1　互感器式钳形电流表

电流互感器的铁芯呈钳口形，如图 3-4-1c 所示，当握紧钳形电流表的把手时，其铁芯可以张开（如图中虚线所示），此时可将被测电流的导线放入钳口中央。松开把手后铁芯闭合，被测电流的导线相当于电流互感器的一次侧，于是在二次侧就会产生感应电流，并送入整流系电流表或数字式电压基本表中进行测量指示。指针互感器式钳形电流表的标度尺一般是直接按一次侧电流刻度的，所以仪表的读数就是被测导线中的电流值。数字互感器式钳形电流表的 LCD 显示屏可以直接显示被测导线中的电流值。

指针互感器式钳形电流表（如 T301、T302、MG3 等）和数字互感器式钳形电流表（如 UT200A、UT200B 等）都只能测量交流电流。

2. 电磁系钳形电流表

电磁系钳形电流表主要由电磁系测量机构组成，以 MG28 型电磁系钳形电流表为例，其结构如图 3-4-2 所示。

处在铁芯钳口中的导线相当于电磁系测量机构中的线圈。当被测电流通过导线时，会在铁芯中产生磁场，使可动铁片磁化，产生电磁推力，带动仪表指针偏转，指示出

a) 电磁系钳形电流表

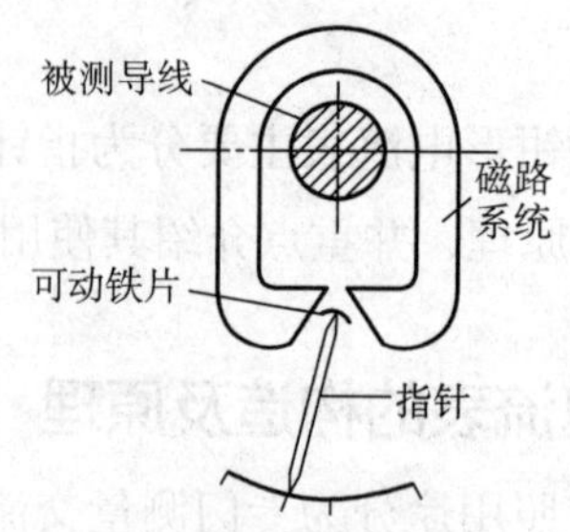

b) 电磁系钳形电流表结构

图 3–4–2　MG28 型电磁系钳形电流表

被测电流的大小。由于电磁系仪表可动部分的偏转方向与电流方向无关，因此它可以交直流两用。特别是在测量运行中的绕线式异步电动机的转子电流时，因为转子电流的频率很低，用互感器式钳形电流表无法测量其准确数值，这时只能采用电磁系钳形电流表。MG28 型钳形电流表就属于交直流两用的电磁系钳形电流表。

二、钳形电流表的使用

钳形电流表的准确度不高，一般为 2.5 级以下。但它能在不切断电路的情况下测量电路中的电流，使用很方便，因此在实际生产中广泛应用。

1. 指针式钳形电流表

（1）外形结构

MG3 型指针式钳形电流表的外形结构如图 3–4–3 所示。

图 3–4–3　MG3 型指针式钳形电流表的外形结构

（2）使用方法

以 MG3 型指针式钳形电流表为例，用指针式钳形电流表测量交流电流的方法和步骤见表 3–4–1。

表 3–4–1　用指针式钳形电流表测量交流电流的方法和步骤

序号	步骤	图例	操作说明	备注
1	准备工作		检查仪表外观，将钳形电流表平放	仪表内部有异常声响，则不能使用。钳口要结合紧密，检查钳口结合处是否有污垢存在

续表

序号	步骤	图例	操作说明	备注
2	选择挡位	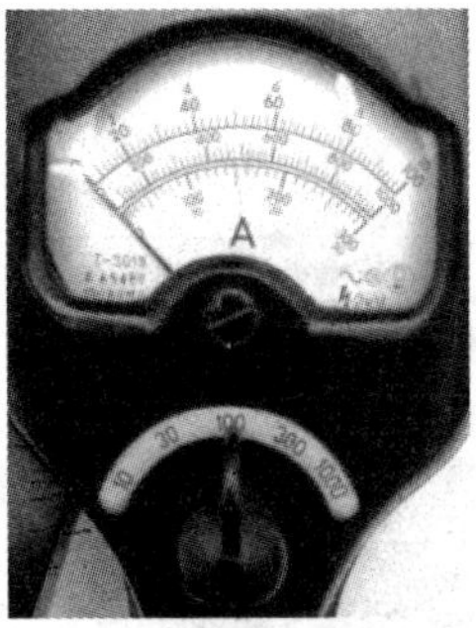	将选择开关置于合适的挡位：10 A/30 A/100 A/300 A/1 000 A。选择挡位量程应在未测量前或者退出线路后进行	测量前先估计被测电流的大小，选择合适的量程。若无法估计被测电流的大小，则应从最大量程开始，逐步换至合适的量程
3	测量交流电流	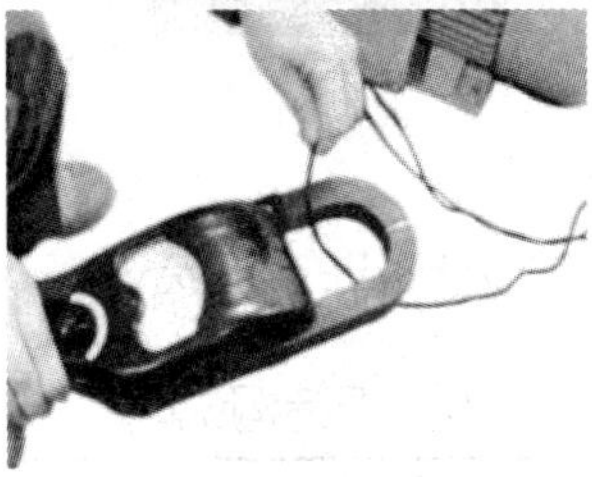	用钳头卡住单根被测导线，调整被测导线使之与钳头垂直并处于钳头的中心位置，检查钳头确保其闭合良好	若同时测量两根或两根以上的导线，测量读数将是错误的 严禁在测量进行中转换选择开关的挡位，以防损坏钳形电流表
4	观察读数	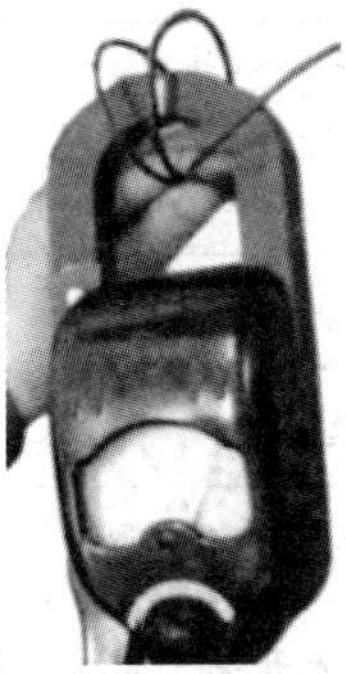	钳形电流表均可直接读数，此时指针的指示值即为被测交流电流值	测量5 A以下的较小电流时，为确保读数准确，在条件允许的情况下，可将被测导线多绕几圈再放入钳口进行测量，被测的实际电流值应等于仪表读数除以放进导线的圈数
5	测量完毕，整理仪表	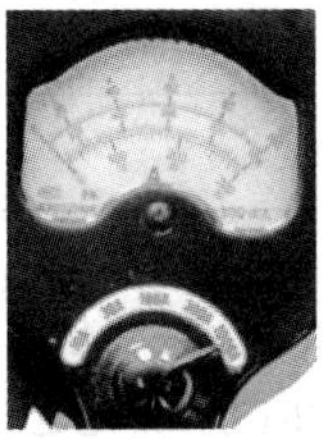	将钳形电流表从被测量线路中退出，将仪表的选择开关置于最大量程位置	防止下次使用时粗心或不熟练者使用仪表时损坏仪表

2. 数字式钳形电流表

UT202A+ 型数字式钳形电流表是一种性能稳定、安全可靠的三位半数字式钳形电流表。该型号的钳形电流表以大规模集成电路双积分 A/D 转化器为核心，全量程的过载保护电路使之成为性能优越的专用电工仪表，不仅可用于测量交流电流，还可以测量交、直流电压，电阻，二极管及电路通断等。

（1）外形结构

UT202A+ 型数字式钳形电流表的外形结构如图 3-4-4 所示，其功能见表 3-4-2。

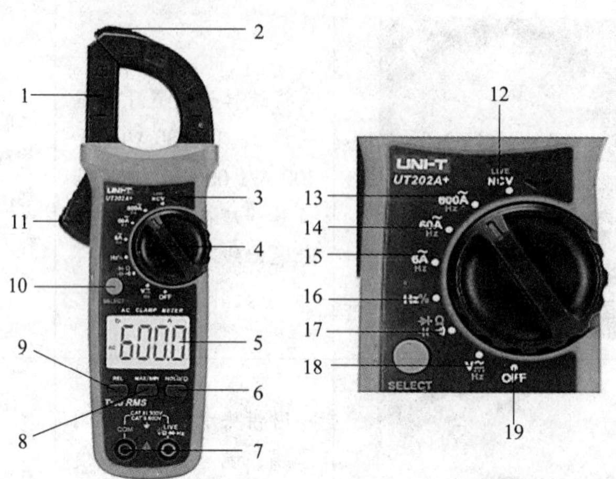

图 3-4-4 UT202A+ 型数字式钳形电流表的外形结构

表 3-4-2 UT202A+ 型数字式钳形电流表结构说明

序号	组成	说明
1	钳头	测量交流电流的电流互感器装置
2	NCV 感应端点	NCV 电场检测端点
3	LED 指示灯	NCV 电场检测声光报警提示
4	选择开关	用于测量功能挡位的选择
5	LCD 显示屏	测量数据及功能符号的显示区域
6	HOLD/	数据保持（短按）/ 背光开关（长按）按键
7	插孔	红黑表笔的插孔位置
8	MAX/MIN	最大值 / 最小值模式按键
9	REL	相对值按键。在电压挡位和电容挡位上，按下“REL”按键存储当前读数，LCD 显示屏显示值归零，所存储的读数将从以后的读数中减去，再按“REL”按键退出该模式
10	SELECT	功能切换按键。在复合功能挡位上，按下“SELECT”按键可以在相应功能间切换
11	钳头扳机	用于张开钳口，放入被测量的导线
12	NCV	非接触验电挡位
13	600 A/Hz	交流电流 600 A/ 频率挡位

续表

序号	组成	说明
14	60 A/Hz	交流电流 60 A/ 频率挡位
15	6 A/Hz	交流电流 6 A/ 频率挡位
16	Hz/%	频率/占空比挡位
17	Ω/ ▶⊢ / ⊣⊢ / •)))	电阻 / 二极管 / 电容 / 蜂鸣器挡位
18	V/Hz	交、直流电压 / 频率挡位
19	OFF	关机挡位

（2）使用方法

用数字式钳形电流表测量交流电流等电量的方法和步骤见表 3-4-3。

表 3-4-3　用数字式钳形电流表测量交流电流等电量的方法和步骤

序号	步骤	图例	操作说明	备注
1	准备工作		将钳形电流表平放，按下电源开关。如果电池电压不足，显示屏将显示“🔋”，需要更换电池	表笔插孔旁的“⚠”表示输入电压或被测量电流不应超过最大量程
2	选择挡位		根据被测量的对象，选择不同的挡位。测量交流电流时，应从 6 A/60 A/600 A 中选择合适的挡位	如果不清楚被测量值，应选择最大量程挡位
3	测量电流	电流测量	用钳头卡住单根被测导线，调整被测导线使之与钳头垂直并处于钳头的中心位置，检查钳头确保其闭合良好	若同时测量两根或两根以上的导线，测量读数将是错误的 严禁在测量进行中转换选择开关的挡位，以防损坏钳形电流表 当被测电流大于 400 A 时，仪表会自动发出报警声且高压警示符自动闪烁

续表

序号	步骤	图例	操作说明	备注
4	观察读数		数字式钳形电流表均可直接读数，此时LCD显示屏的显示值即为被测交流电流值	当LCD显示屏显示“OL”时，说明被测电量已超量程，需要增大挡位量程
5	测量电压	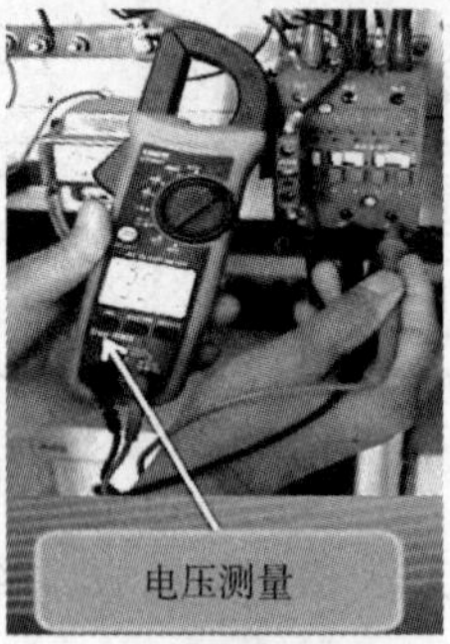	将红、黑表笔对应插入两个插孔，将选择开关置于交、直流电压测量挡位，将表笔连接到待测电源或负载上，即可读数	不要测量高于600 V的电压。当被测电压高于30 V时，LCD显示屏显示高压警告提示符。当测量电压高于600 V时，仪表会自动发出报警声且高压警示符自动闪烁
6	检测NCV	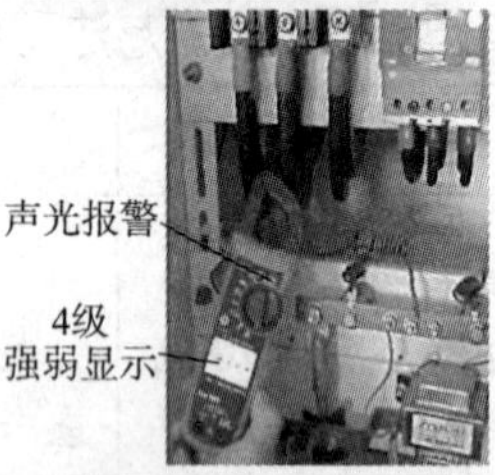	将钳头部位的NCV感应端点接近被测导线，约≤15 mm时蜂鸣器声响，LED发光闪烁	根据感应的强度，显示“----”状态，并改变声响大小和LED闪烁的频率
7	测量频率	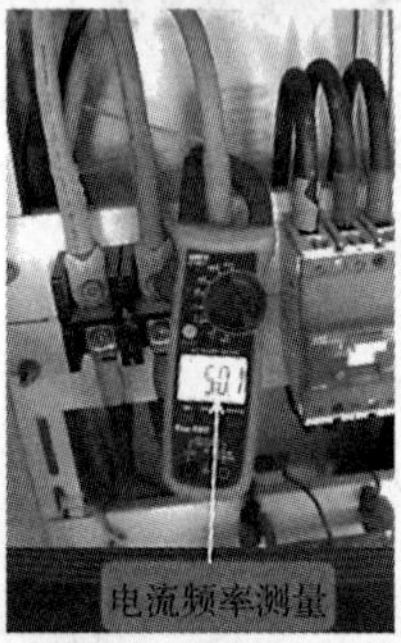	该型号钳形电流表电流挡位增加了频率测试功能，在测量电流时，只需要按下“SELECT”按键切换到频率测量功能，就能测量电流的频率	此方法测量频率，无须使用表笔，方便快捷
8	测量完毕，整理仪表		将钳形电流表从被测导线中退出，关断电源	当电池电压小于7.5 V或当LCD显示屏显示“[电池符号]”符号时，应立即更换电池，否则将会影响测量精度

三、钳形电流表的使用注意事项

1. 使用钳形电流表时，应注意钳形电流表的电压等级和电流值挡位的选择，要在合理范围内使用。

2. 测量时，应戴绝缘手套，穿绝缘鞋。读数时要注意保证人体与带电体之间有足够的安全距离。

3. 测量回路电流时，钳形电流表的钳口必须钳在有绝缘层的导线上，同时要与其他带电体保持足够的安全距离，防止因仪表本身引起的事故。

4. 测量低压母线电流时，如各相间安全距离不足，测量前应将各相母线测量处用绝缘材料加以保护隔离后再测量，以免引起相间短路。

5. 禁止在裸露的导体上和高压线路上使用钳形电流表。

6. 钳口未套入导线前应调节好量程，不准在套入后再调节量程。因为仪表本身的电流互感器在测量时二次侧不允许断路，若套入后发现量程选择不合适，应先把钳口从导线中退出，然后方可调节量程。

7. 钳口套入导线后，应使钳口完全封闭，并使被测导线处于钳口正中位置，否则会因漏磁严重而使所测数值不正确。

8. 钳口不可同时套入两根导线。因为两根导线产生的磁势会相互抵消，使所测数据失去意义。

实训 4　用钳形电流表测量三相交流异步电动机的电流

一、实训目的

1. 熟悉钳形电流表的结构及工作原理。
2. 掌握用钳形电流表测量三相交流异步电动机电流的方法。

二、实训器材

用钳形电流表测量三相交流异步电动机电流所需的实训器材明细见表 3-4-4。

表 3-4-4　实训器材明细表

名称	规格	数量
指针式钳形电流表	MG3	1 个
数字式钳形电流表	UT200 A+	1 个
三相交流异步电动机	7.5 kW	1 台
连接导线		若干

三、实训内容及步骤

1. 外观检查

检查仪表的外壳、端钮、按键、绝缘等是否完好无损，必要的标志和极性符号是否清晰，表内有无元器件脱落，钳口是否完全密闭等。检查指针式钳形电流表的指针是否灵活有效，然后进行机械调零；数字式钳形电流表的显示面板是否清晰等。

2. 测量正常状态下的电流

给三相交流异步电动机通电，用指针式钳形电流表和数字式钳形电流表分别测量其三相电流，将测量结果填入表 3–4–5 中，测量方法和步骤见表 3–4–1 和表 3–4–3。

3. 测量故障状态下的电流

先将三相交流电源的任意一相断开，再将三相交流异步电动机通电，使其短时间处于缺相运行状态，用指针式钳形电流表和数字式钳形电流表分别测量其三相电流，将测量结果填入表 3–4–5 中。

表 3–4–5　测量三相交流异步电动机电流记录表　A

电动机工作状态	仪表类型	U 相	V 相	W 相
正常运行	指针式			
	数字式			
缺相运行	指针式			
	数字式			

4. 按照现场管理规范清理场地，归置物品。

四、实训注意事项

1. 测量时应戴绝缘手套，并保证身体各部位与带电体保持安全距离。

2. 只能测量低压电流，不能测量裸导线的电流。

3. 三相交流异步电动机缺相运行时，动作要快，时间要短，必要时每测量一相前断电，做好准备工作后再通电。

4. 通电前，一定要检查电路连接是否正确，并经实训指导教师同意后方能进行通电实训。

五、实训测评

根据表 3–4–6 中的测评标准对实训进行测评，并将评分结果填入表中。

表 3-4-6　用钳形电流表测量三相交流异步电动机的电流实训评分标准

序号	测评内容	测评标准	配分（分）	得分（分）
1	仪表外观检查	仪表的检查结果符合实训的要求	20	
2	指针式钳形电流表的使用	按照实训步骤要求进行，指针式钳形电流表的使用方法正确	15	
		按照实训步骤要求进行，电流的测量值在合理范围内	15	
3	数字式钳形电流表的使用	按照实训步骤要求进行，数字式钳形电流表的使用方法正确	15	
		按照实训步骤要求进行，电流的测量值在合理范围内	15	
4	安全文明实训	工作环境整洁，操作习惯良好，具有安全意识，能积极参与教学活动，整体符合 6S 标准	20	
合计			100	

§3-5　电流表和电压表的选择

学习目标

掌握指针式和数字式电流表、电压表的选用原则。

在电流与电压的测量中，能否正确选择和使用电流表和电压表，不仅直接影响测量结果的准确性，还关系到仪表的使用寿命，甚至操作者的安全。

一、指针式仪表的选择

根据电工测量的目的和要求，合理选择电流表和电压表。在选择时应关注仪表类型、准确度、内阻、量程、工作条件以及绝缘强度等方面，既全面又有所侧重地进行选择，选用的一般原则见表 3–5–1。

表 3–5–1　指针式仪表选用原则

项目	选用原则
仪表类型	若要测量直流电流、电压，应选择磁电系仪表；测量交流电流、电压，应选择电磁系或整流系仪表，当准确度要求较高时，可选择电动系仪表；如要求交直流两用，可选择交直流两用的电磁系仪表，在准确度要求较高的场合，可选择电动系仪表
仪表准确度	（1）作为标准表或进行精密测量时，可选用 0.1 级或 0.2 级的仪表；实验室可选用 0.5 级或 1.0 级的仪表；一般的工程测量可选用 1.5 级以下的仪表 （2）与仪表配合使用的附加装置，如分流电阻、分压电阻、仪用互感器等，其准确度等级应比仪表本身的准确度等级高 2 ～ 3 挡，这样才能保证测量结果的准确性
仪表内阻	仪表接入被测电路后，应尽量减小仪表本身的功耗，以免影响电路原有的工作状态。因此，选择仪表内阻时，电压表内阻应尽量大些，电流表内阻应尽量小些
仪表量程	在实际测量中，为使测量误差尽量减小，且保证仪表的安全，应根据以下原则选择电流表和电压表的量程：所选量程要大于被测量；把被测量范围选择在仪表标度尺满刻度的 2/3 以上范围内；在无法估计被测量大小时，应先选用仪表最大量程试测，再逐步换至合适的量程
仪表的工作条件	实验室使用的仪表一般选择便携式仪表，开关板或电气设备面板上的仪表应选择安装式仪表。当环境温度、湿度、外界电磁场等条件有特定要求时，应按其要求进行选择，以尽量减小仪表的附加误差
仪表的绝缘强度	选择仪表时，还要根据被测电路电压的高低来确定仪表的绝缘强度，以免发生危害人身安全或损坏仪表的事故

小提示

实际中选择仪表时，要根据具体情况选择合适的仪表。例如，实训课学生使用的仪表可选用准确度在 1.5 级以下、价格不高的仪表；而理论课实验中需要准确度较高的仪表，如 0.5 级或 1.0 级的仪表，以保证实验结果的准确性。

二、数字式仪表的选择

目前，随着时代的进步，数字式仪表的使用日渐广泛，应根据电工测量的目的和要求，合理选择数字式电流表和数字式电压表。选用的一般原则见表 3–5–2。

表 3-5-2 数字式仪表选用原则

项目	选用原则
仪表尺寸	安装在柜体上的数字式仪表要考虑仪表的体积大小，体积过大可能装不下，过小看不清显示数字。另外，体积大的仪表一般功能扩充性较强，价格也偏高，体积小的仪表功能扩充性较差。目前，数字式仪表面板的国际标准尺寸主要有 48 mm × 24 mm、48 mm × 48 mm、48 mm × 96 mm、72 mm × 72 mm、96 mm × 96 mm、96 mm × 48 mm 和 160 mm × 80 mm
显示位数	显示位数关系到数字式仪表的测量精度。一般来讲，显示位数越高，测量越精确，价格也越贵。显示位数主要有以下几种：两位（99，特殊）、三位（999，极少）、三位半（1 999，普通数显仪表占主流）、四位（9 999，智能数显仪表占主流）、四位半（19 999）、四又四分之三（3 999）、五位及五位以上（常见于计数器、累计表和高端仪表）。用户可以根据测量精度要求进行选择
输入信号	指直接输入仪表的测量信号。有些信号是直接接入仪表测量的，有些信号是经过转化后接入仪表的。必须弄清楚测量信号的性质，否则数字式仪表不能使用，甚至会损坏仪表及原有设备。要弄清楚信号的类型是电流还是电压、交流还是直流、脉冲信号还是线性信号等，还要弄清楚信号的大小。仪表的名称与输入信号不是同一概念。例如，输入信号是 DC 0 ~ 75 mV 的电流表，它的名称是电流表，输入信号却是电压信号，因为电流经过分流器取得电压信号。
工作电源	所有数字式仪表都需要工作电源，工作电源主要有：AC 220 V、AC 110 V/220 V、AC/DC 85 ~ 265 V 开关电源，DC 24 V（一般要订制），DC 5 V（小面板表）
仪表功能	仪表功能一般都是模块化的、可选择的。仪表价格也会因功能不同而有所差异。数字式仪表主要有以下可选功能：报警功能及报警输出的组数（即继电器动作输出），馈电电源输出及输出电压的大小及功率，变送输出及变送输出的类型（4 ~ 20 mA 还是 0 ~ 10 V），通信输出及通信方式和协议（RS485 还是 RS232，是 Modbus-RTU 协议还是其他协议）。调节控制仪表的可选功能更多，具体要参照厂家的选型，选出一个规范的型号，并与厂家确认无误后才可以使用
特殊要求	有特殊要求应当与厂家沟通，确认厂家能否满足，例如 IP 防护等级、高温工作场合、强干扰场合、特殊信号场合、特殊工作方式等

小提示

数字式仪表的其他选用原则和指针式仪表类似。其实，数字式仪表选型并不复杂，简单的仪表一般可以直接使用，若初次使用或选用功能复杂的数字式仪表，只要把握了以上几点，也能很好地选购到合适的产品，并能正确接线和使用。

第四章
万用表

万用表是电工最常用的电工仪表之一，它是一种可以测量多种电路参数、具有多种量程的便携式仪表。常用的万用表有模拟式和数字式两种。

模拟式万用表的特点是能把被测的各种电路参数都转换成仪表指针的偏转角，并通过指针偏转角的大小显示出测量结果，因此也称为指针式万用表。数字式万用表的特点是把被测量的各种电路参数转换成数字量，然后以数字形式显示出测量结果。它们的用途基本是相同的，都是以测量电流、电压、电阻为主要目的，有的万用表还能测量电容、三极管的放大倍数，甚至频率、温度等。

本章以目前应用最广泛的MF47型模拟式和UT890型数字式万用表为例，介绍万用表的组成、基本原理、使用方法和维护。

§4-1　模拟式万用表

学习目标

1. 熟悉模拟式万用表的组成及各部分的作用。

2. 理解模拟式万用表直流电流测量电路的基本原理。

3. 了解模拟式万用表直流电压测量电路、交流电压测量电路、电阻测量电路的基本原理。

一、模拟式万用表的组成和基本原理

1. 模拟式万用表的组成

模拟式万用表一般由测量机构、测量线路和转换开关三部分组成。

（1）测量机构

模拟式万用表的核心是测量机构（俗称“表头”），如图 4–1–1 所示，其作用是把过渡电量转换为仪表指针的机械偏转角。测量机构的性能好坏直接影响到整个万用表的性能好坏。因此，模拟式万用表的测量机构通常采用准确度和灵敏度都很高的磁电系直流微安表，其满偏电流为几微安到几百微安。一般情况下，满偏电流越小，测量机构灵敏度越高。万用表的灵敏度通常用电压灵敏度（Ω/V）表示。

图 4–1–1　模拟式万用表测量机构

（2）测量线路

模拟式万用表中测量线路的作用是把各种不同的被测电量（如电流、电压、电阻等）转换为磁电系测量机构所能测量的微小直流电流（即过渡电量）。测量线路中使用的元器件主要包括分流电阻、分压电阻、整流元件、电容器等。万用表的功能越多，测量线路越复杂。图 4–1–2 所示为模拟式万用表的内部结构。可以看到，万用表中的测量线路一般都直接焊接在印制电路板上。这样既可以缩短接线长度，减小接线电阻的影响，同时又增强了仪表的牢固性。

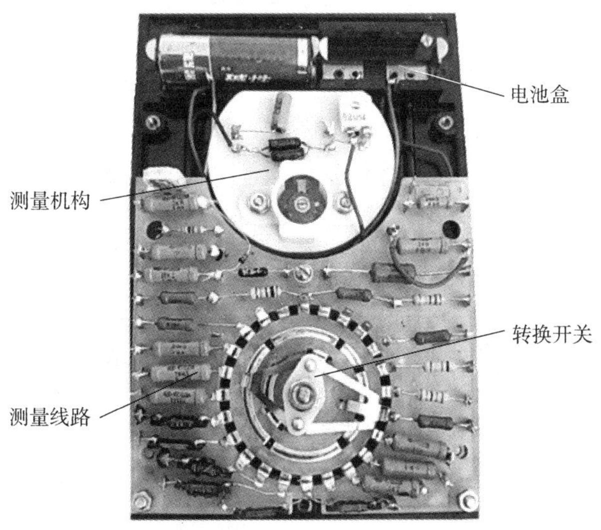

图 4–1–2　模拟式万用表测量线路和内部结构

（3）转换开关

模拟式万用表中转换开关的作用是把测量线路转换为所需要的测量种类和量程。模拟式万用表中的转换开关一般都采用多刀多掷开关，依靠一只转换开关旋钮 SA 来实现各种测量线路的转换，如图 4–1–3 所示。它采用了三层两刀二十四掷开关，共 24 个挡位。图 4–1–4 所示为三层两刀二十四掷开关的结构，它有 24 个固定触点（也称为“掷”），沿圆周分布，对应 24 个测量挡位。在其转轴上连接有两个可动触点（也称为“刀”）。当转动旋钮时，可动触点与接在固定触点上的相应测量线路接通，就构成了不同的测量电路。

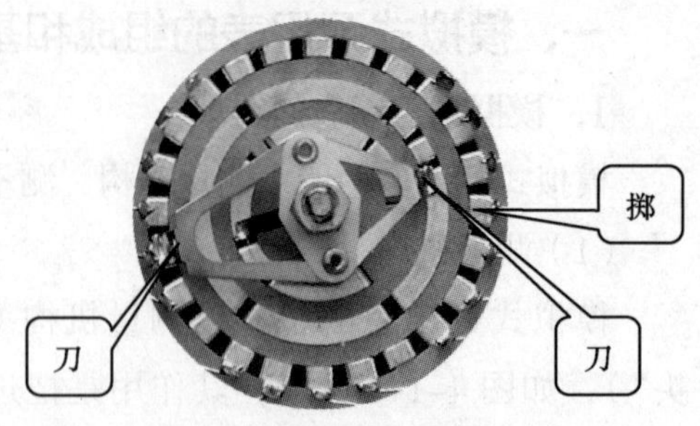

图 4–1–3　模拟式万用表内部转换开关

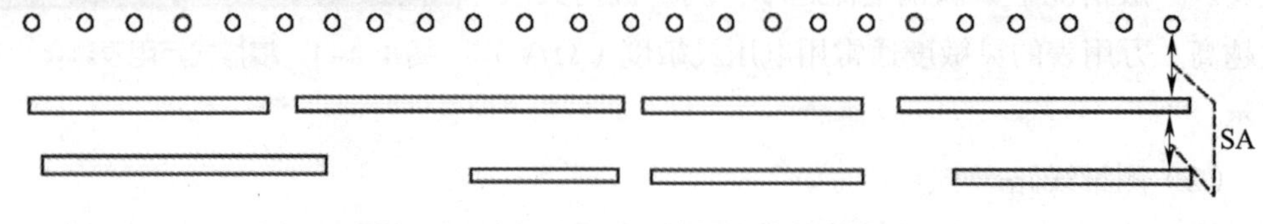

图 4–1–4　三层两刀二十四掷开关结构

MF47 型模拟式万用表和其他型号的模拟式万用表的工作原理基本相同，都是建立在欧姆定律和电阻串、并联规律基础之上，其电路如图 4–1–5 所示。它利用转换开关 SA 的变换，可组成不同的测量电路。下面分别介绍转换开关置于不同挡位时所组成的测量电路及其原理。

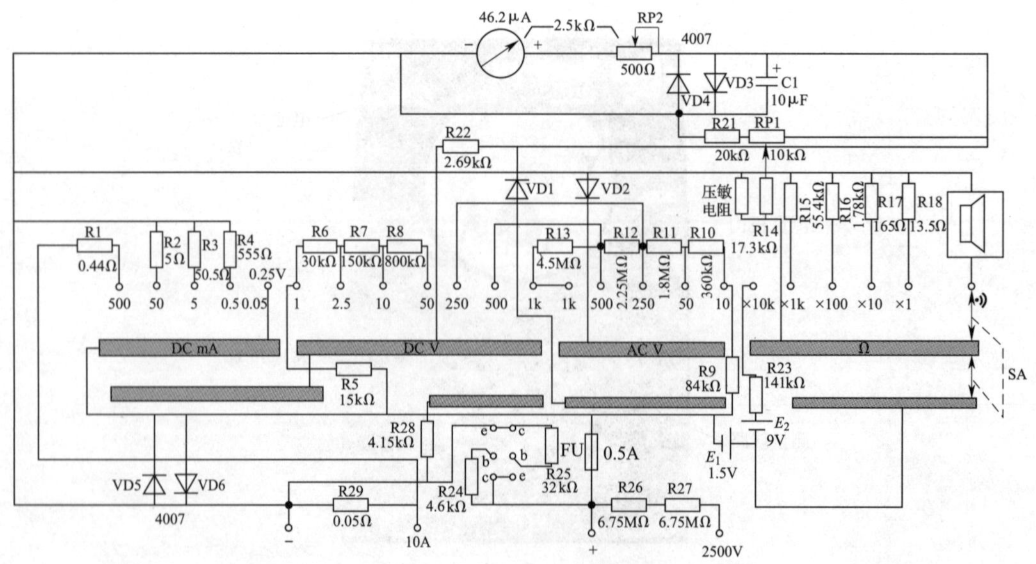

图 4–1–5　模拟式万用表电路图

2. 直流电流测量电路

将万用表转换开关SA置于“mA”挡中任意一个电流挡，就组成如图4-1-6所示的直流电流测量电路（图中是500 mA挡）。可以看出，它采用了前面介绍过的开路式分流电路，这种电路具有计算方便、各量程互不影响的特点，但是如果转换开关出现问题，轻则产生大的测量误差，重则会烧毁测量机构。为防止这类事故的发生，此表专门设置了测量机构的保护电路。所以，万用表的直流电流测量电路实质上就是一个多量程的直流电流表，其基本原理与前面介绍的多量程直流电流表完全相同。

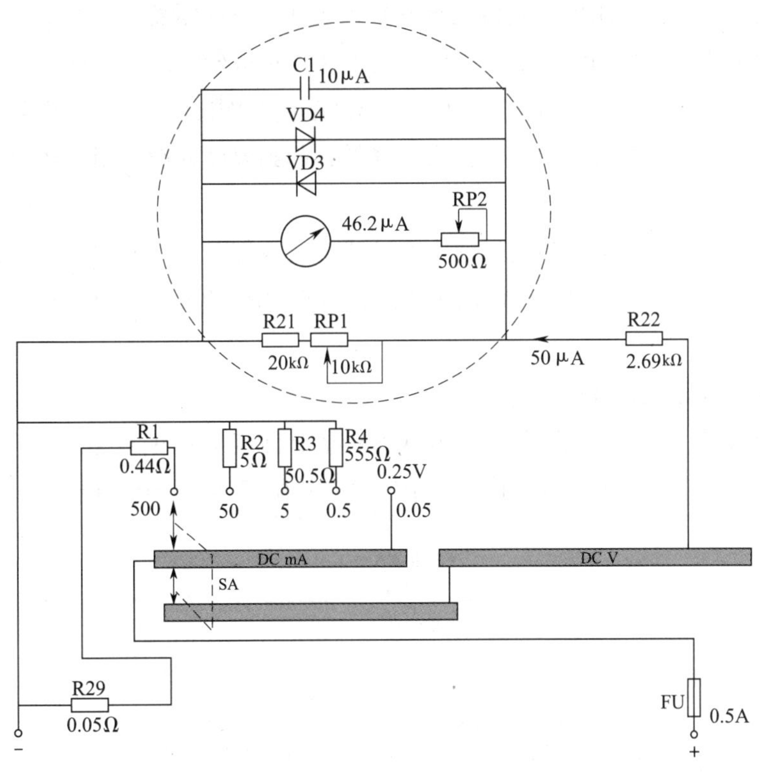

图4-1-6 直流电流测量电路

由图4-1-6可以看出，当转换开关置于50 μA挡时，所用的分流电阻是R21和可调电阻RP1。这样就将测量机构的灵敏度由原来的46.2 μA扩展为极限灵敏度（即灵敏度的最小整数）50 μA，通常把50 μA挡（加上隔离电阻R22同时也是0.25 V挡）称为基础挡。当转换开关置于0.5 mA挡时，相当于在50 μA的基础挡上再并联一个分流电阻R4；置于5 mA挡时，相当于在50 μA的基础挡上并联一个分流电阻R3；置于50 mA挡时，相当于在50 μA的基础挡上并联一个分流电阻R2；置于500 mA挡时，相当于在50 μA的基础挡上并联一个分流电阻R1+R29。图4-1-6中的电阻R22起隔离作用，可以防止大浪涌电流对测量机构的冲击，从而保护测量机构。

需要指出的是，由于万用表的电压挡、电阻挡等都是在50 μA直流电流挡的基础上扩展而成的，所以，可以把 50 μA 的电流挡等效成一个 50 μA 的磁电系测量机构，这对以后分析电路是很有帮助的。另外，组成 50 μA 电流挡的电阻及直流电流挡的各分流电阻，通常都采用温度系数小、电阻率大的锰铜丝绕制而成，以保证整个万用表有足够的准确度。

图 4–1–6 中的 RP2（阻值为 500 Ω）为可调电阻，始终与测量机构串联，它在万用表电路中同时起到两个作用：

一是起温度补偿作用。因为测量机构的内阻若直接与分流电阻并联（分流电阻的温度系数通常很小，其阻值不随温度变化而改变），一旦环境温度发生变化，测量机构的内阻（主要为线圈铜线的电阻）将随之变化，造成较大的仪表误差。但若为测量机构串联一只不随温度变化的电阻（即 500 Ω 的可调电阻 RP2）后，再与分流电阻并联，这种因温度变化引起的误差将会大大降低，起到温度补偿作用，从而提高了仪表的准确度。

二是起校准作用。由于制造过程中产品或多或少都存在一定的离散性，导致测量机构的内阻未必是一个定值，出厂前可以通过调整 RP2 的大小使得所有产品具有统一的参数指标。

3. 直流电压测量电路

测量直流电压时，只需将转换开关 SA 置于直流电压的任意挡位，就组成如图 4–1–7 所示的直流电压测量电路（图中转换开关位于直流 250 V 挡）。

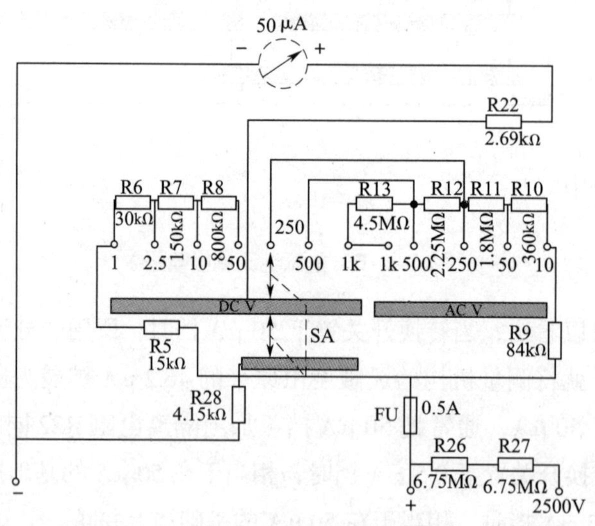

图 4–1–7　直流电压测量电路

由图 4–1–7 可以看出，万用表的直流电压测量电路就是在 50 μA 直流电流挡的基础上组成的，它实质上是一只多量程的直流电压表。

MF47 型万用表直流电压测量电路采用的是共用式分压电路。当转换开关置于 1 V

挡时，所串联的分压电阻为 R5；置于 2.5 V 挡时，所串联的分压电阻为 R5+R6；置于 10 V 挡时，所串联的分压电阻为 R5+R6+R7；置于 50 V 挡时，所串联的分压电阻为 R5+R6+R7+R8；置于 250 V 挡时，所串联的分压电阻为 R9+R10+R11；置于 500 V 挡时，所串联的分压电阻为 R9+R10+R11+R12；置于 1 000 V 挡时，所串联的分压电阻为 R9+R10+R11+R12+R13。这里需要注意两点：

（1）和交流电压挡的电流接入点不同，所有的直流电压挡除所用分压电阻外，都要串联隔离电阻 R22，而后面的交流电压挡都不需要串联隔离电阻，这是因为交流电压挡和直流电压挡要共用一套电阻和同一刻度尺的缘故。

（2）直流电压挡的 250 V、500 V 和 1 000 V 挡中，测量机构两端都特意并联一只电阻 R28，使得电流基础挡的满偏电流由原来的 50 μA 扩展到 110 μA，如图 4-1-8 所示。

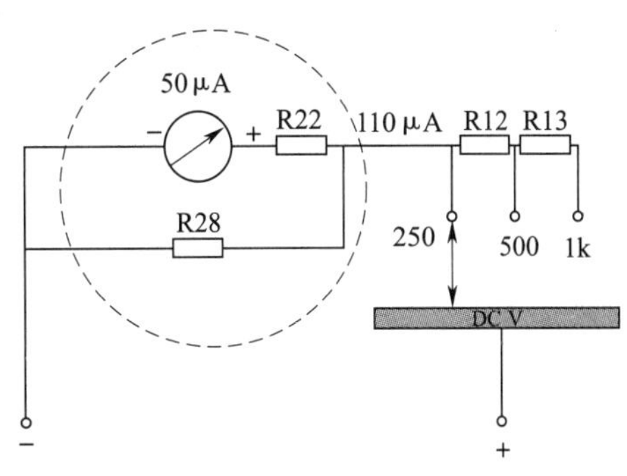

图 4-1-8 在测量机构两端并联电阻

当测量 2 500 V 直流高压时，量程开关应放在 1 000 V 直流电压挡上，其分压电阻除包括 1 000 V 所需的分压电阻外，还要加上两只专用电阻 R26 和 R27（阻值均为 6.75 MΩ），使用时应注意将红表笔从“+”插孔拔出，改插在“2 500 V”专用插孔里，黑表笔仍插在“COM”或“−”插孔里即可。

4. 交流电压测量电路

（1）万用表测量交流电压的原理

模拟式万用表的测量机构采用的是磁电系直流微安表，因此只能测量直流电量。如果要测量交流电量，只有加上整流器将交流电量转换成直流电量后，再送入测量机构，然后找出整流后的直流电量与交流电量之间的关系，才能在仪表标度尺上直接标出交流电量的大小。

前面已知，由磁电系测量机构和整流装置组成的仪表称为整流系仪表。模拟式万用表的交流电压测量电路就是在整流系仪表的基础上串联分压电阻组成的，其工作原理与整流系交流电压表完全相同。因此，模拟式万用表交流电压的标度尺与整流系交流电压表一样，可以直接按交流电压的有效值进行刻度，即万用表交流电压挡的读数是正弦交流电压的有效值。

小提示

万用表测量的交流电如果不是正弦波，将会产生波形误差。

（2）万用表交流电压测量电路

将万用表的转换开关 SA 置于交流电压的任意一个量程，就组成如图 4-1-9 所示的交流电压测量电路。从图中可以看出，交流电压测量电路也是在直流电流 50 μA 挡的基础上扩展而成的，也采用共用式分压电路。

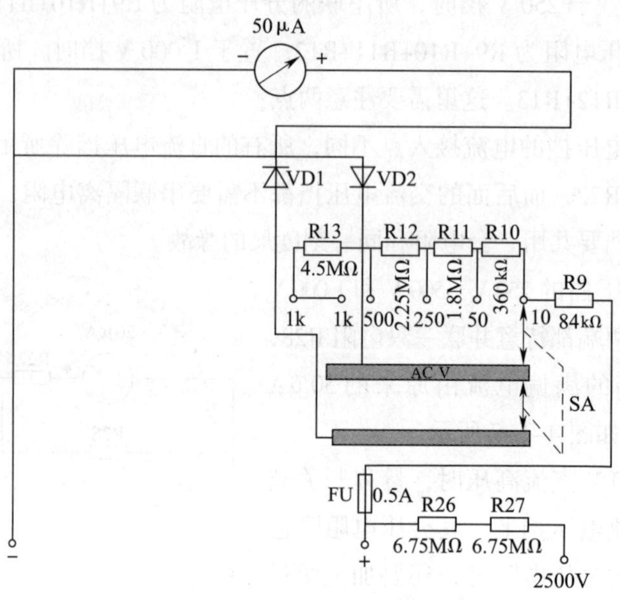

图 4-1-9　交流电压测量电路

万用表的交流电压测量电路采用半波整流电路，整流效率低。它的 250 V 挡、500 V 挡和 1 000 V 挡的分压电阻与相应直流电压挡的分压电阻共用，并且去掉了隔离电阻 R22 和与测量机构并联的分流电阻 R28。这样做是通过减小分压电阻，补偿由于整流效率低而导致测量机构电流下降的影响，从而达到节省材料和交、直流电压挡共用一条标度尺的目的。

如果测量 2 500 V 交流高压，量程开关应置于 1 000 V 交流电压挡，其分压电阻除包括该挡所需的分压电阻外，还要加上两只专用电阻 R26 和 R27（阻值均为 6.75 MΩ），使用时应注意将红表笔从“+”插孔拔出，改插在“2 500 V”专用插孔里，黑表笔仍插在“COM”或“-”插孔里即可。

5. 直流电阻测量电路

（1）欧姆表基本原理

用欧姆表测量电阻的原理电路如图 4-1-10 所示。图中 R0 是欧姆调零电阻，r 是电池内阻，R1 是限流电阻，R_C 是测量机构的内阻。

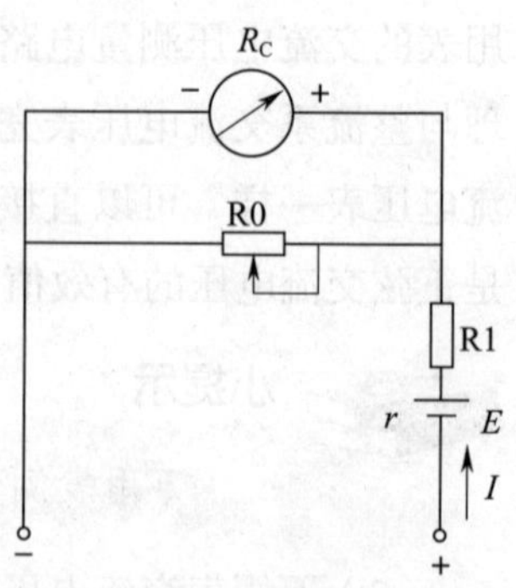

图 4-1-10　用欧姆表测量电阻的原理

由全电路欧姆定律可知，电路中的电流为

$$I=\frac{E}{R_X+R_Z}$$

式中，R_Z 为欧姆表总内阻，R_X 为被测电阻，E 为电源电动势。

上式说明，如果欧姆表总内阻 R_Z 和电源电动势 E 保持不变，则电路中的电流 I 将随被测电阻 R_X 而改变，且 I 与 R_X 成反比。可见，欧姆表测电阻的实质是测量电流。

当 $R_X=0$ 时，调整 R_0，使 $I=I_m$，指针指在满刻度位置，规定此位置为"欧姆 0"。

当 $R_X=R_Z$ 时，$I=\frac{E}{2R_Z}=\frac{1}{2}I_m$

当 $R_X=2R_Z$ 时，$I=\frac{E}{3R_Z}=\frac{1}{3}I_m$

……

当 $R_X=\infty$ 时，$I=0$，指针不动，规定此位置为"欧姆 ∞"。

由于仪表指针的偏转角与电流 I 成正比，而电流 I 与 R_X 成反比。因此，仪表指针的偏转角能够反映 R_X 的大小。由以上分析可知，欧姆表的标度尺是不均匀的，而且是反向的，如图 4–1–11 所示。

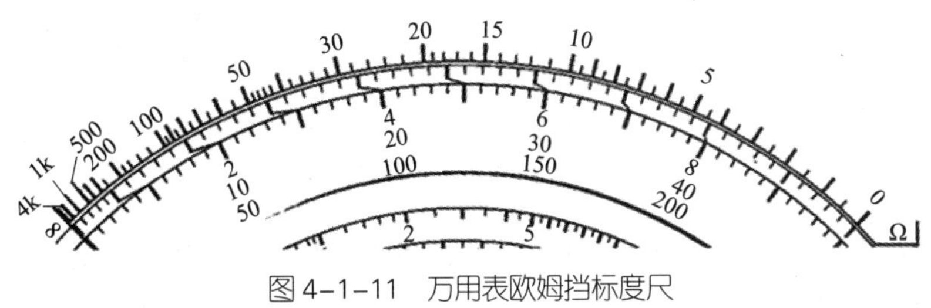

图 4–1–11 万用表欧姆挡标度尺

当 $R_X=R_Z$ 时，$I=\frac{1}{2}I_m$，指针将指在仪表标度尺的中心位置，所以 R_Z 又称为欧姆中心值。因为欧姆中心值正好等于该挡欧姆表的总内阻，因此，欧姆表量程的设计都是以标度尺的中央刻度为标准，然后再确定其他位置的刻度值。

（2）欧姆表量程的扩大

理论上讲，上述欧姆表可以测量 0 ~ ∞范围内任意阻值的电阻。但实际上由于欧姆表刻度很不均匀，所以它的有效使用范围一般只在 0.1 ~ 10 倍欧姆中心值的刻度范围内，若测量值超出该范围将会引起很大的误差。

为了使欧姆表能在较大范围内对被测电阻进行较准确的测量，万用表欧姆挡都做成多量程的。同时为了能共用一条标度尺，以便于读数，一般都以 R×1 挡为基础，按 10 的倍数来扩大量程。这样，各量程的欧姆中心值就应是 10 的倍数。例如，在 MF47 型万用表中，R×1 挡的欧姆中心值为 15 Ω，那么，R×10 挡的欧姆中心值为 150 Ω，R×100 挡的欧姆中心值为 1 500 Ω 等。只要适当设计电阻的串、并联电路就能实现。

由于欧姆表量程的扩大实际上是通过改变其欧姆中心值来实现的，所以，随着欧姆表量程的扩大，欧姆表的总内阻和被测电阻都将增加，这必然会导致通过测量机构的电流减小。因此，在扩大欧姆表量程的同时，还必须设法增大通过测量机构的电流。通常可采取以下两种措施：

一是保持电池电压不变，改变分流电阻阻值。如图 4–1–12a 所示，在保持电池电压不变的情况下，低阻挡（如 R×1 挡）用小的分流电阻，高阻挡（如 R×1 k 挡）用大的分流电阻。这样虽然在高阻挡时的总电流减小了，但通过测量机构的电流仍可保持不变。图中各挡的总内阻应等于该挡的欧姆中心值。一般万用表中 R×1 ~ R×1 k 挡都采用这种方法扩大量程。

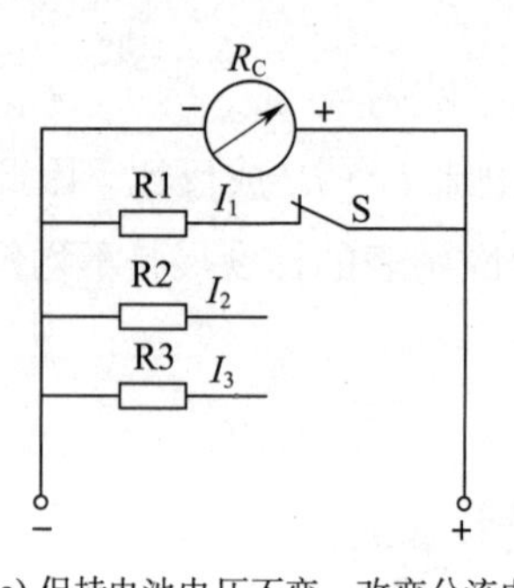

a) 保持电池电压不变，改变分流电阻

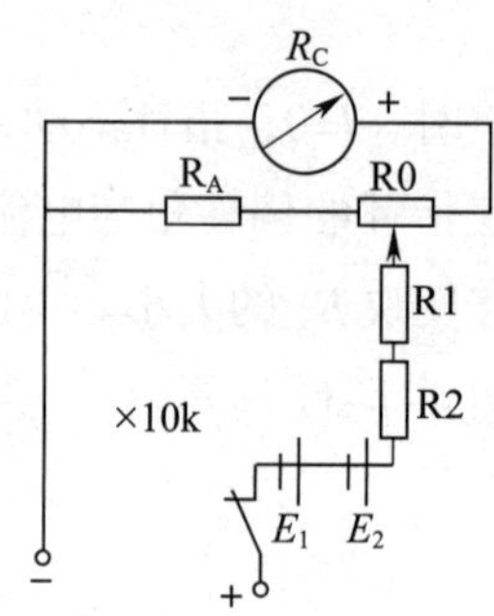

b) 提高电池电压

图 4–1–12　欧姆表量程的扩大

二是提高电池电压。如图 4–1–12b 所示，适当提高电池电压，当被测电阻和欧姆表总内阻增大后仍可保持其电流值不变。通常万用表中 R×10 k 挡就是采用这种方法来扩大量程的。图中 R2 是限流电阻，也是该挡欧姆表总内阻的一部分。另外，为了减小体积，万用表的 R×10 k 挡通常采用电压较高的叠层电池。常用叠层电池的额定电压为 4.5 V、6 V、9 V、15 V 和 22.5 V 等，MF47 型万用表使用的是 9 V 的叠层电池。

（3）万用表电阻测量电路

当万用表转换开关置于欧姆挡时，其电路组成如图 4–1–13 所示。

由图 4–1–13 可以看出，欧姆挡也是在直流电流 50 μA 挡的基础上扩展而成的。电阻 R21 和可调电阻 RP1、RP2 共同组成分压式欧姆调零电路，其中可调电阻 RP1 就是欧姆调零电阻。一般情况下，只要表内电池电压不低于 1.3 V，当 R_X=0 时，调节欧姆调零器就能使指针指在欧姆标度尺的“0”位置上（R×10 k 挡除外）。

MF47 型万用表的欧姆挡共有 5 挡倍率。R×1 ~ R×10 k 各挡的欧姆中心值分别为 15 Ω、150 Ω、1.5 kΩ、15 kΩ 和 150 kΩ。例如，在 R×1 挡，所用分流电阻为 13.5 Ω，加上电池内阻（约为 1 Ω），再考虑与其他电路的并联，则该挡总内阻为 15 Ω。在 R×1 ~ R×1 k 各挡，电池电压为 1.5 V，采用改变分流电阻的方法扩大量程。在 R×10 k 挡，电池电压为 1.5 V+9 V=10.5 V，同时去掉了分流电阻，再串联一只 141 kΩ 的限流电阻，使 R×10 k 挡的欧姆中心值达到 150 kΩ。

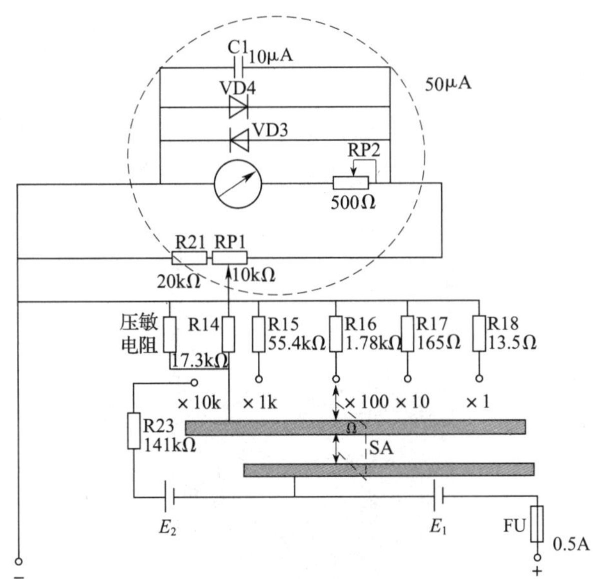

图 4-1-13　万用表电阻测量电路

知识链接

500 型模拟式万用表

如图 4-1-14 所示，500 型模拟式万用表是一种典型的模拟式万用表，可用来测量直流电流、交直流电压、电阻以及音频电压，并具有较高的电压灵敏度。500 型模拟式万用表的工作原理与 MF47 型万用表的工作原理类似，只不过其直流电流挡采用的是闭路式分流电路，因此具有更优越的使用保护性能。它具有外观美观大方、表盘清晰简洁、外壳坚固耐用以及携带方便、价格适中、性价比高等优点，因而在实际生产中得到了较广泛的应用。

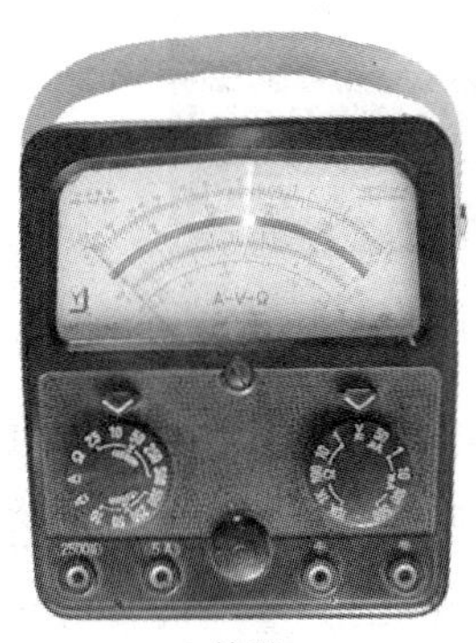

a) 外形

b) 内部线路

图 4-1-14　500 型模拟式万用表

二、模拟式万用表的结构

MF47 型模拟式万用表前后面板包括表盘、机械调零旋钮、欧姆调零旋钮、三极管插孔、转换开关、电量测量输入插孔和电池盒等，如图 4–1–15 所示。

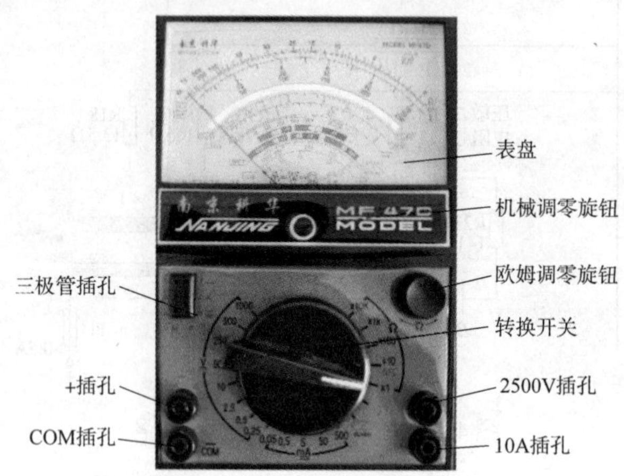

图 4–1–15　MF47 型万用表

1. 表盘和机械调零旋钮

表盘共有 7 条刻度尺，刻度尺与量程挡位的红、黑、绿三色对应，读数便捷，如图 4–1–16 所示。

图 4–1–16　表盘和机械调零旋钮

第 1 条黑色专供测量电阻使用，第 2 条红色专供测量交流 10 V 及以下电压使用，第 3 条黑色供测量交直流电压和直流电流使用，第 4 条绿色供测量电容使用，第 5 条绿色供测量负载电压（稳压）参数使用，第 6 条绿色供测量三极管放大倍数使用，第 7 条红绿色相间供测量电池电量使用，第 8 条红色供测量电感使用，第 9 条红色供测量音频电平使用，第 10 条反光镜的作用是消除视觉误差。

表盘下方中间部位的黑色小旋钮为机械调零旋钮，在测量电流、电压前，应调节该旋钮使指针对准刻度尺左端的“0”位置。

2. 欧姆调零旋钮

欧姆调零又称零欧姆调整或欧姆挡零位调节，用来在测量电阻前对电阻挡进行电气零位校准，如图 4–1–17 所示。

图 4–1–17 欧姆调零旋钮等万用表部件

欧姆调零的方法是：把量程选择开关置于欧姆挡，将红黑两支表笔短接，这时相当于测量得到的电阻值是零欧姆，然后调整欧姆调零旋钮，使指针指在欧姆标度尺最右边零欧姆的位置线上。如果调零旋钮到了右边的尽头，指针还不能指在零欧姆的位置，说明万用表内的电池电量不足，应更换电池。

要特别注意的是，每次更换电阻挡的量程后，都必须重新进行欧姆调零，以保证测量结果的准确性。欧姆调零时，操作时间应尽可能短，如果表笔长时间碰在一起，万用表内部的电池会消耗过快。

3. 三极管插孔

三极管插孔位于量程开关的左上方，采用六眼插座，分为 N（NPN）型和 P（PNP）型两种型号的插孔，两边分别标有字母 e、b、c。测量时，应根据被测三极管的管型，将三极管的三个极对应插入 e、b、c 插孔内，如图 4–1–17 所示。

4. 转换开关

万用表转换开关共有五挡，分别是交流电压、直流电压、直流电流、电阻和三极管等的 24 个量程，如图 4–1–17 所示。转换开关的功能见表 4–1–1。

表 4–1–1 转换开关的功能

开关位置	功能说明	开关位置	功能说明
V~	交流电压测量	•)))	电路通断测量
V⎓	直流电压测量	dB	音频电平测量
mA⎓	直流电流测量	L	电感测量
Ω	电阻测量	1.2-3.6V	电池电量测量
hFE	三极管放大倍数测量		

5．电量测量输入插孔

万用表面板上有 4 个电量输入插孔，这些插孔有极性标记，如图 4–1–17 所示。测量电阻、500 mA 以内的直流电流、1 000 V 以内的交直流电压时，将红表笔插入“+”插孔，黑表笔插入“COM”插孔。测量 1 000 ~ 2 500 V 的交直流电压时，红表笔插入 2 500 V 专用插孔。测量 500 mA ~ 10 A 的直流电流时，红表笔插入 10 A 专用插孔。测量直流量时，需要注意正、负极性，以免指针反偏。

6．电池盒

电池盒位于后盖上方位置，内置一节 2 号 1.5 V 电池和一节叠层 9 V 电池。

三、模拟式万用表的保护和使用注意事项

1．万用表的保护措施

万用表是电工最常用的仪表之一，但在使用过程中稍有不慎，就有损坏万用表的可能。在实际中为了保证万用表的安全使用，必须采取相应的保护措施。MF47 型万用表中就采取了过压保护、过流自熔断保护、表头过载限幅保护以及压敏电阻保护等多种措施。

（1）过压保护

在 MF47 型万用表“+”接线端和“–”接线端之间，并联正、反向硅二极管 VD5 和 VD6，起过压保护作用。

（2）过流自熔断保护

使用过程中，由于操作者粗心大意，有时在测量交直流电压时却误将转换开关拨至电流或欧姆挡，这会造成万用表在瞬间被烧毁。为防止这种事故的发生，MF47 型万用表在表内输入端串联了一个 0.5 A 的快速熔断器。当测量交直流电压而转换开关错拨在电流或欧姆挡时，熔丝迅速熔断，起到保护万用表的作用。实际中若发现万用表不能使用，应检查原因，更换熔丝后再用。

（3）表头过载限幅保护

由于表头是万用表的核心，为防止表头的烧毁，MF47 型万用表的表头两端并联有正、反向硅二极管 VD3 和 VD4，保护表头不因电流过载而损坏。

（4）压敏电阻保护

MF47 型万用表还采用了压敏电阻作为欧姆挡的过电压保护。一旦使用者操作失误导致高电压进入电阻测量电路，压敏电阻的阻值会迅速降低而将电流予以分流，防止表头因受到过大的瞬时电压而损坏。

2．万用表的使用注意事项

MF47 型万用表虽然有多重保护装置，但使用时仍应遵守以下注意事项，避免发生意外。

（1）使用之前要调零

为了减小测量误差，在使用万用表之前要先进行机械调零。在每次测量电阻之前，还要进行欧姆调零。

（2）要正确接线

万用表面板上的插孔和接线柱都有极性标记。使用时将红表笔插入“+”插孔，黑表笔插入“COM”或“-”插孔。测量直流量时，要注意正、负极性，以免指针反偏。测量电流时，仪表应串联在被测电路中；测量电压时，仪表要并联在被测电路两端。在用万用表测量三极管时，应牢记万用表的红表笔与万用表内部电池的负极相接，黑表笔与万用表内部电池的正极相接。因过载而烧断万用表内部的熔丝时，可打开表盒底部的熔断器盖，换上同型号的熔丝（0.5 A，250 V）。

（3）要正确选择测量挡位

测量挡位包括测量对象和量程。如测量电压时应将转换开关置于相应的电压挡，测量电流时应置于相应的电流挡等。如误用电流挡去测量电压，会造成短路事故而使仪表损坏。选择电流或电压量程时，最好使指针处在标度尺三分之二以上的范围内；选择电阻量程时，最好使指针处在标度尺的中间位置附近。这样做是为了尽量减小测量误差。测量时，若不能确定被测电流、电压的数值范围，应先将转换开关转至对应的最大量程，然后根据指针的偏转程度逐步减小至合适的量程。

小提示

严禁在被测电阻带电的情况下用欧姆挡测量电阻。否则，外加电压极易造成万用表的损坏。

（4）要正确读数

在万用表的表盘上有许多条刻度尺，分别用于不同的测量对象。测量时，要在对应的刻度尺上读数，同时应注意刻度尺读数和量程的配合，避免出错。

（5）要注意测量安全

用万用表测量电流或电压时，不允许用手触摸表笔的金属部分，以保证人身安全。测量电阻时，也不允许用手触摸表笔的金属部分，否则人体电阻将并联于被测电阻的两端，引起测量结果的误差。

（6）要注意操作安全

在进行高电压测量或测量点附近有高电压时，一定要注意人身和仪表的安全。在进行高电压及大电流测量时，严禁带电切换转换开关，否则有可能损坏转换开关。此外，万用表使用完毕后，必须将转换开关置于空挡或交流电压最高挡，以防下次测量时由于疏忽而损坏万用表。

长期不使用时，应取出万用表内部的电池，防止电池的电解液溢出而腐蚀万用表。

§4-2 模拟式万用表的使用

学习目标

1. 掌握用模拟式万用表测量交直流电压、电流、电阻的方法。
2. 掌握用模拟式万用表测量其他电量的方法。
3. 掌握模拟式万用表的使用方法。

在使用 MF47 型万用表前，应特别注意测量输入端口旁的警示符号“⚠”，这是警示使用者留意被测电压或电流不要超出规定的数值，以确保测量安全。

一、直流电流的测量

用万用表测量直流电流的方法和步骤见表 4-2-1。

表 4-2-1　测量直流电流的方法和步骤

序号	步骤	图例	操作	备注
1	准备工作		将万用表平放，红黑表笔分别对应插入“+”插孔和“COM”插孔，调节机械调零旋钮，将指针置于刻度尺左端的零位	使用万用表前要进行机械调零，调节一次即可，不需要每次测量都进行调节。只有当指针不指零位时，才需再次调节
2	选择挡位		估计被测量的大小，将转换开关拨至合适的“mA”挡位。如果不能估计被测量的大小，则将转换开关拨至直流电流最大量程 500 mA 挡，再根据指示的电流值，逐步选择低量程，保证测量精度	严禁在测量电流时拨转换开关。需要转换挡位时，必须将表笔脱离被测电路后方可进行

续表

序号	步骤	图例	操作	备注
3	测量直流电流	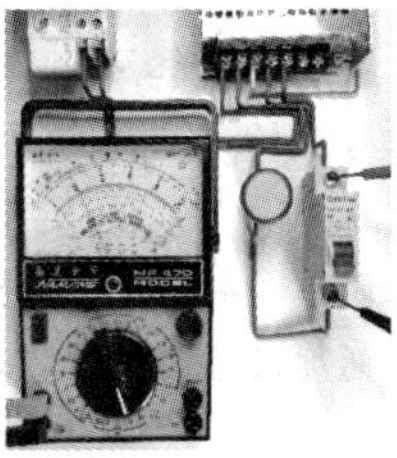	测量前必须先断开电路，按照直流电流从“+”到“-”的方向，将万用表串联到被测电路中，即直流电流从红表笔流入，从黑表笔流出	如果误将万用表并联在电路中，则会因表头内阻很小而造成短路，烧毁仪表
4	观察读数		观察第 3 条刻度尺，根据所选择的量程挡位，确定读数的刻度，读出指针的指示值	读数时，需要使指针和反光镜中的影子重合，这样读数才能准确
5	确定实际值	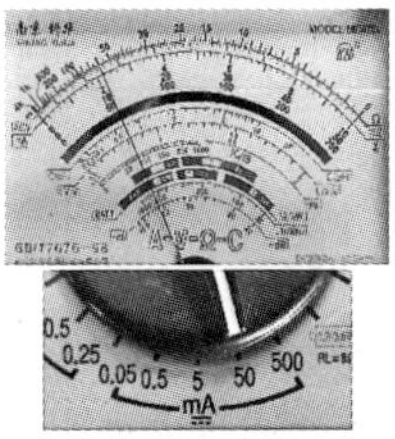	确定实际值。例如，转换开关置于 50 mA 挡位，则读 0 ~ 50 刻度，指针的指示值就是实际值；转换开关置于 5 mA 挡位，则读 0 ~ 50 刻度，指针的指示值除以 10 就是实际值	图示挡位为 50 mA，读 0 ~ 50 刻度，指针指示值为 11，实际值为 11 mA
6	测量大电流		当测量的直流电流为 500 mA ~ 10 A 时，首先将红表笔插入“10 A”专用插孔，然后将开关拨至 500 mA 挡，余下的测量方法同前	使用万用表测量大电流有危险性，请慎重操作
7	测量完毕，整理仪表		测量完毕应及时将转换开关拨至交流电压最大量程挡位	防止在下次使用时粗心，或者不熟练者使用万用表时，损坏仪表

二、交直流电压的测量

用万用表测量交直流电压的方法和步骤见表 4-2-2。

表 4-2-2　测量交直流电压的方法和步骤

序号	步骤	图例	操作	备注
1	准备工作		将万用表平放，红黑表笔分别对应插入“+”插孔和“COM”插孔，调节机械调零旋钮，将指针置于刻度尺左端的零位	使用万用表前要进行机械调零，调节一次即可，不需要每次测量都进行调节。只有当指针不指零位时，才需再次调节
2	选择挡位		估计被测直（交）流电压的大小，然后将转换开关拨至合适的“V̲（V̰）”挡位	如果不能估计被测直（交）流电压的大小，则将转换开关拨至直（交）流电压最大量程 1 000 V 挡，再根据指示的电压值，逐步选择低量程，以保证测量的精度
3	测量交直流电压	 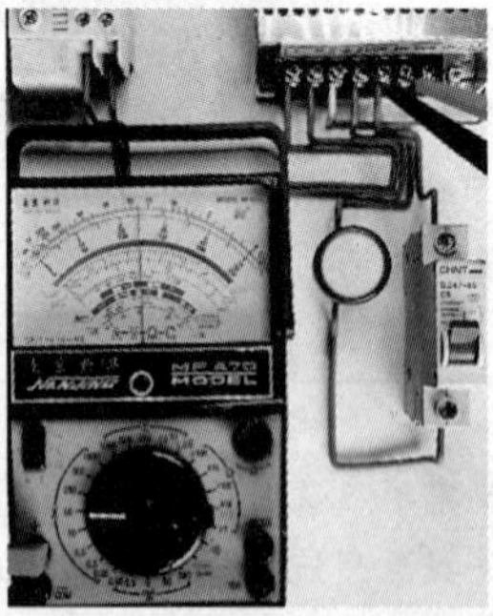	（1）上图，测量交流电压时，只需要将万用表并联到被测电路中即可，无须考虑表笔的颜色 （2）下图，测量直流电压时，按照直流电流从“+”到“−”的原则，将万用表并联到被测电路中，即红表笔连接直流电源的正极，黑表笔连接直流电源的负极	（1）如果误将万用表串联在电路中，则会因表头内阻很大造成开路，电路无法正常工作 （2）严禁在测量电压的过程中拨转换开关
4	观察读数		观察第 3 条刻度尺，根据所选择的量程挡位，确定读数的刻度，读出指针的指示值	读数时，需要使指针和反光镜中的影子重合，这样读数才能准确

续表

序号	步骤	图例	操作	备注
5	确定实际值	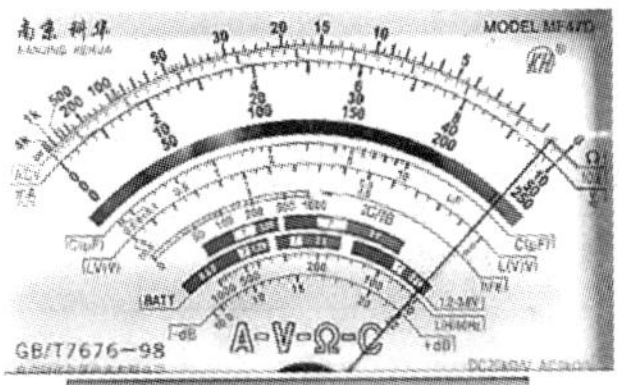  a) 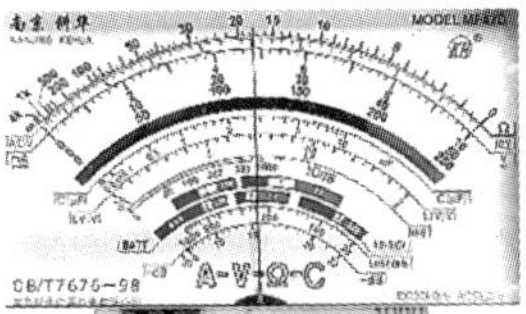 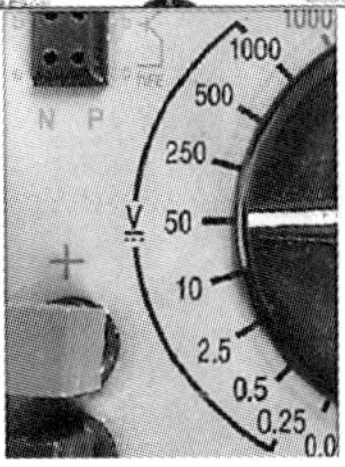 b)	确定实际值。例如，转换开关置于 250 V 挡位，则读 0 ~ 250 刻度，指针的指示值就是实际值；转换开关置于 500 V 挡位，则读 0 ~ 50 刻度，指针的指示值乘 10 就是实际值	（1）上图，挡位为交流电压 250 V 挡，读 0 ~ 250 刻度，指针指示值为 230，实际值为 230 V （2）下图，挡位为直流电压 50 V 挡，读 0 ~ 50 刻度，指针指示值为 24，实际值为 24 V
6	测量高电压		测量的直流（交流）电压在 1 000 ~ 2 500 V 时，应将选择开关拨至直流（交流）电压 1 000 V 挡，红表笔插入“2 500 V”专用插孔，余下的测量方法同前	使用万用表测量高电压有危险性，请慎重操作
7	测量交流 10 V 及以下电压		当测量的交流电压在 10 V 及以下时，测量的方法同前，但读数的刻度尺要看第 2 条专用刻度尺	由于整流二极管非线性的影响，交流 10 V 挡标度尺的起始段明显是不均匀的。为了消除起始段的测量误差，交流 10 V 挡要专用一条标度尺，不能与其他标度尺混用
8	测量完毕，整理仪表	同表 4-2-1 第 7 步		

三、直流电阻的测量

用万用表测量直流电阻的方法和步骤见表 4-2-3。

表 4-2-3　测量直流电阻的方法和步骤

序号	步骤	图例	操作	备注
1	准备工作		将万用表平放，红黑表笔分别对应插入“+”插孔和“COM”插孔，调节机械调零旋钮，将指针置于刻度尺左端的零位	使用万用表前要进行机械调零，调节一次即可，不需要每次测量都进行调节。只有当指针不指零位时，才需再次调节
2	选择挡位		估计被测电阻的大小，将转换开关拨至合适的“Ω”挡位。如果不能估计被测电阻的大小，则将转换开关拨至电阻量程 R×100 挡，再根据指示值的范围，逐步选择合适的量程。一般情况下，测量电阻时指针位于该挡量程欧姆中心值（即刻度尺的中心）附近较为准确，在刻度尺的 1/3 ~ 2/3 范围内为宜	测量时，如果指针靠近 0 Ω，则要减小挡位量程；如果指针靠近无穷大，则要增大挡位量程。严禁在电阻带电的情况下测量电阻值
3	欧姆调零	 	测量前，必须进行欧姆调零。将红黑表笔短接，调节欧姆调零旋钮，使指针对准欧姆刻度尺的零位。重新选择测量电阻的量程挡位时，必须重新进行欧姆调零，不可省略	在 R×1 ~ R×1 k 挡，若欧姆调零旋钮到了尽头，指针还不能指在零欧姆位置，说明万用表内的 2 号电池电量不足；在 R×10 k 挡，则说明表内的叠层电池电量不足

续表

序号	步骤	图例	操作	备注
4	测量电阻		测量前必须切断电源，不能带电测量。如果电路中有电容，应将两个测量点短接，进行放电处理。测量时，被测电阻不能有并联支路，以免影响阻值的准确性	操作者的双手不能接触表笔的金属部分和电阻的两端，以免将人体电阻并联在被测电阻两端，造成读数的误差
5	观察读数		观察第1条刻度尺，根据所选择的量程挡位，确定读数的刻度，读出指针的指示值	读数时要使指针和反光镜中的影子重合，这样读数才能准确
6	确定实际值	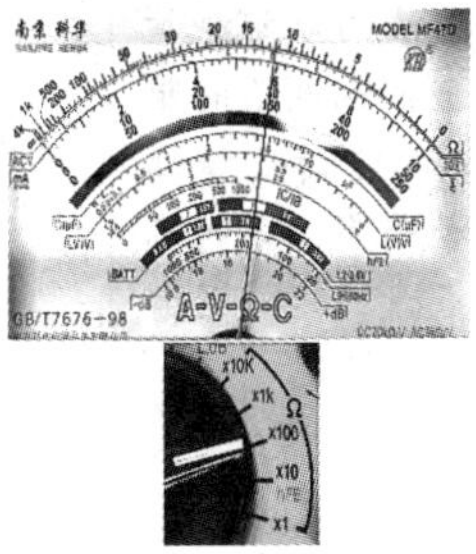	将指示值乘以选择的量程挡位（倍率），其结果就是被测电阻的实际值	图示挡位为R×100挡，读第1条刻度尺，指针指示值为11，则实际值为11×100 Ω=1 100 Ω
7	测量完毕，整理仪表	同表4-2-1第7步		

四、电路通断的判断

用万用表判断电路通断的方法和步骤见表4-2-4。

表4-2-4　判断电路通断的方法和步骤

序号	步骤	图例	操作	备注
1	准备工作		将万用表平放，红黑表笔分别对应插入“+”插孔和“COM”插孔，调节机械调零旋钮，将指针置于刻度尺左端的零位	使用万用表前要进行机械调零，调节一次即可，不需要每次测量都进行调节。只有当指针不指零位时，才需再次调节

续表

序号	步骤	图例	操作	备注
2	选择挡位		将转换开关拨至•))挡，红黑表笔短接，此时万用表内部蜂鸣器发出约 1 kHz 的长鸣声	将表笔短接，蜂鸣器工作，同时也能检验该挡位测量电路是否完好。严禁在电路带电的情况下测量电路通断
3	判断电路通断	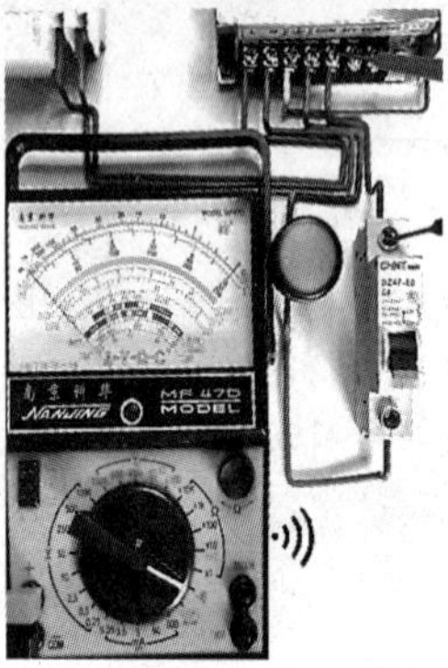	测量方法同电阻测量方法。当被测电路的阻值低于 10 Ω 时，蜂鸣器发出长鸣声，此时不必观察表盘就能够了解电路的通断情况	长鸣声的音量与被测量电路的电阻成反比例关系
4	测量完毕，调整仪表	同表 4-2-1 第 7 步		

五、二极管极性的判断

用万用表判断二极管极性的方法和步骤见表 4-2-5。

表 4-2-5　判断二极管极性的方法和步骤

序号	步骤	图例	操作	备注
1	准备工作		将万用表平放，红黑表笔分别对应插入“+”插孔和“COM”插孔，调节机械调零旋钮，将指针置于刻度尺左端的零位	使用万用表前要进行机械调零，调节一次即可，不需要每次测量都进行调节。只有当指针不指零位时，才需再次调节

续表

序号	步骤	图例	操作	备注
2	选择挡位		将转换开关拨至电阻量程R×100或R×1 k挡，进行欧姆调零。注意：此时万用表的红表笔接内部电池的负极，黑表笔接内部电池的正极	测量时，若用R×10 k挡，则会因该挡由10.5 V的较高电压供电，而使二极管的PN结击穿。若用R×1挡测量，则可能因电流过大（约90 mA）而损坏二极管
3	测量二极管正反向电阻	 	（1）按照测量电阻的方法测量二极管，注意观察指针的位置 （2）将万用表红黑表笔对换，再次测量二极管，注意观察指针的位置	测量时，操作者的双手不能接触表笔的金属部分和二极管的两端，以免将人体电阻并联在二极管的两端，造成误差
4	结果判断	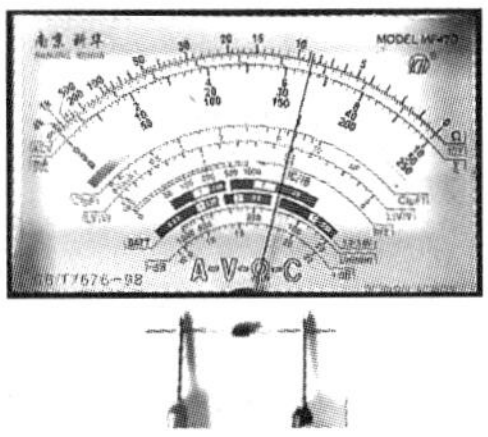 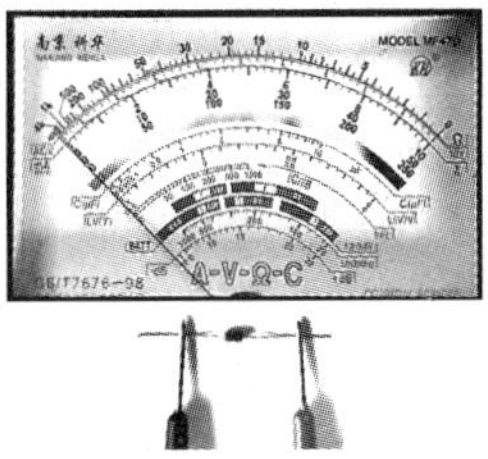	指针偏转幅度大的一次（上图），黑表笔所碰触的为二极管的正极。若指针指示为零，则说明二极管被击穿。若指针指示为无穷大，则说明二极管内部开路	比较两次测量中指针的位置，相差越大说明二极管的性能越好

续表

序号	步骤	图例	操作	备注
5	测量完毕，整理仪表	同表 4–2–1 第 7 步		

六、三极管放大倍数的测量

用万用表测量三极管放大倍数的方法和步骤见表 4–2–6。

表 4–2–6　测量三极管放大倍数的方法和步骤

序号	步骤	图例	操作	备注
1	准备工作		将万用表平放，红黑表笔分别对应插入“+”插孔和“COM”插孔，调节机械调零旋钮，将指针置于刻度尺左端的零位	使用万用表前要进行机械调零，调节一次即可，不需要每次测量都进行调节。只有当指针不指零位时，才需再次调节
2	选择挡位		将转换开关拨至 hFE（R×10）挡，红黑表笔短接，进行欧姆调零	测量三极管的放大倍数前，必须进行欧姆调零，否则测量的结果存在误差
3	将三极管插入插孔		（1）将 NPN 型三极管的 e、b、c 三个管脚对应插入 N 列插孔	（1）若三极管插入后指针无反应，则可能三极管的三个管脚判断错误或未插好

续表

序号	步骤	图例	操作	备注
3	将三极管插入插孔		（2）将 PNP 型三极管的 e、b、c 三个管脚对应插入 P 列插孔	（2）同一时间只能测量一只三极管
4	观察读数		观察第 6 条刻度尺，确定读数的刻度，读出指针的指示值	读数时，需要使指针和反光镜中的影子重合，这样读数才能准确
5	确定实际值	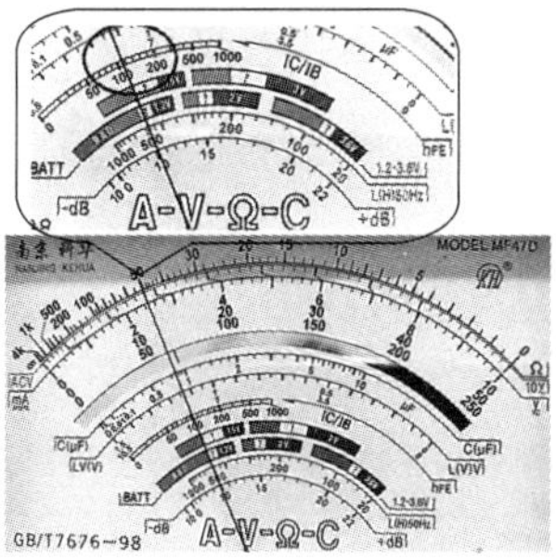	图为 NPN 型晶体三极管的放大倍数，实际值为 120 倍左右	切记，不要因为转换开关拨至 R×10 挡，就去看第 1 条刻度尺，而忽略了 hFE 有单独的刻度尺
6	测量完毕，整理仪表	同表 4-2-1 第 7 步		

七、电池电量的测量

用万用表测量电池电量的方法和步骤见表 4-2-7。

表 4-2-7　测量电池电量的方法和步骤

序号	步骤	图例	操作	备注
1	准备工作		将万用表平放，红黑表笔分别对应插入“+”插孔和“COM”插孔，调节机械调零旋钮，将指针置于刻度尺左端的零位	使用万用表前要进行机械调零，调节一次即可，不需要每次测量都进行调节。只有当指针不指零位时，才需再次调节

续表

序号	步骤	图例	操作	备注
2	选择挡位		将转换开关拨至 1.2-3.6V 挡，该挡位可以测量各类电池（除纽扣电池）的电量	电池电量测量挡位可测量的电池电压范围为 1.2 ~ 3.6 V
3	测量电池电量		测量时，将万用表黑表笔接电池负极，红表笔接电池正极	如果表笔接反，则会导致万用表指针反偏，极易损坏万用表
4	观察指针	 红区 绿区	根据所测量电池的电压等级，观察相应的 BATT 刻度尺。绿区表示电池电力充足，“？”区表示电池尚能使用，红区表示电池电力不足	测量一节 2 号电池，观察 1.5 V 的刻度尺。指针在“？”区，说明电池电量尚能使用
5	测量完毕，整理仪表	同表 4-2-1 第 7 步		

小提示

模拟式万用表除了测量以上电量外，其余电量的测量都是万用表的扩展功能，需要配合外部电路实现。例如，测量电容、电感时需要交流电源电压，而 MF47 型万用表内部是直流的，所以必须外接交流电源来实现，此时万用表只起到了一个带相应刻度的电压表头的作用。所以模拟式万用表一般用来测量电流、电压、电阻等电量。

§4-3 数字式万用表

学习目标

1. 熟悉数字式万用表的组成及各部分的作用。
2. 理解数字式万用表直流电压测量电路的基本原理。
3. 了解数字式万用表直流电流测量电路、交流电压测量电路、电阻测量电路的基本原理。

通过前面的知识我们知道，测量机构是电工指示仪表的核心，而数字式电压基本表就是电工数字仪表的核心。同样，只要在数字式电压基本表的基础上增加不同的测量线路，就能组成各种不同用途的数字仪表，如数字式电流表、数字式电压表以及数字式万用表等。

一、数字式万用表的组成和基本原理

尽管目前国内外生产的数字式万用表型号不同，整机电路也各不相同，但其基本工作原理大同小异。

数字式万用表主要由数字式电压基本表、测量线路、量程开关三部分组成。数字式电压基本表是数字式万用表的核心。测量线路的作用是将被测的各种电量和电路参数转换为微小的直流电压，供数字式电压基本表显示数值。量程开关的作用是将其拨至不同测量挡位时，可接通不同的测量线路。

下面介绍常见的以 CC7106 型 A/D 转换器为核心的数字式万用表的原理。

1. 直流电压测量电路

数字式万用表直流电压测量电路是利用分压电阻来扩大电压测量量程的，如图 4–3–1 所示。

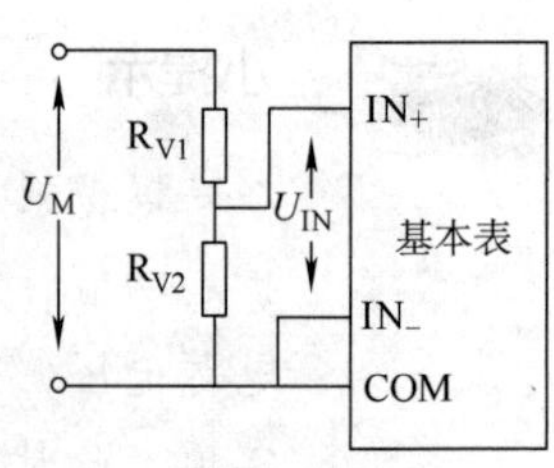

图 4–3–1　数字式直流电压表原理

【例 4–3–1】 如图 4–3–1 所示，欲将量程为 200 mV 的数字式电压基本表扩大成量程为 2 V 的直流电压表，若要求该表输入电阻为 10 MΩ（即要求 $R_{sr}=R_{V1}+R_{V2}=10\ M\Omega$），求分压电阻的阻值 R_{V1} 和 R_{V2}。

解： 先求得分压比

$$K=\frac{U_{IN}}{U_m}=\frac{0.2}{2}=\frac{1}{10}$$

再求得分压电阻

$$R_{V2}=KR_{sr}=\frac{1}{10}\times 10\ M\Omega=1\ M\Omega$$

$$R_{V1}=R_{sr}-R_{V2}=10\ M\Omega-1\ M\Omega=9\ M\Omega$$

因此，分压电阻 $R_{V1}=9\ M\Omega$，$R_{V2}=1\ M\Omega$。

小提示

在计算分压电阻时，应遵循下列原则：

（1）数字式电压基本表的输入电阻极大，可视其输入端开路。

（2）数字式电压基本表的最大显示值是 1 999，因此，量程扩大后的满量程显示值也只能是 1 999，仅仅是单位和小数点的位置不同而已。

数字式万用表直流电压测量电路如图 4–3–2 所示。利用分压电阻 R7 ~ R12 可以把量程为 200 mV 的电压基本表扩展成具有五个量程的直流电压测量电路。为保护数字式电压表，常在分压器输出端与 IN+ 之间串联接入 0.5 A 的快速熔断器和限流电阻 R6、R31，作为过流保护。

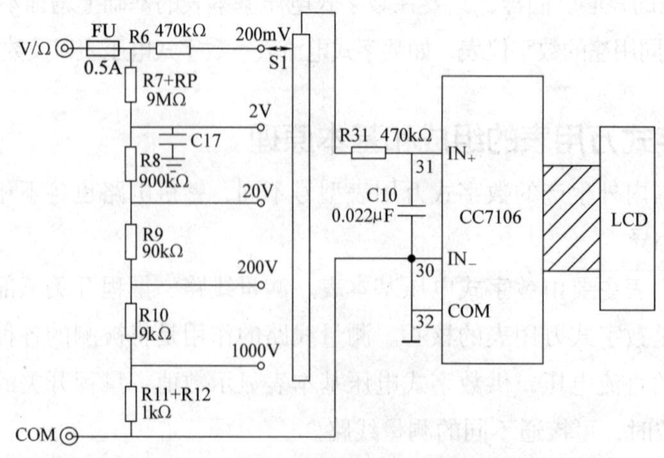

图 4–3–2　数字式万用表直流电压测量电路

2. 直流电流测量电路

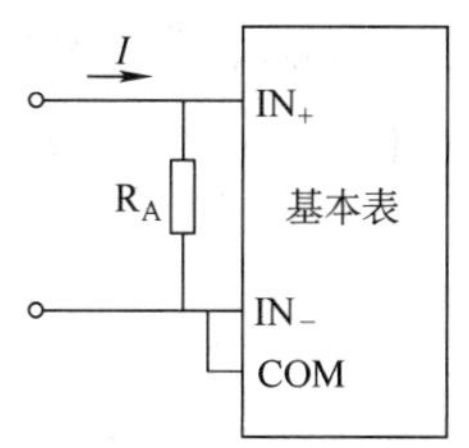

图 4–3–3 数字式直流电流表原理

只要使被测电流在分流电阻上产生压降，并以此作为电压基本表的输入电压，即可显示出被测电流的大小。因此，数字式直流电流表是由数字式电压基本表和分流电阻并联组成的，如图 4–3–3 所示。由于数字式电压基本表的输入阻抗极高，可视为开路，对电流的分流作用近似为零。所以，这里的分流电阻 R_A 只起到将被测电流 I 转换为输入电压的作用。

利用欧姆定律可以方便地计算出分流电阻 R_A 的值。

【例 4–3–2】如图 4–3–3 所示，已知数字式基本表的电压量程为 U_m=200 mV=0.2 V，若要求将电流量程扩大为 I_m=10 A，求分流电阻的阻值。

解：分流电阻值为

$$R_A=\frac{U_m}{I_m}=\frac{0.2}{10}\ \Omega=0.02\ \Omega$$

因此，分流电阻值为 0.02 Ω。

图 4–3–4 所示为数字式万用表的直流电流测量电路。R2 ~ R5、R_{CU} 为分流电阻，它们均采用高精度电阻。实际应用中只要将直流电压挡调整好即可，本挡不必调整。电路中设有快速熔断器作过流保护，二极管 VD1、VD2 作过压保护。

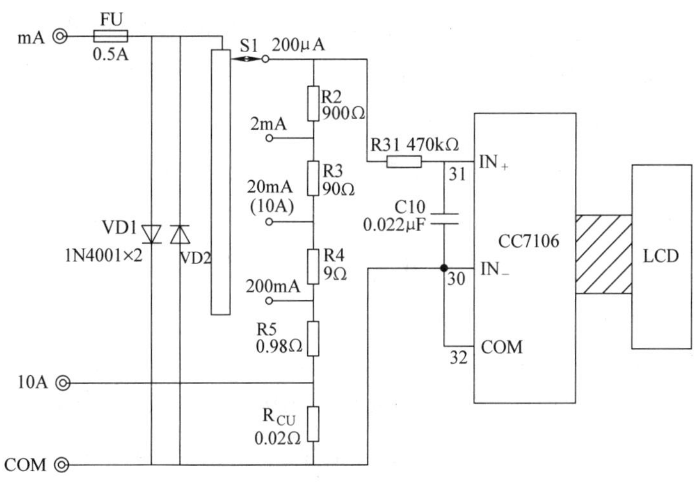

图 4–3–4 数字式万用表直流电流测量电路

3. 交流电压测量电路

在数字式万用表中，为提高测量交流信号的准确度，一般采用先将被测交流电压降压后，经线性 AC/DC 转换器变换成微小直流电压，再送入电压基本表中进行显示的方法。

图 4–3–5 所示为数字式万用表的交流电压测量电路。分压电阻 R7 ~ R12 与直流电压挡共用。VD5、VD6、VD11、VD12 接在 AC/DC 转换器输入端作过压保护。C1、

C2是输入耦合电容，R21、R22是输入电阻。AC/DC转换器的输出端接R26、C6、R31、C10构成的阻容滤波器，进行滤波。

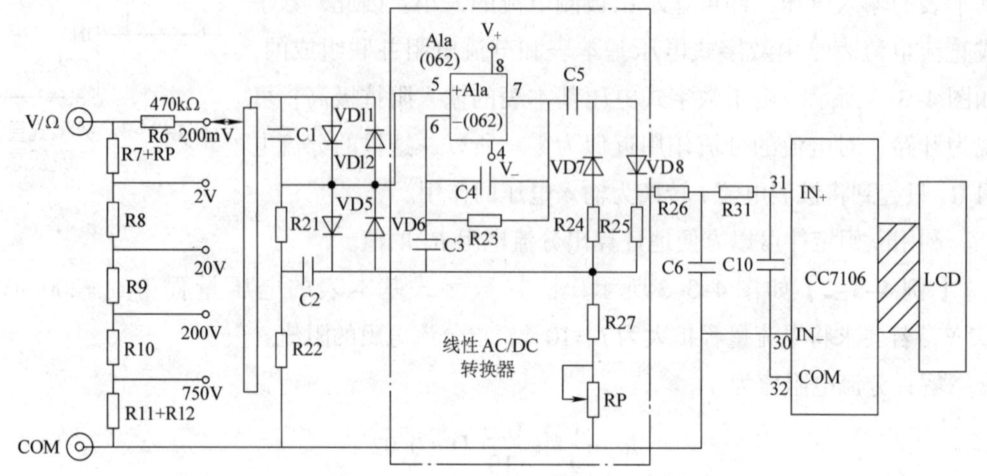

图4-3-5　数字式万用表交流电压测量电路

知识链接

线性AC/DC转换器

线性AC/DC转换器的优点是：由于运算放大器A1a的放大作用，即使输入信号很弱，也能保证二极管VD7、VD8在较强的信号下工作，从而避免二极管在小信号整流时所引起的非线性失真。

线性AC/DC转换器由双运算放大器062中的一组A1a和二极管VD7、VD8组成，如图4-3-5所示。R23是运算放大器的负反馈电阻，用于稳定静态工作点。C5是充、放电电容，并有隔直流作用。VD8、R25、R27及RP构成分压器，调整RP可改变其输出电压大小，供校正仪表时使用。

线性AC/DC转换器的工作过程如下：当输入信号电压u_x为正半周时，先经A1a放大后，再通过C5→VD8→R25→R27→RP→COM对电容C5进行充电，经VD8整流后的电压再经阻容滤波就可送入数字式电压基本表；当u_x为负半周时，经COM→RP→R27→R24→VD7→C5→A1a对电容C5缓慢地放电。显然，这属于半波整流电路。调节RP的大小，使输出电压的平均值等于输入交流电压的有效值，然后送入数字式电压基本表，就能构成一个数字式交流电压表。

4．直流电阻测量电路

（1）测量原理

数字式万用表一般采用比例法测量电阻，不仅简化了电路，还保证了测量准确度，其原理如图 4–3–6 所示。

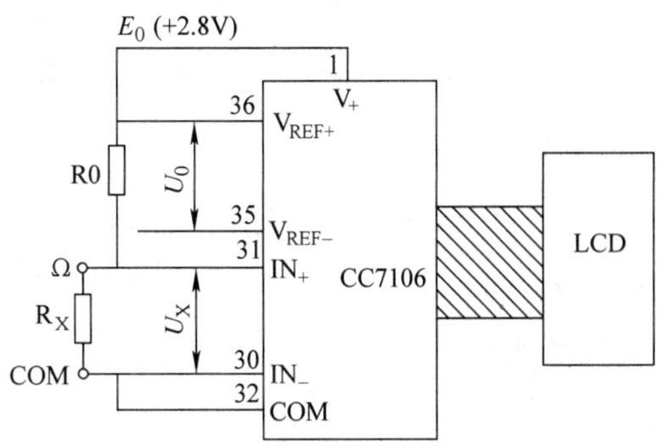

图 4–3–6 比例法测电阻的原理

利用 CC7106 型 AC/DC 转换器中的 2.8 V 基准电压源向被测电阻 R_X 和基准电阻 R0 提供测试电流 I，R0 上的压降 U_0 作为基准电压，R_X 上的压降 U_X 作为输入电压，则

$$\frac{U_X}{U_0}=\frac{IR_X}{IR_0}=\frac{R_X}{R_0}$$

当 $R_X=R_0$ 时，显示值为 1 000，当 $R_X=2R_0$ 时显示满量程读数。

通常，显示值 $=\frac{U_X}{U_0}\times 1\ 000=\frac{R_X}{R_0}\times 1\ 000$。

以 200 Ω 挡为例，取 R_0=100 Ω，并代入上式，显示值为 $10R_X$，只要将小数点定在十位之后，即可直接读取测量结果。

（2）测量电路

数字式万用表采用比例法测量电阻，其电阻测量电路如图 4–3–7 所示。

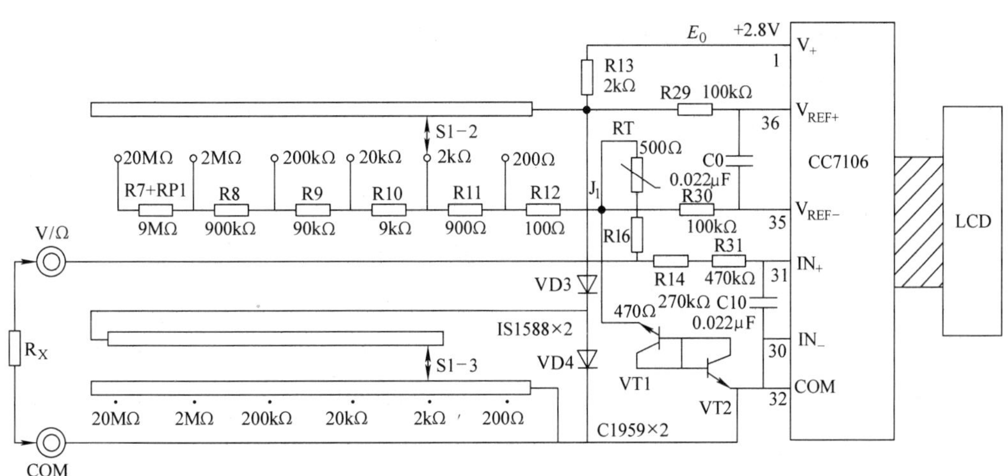

图 4–3–7 数字式万用表电阻测量电路

测量电阻时，要将原来的基准电压分压电路全部断开，接入基准电阻（RP1、R7 ~ R12），基准电阻上的压降就作为基准电压。V_+ 输出的 2.8 V 电压经限流电阻

R13 和二极管 VD3、VD4 串联分压，可提供 0.6 V 和 1.2 V 两种测试电压，并由 S1–3 切换。在 200 Ω 挡用 1.2 V，其余各挡用 0.6 V。利用 S1–2 对基准电阻进行切换，使量程在 200 Ω、2 kΩ、20 kΩ、200 kΩ、2 MΩ、20 MΩ 中变化。

小提示

为防止误用欧姆挡测量电流或电压而损坏仪表，该仪表设置了由热敏电阻 RT 和 R16、VT1、VT2 组成的过压保护电路。VT1、VT2 接成二极管方式后，再反向串联使用。常温下 RT ≈ 500 Ω，一旦出现过压输入，RT 因电流增大而发热，其阻值就会迅速减小，使 VT1 反向导通，VT2 正向导通，起到保护作用。R16 与 RT 串联，可以限制 VT1 的反向击穿电流，防止烧坏晶体管。

5. 三极管 h_{FE} 测量电路

通过量程开关的切换，可组成 PNP 型三极管测量电路，如图 4–3–8a 所示，NPN 型三极管测量电路如图 4–3–8b 所示。由 V_+ 输出的 2.8 V 基准电压源作为测量电源，基极电阻 R_b 由 NPN 型和 PNP 型共用。2.8 V 电源通过 R_b 向被测三极管提供固定的 10 μA 基极电流。取样电阻 R0 可将集电极电流 I_c（约等于发射极电流）转换为数字式电压基本表的输入电压，即

$$U_{IN}=I_cR_0=h_{FE}I_bR_0$$

如果已知 I_b=10 μA，R_0=10 Ω，代入上式得

$$U_{IN}=100\ \mu V\cdot h_{FE}=0.1\ mV\cdot h_{FE}$$

即 h_{FE} 的大小为 U_{IN} 以 mV 为单位时的数值的 10 倍。

因此，可以利用数字式电压基本表 200 mV 量程测量晶体三极管的 h_{FE}，只要去掉小数点，显示值就等于 h_{FE} 值。

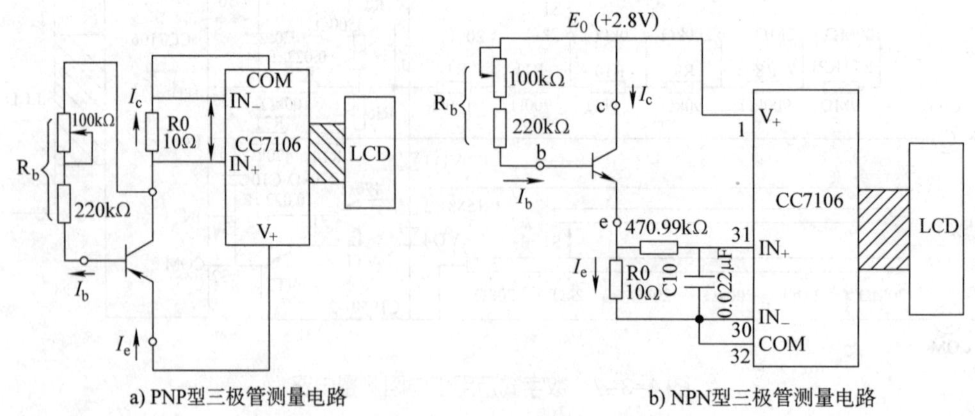

a) PNP型三极管测量电路　　b) NPN型三极管测量电路

图 4–3–8　数字式万用表三极管 h_{FE} 测量电路

小提示

对于上述三极管 h_{FE} 测量电路，由于测量电源提供的测试电压低，故仅适用于测量小功率三极管。另外，该测量电路尽管理论上可测得的最大 h_{FE} 值为 1 999，但 h_{FE} 值过大会影响基准电压源的稳定性，故规定被测三极管的 h_{FE} 值不宜超过 1 000，最好在 500 以下。

二、数字式万用表的结构

UT890 系列手动量程数字式万用表具有真有效值、全量程 600 V 保护和 100 mF 超大电容自动量程测量功能，能够轻松、快速解决电子、电器和家电故障等问题，属于国内较常见的$3\frac{1}{2}$位便携式 LCD 显示数字式万用表。

UT890 系列数字式万用表包括 UT890C、UT890D、UT890C+、UT890D+ 等型号，下面以常用的 UT890D+ 型为例，介绍数字式万用表的结构和使用方法。

UT890D+ 型数字式万用表如图 4-3-9 所示，前面板包括 LCD 显示屏、功能按键、三极管测量四脚插孔、量程开关、测量输入端口等，后面板包括电池盒、表笔定位架等。

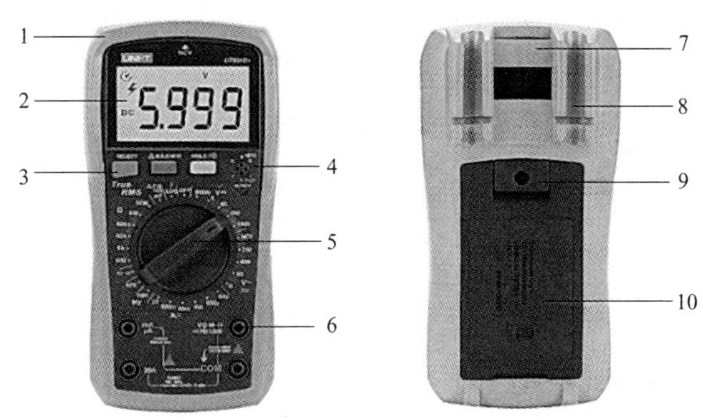

图 4-3-9 UT890D+ 型数字式万用表

1—保护套 2—LCD 显示屏 3—功能按键 4—三极管测量四脚插孔 5—量程开关 6—测量输入端口 7—挂带钩 8—表笔定位架 9—电池盒 10—支架

1. 保护套

万用表外壳采用硅胶保护套，把握手感舒适，能有效保护万用表。

2. LCD 显示屏

该表采用大字号 LCD 显示屏，最大显示值为 6 099。该表具有自动调零和自动显示极性功能，测量时若被测电压或电流的极性为负，会在显示值前出现“–”号。若测量时输入超量程，显示屏会显示“OL”“O.L”或“.OL”的提示符号。小数点位置由量程开关的位置同步控制。

3. 功能按键

SELECT 按键：按该键可以切换二极管 / 电路通断量程、交流电压 / 频率量程、交流 / 直流电流量程，每按一次，对应的测试功能挡量程切换一次。

△MAX/MIN 按键：在电容挡按此键可清除底数；在电压挡和电流挡按此键进入最大 / 最小值显示模式。

HOLD/💡按键：点击进入数据保持 / 取消数据保持模式；当按键时间≥ 2 s，则打开 / 关闭 LCD 显示屏背光。

4. 三极管测量四脚插孔

三极管测量四脚插孔位于量程开关的右上方，采用四眼插座，旁边分别标有字母 B、C、E（NPN 型）或 b、c、e（PNP 型）。测量时，应根据被测三极管管型，将三极管的三个极对应插入 B、C、E（或 b、c、e）插孔内。

5. 量程开关

位于面板中央的量程开关提供了电流、电压、电阻等 27 种测量量程，供使用者选择。量程开关的功能见表 4-3-1。

表 4-3-1　数字式万用表量程开关的功能

开关位置	功能说明	开关位置	功能说明
V–	直流电压测量	▶┃	二极管测量
V~	交流电压测量	•)))	电路通断测量
A–	直流电流测量	┤├	电容测量
A~	交流电流测量	Hz	频率测量
Ω	电阻测量	LIVE	火线测量
hFE	三极管放大倍数测量	NCV	非接触交流电场感应测量
OFF	电源开关		

6. 测量输入端口

电量测量输入端口有四个，位于面板下方。使用时，黑表笔插“COM”插孔，红表笔根据被测量种类和量程的不同，分别插“V/Ω”或“mA/μA”或“20 A”插孔。使用时应注意：在“V/Ω”与“COM”之间标有“CAT Ⅱ 1 000 V”字样，这表示在安全区域第二个等级内，1 000 V 及以下使用是安全的。“CAT Ⅲ 600 V”字样表示在安全区域第三个等级内，600 V 及以下使用是安全的。在“mA/μA”与“COM”之间标有“600 mA MAX”，表示在对应插孔输入的交、直流电流值不得超过 600 mA。在“20 A”与“COM”之间标有“20 A MAX”，表示在对应插孔输入的交、直流电流值不得超过 20 A。

7. 电池盒

电池盒位于后盖下方，内置 1.5 V 电池两节。仪表开机后如果电池电量不足，LCD 显示屏上将显示“▙▯”符号。为保证测量的精度，必须更换电池后方可使用。

三、数字式万用表的保护和使用注意事项

1. 使用数字式万用表之前，应仔细阅读使用说明书，熟悉面板结构及各旋钮、插孔的作用，以免使用中出现差错。

2. 测量前，应校对量程开关位置及两表笔所插的插孔，确认无误后再进行测量。

3. 测量前若无法估计被测量大小，应先用最高量程挡测量，再视测量结果选择合适的量程挡。

4. 严禁在测量电压或电流时拨动量程开关，以防止产生电弧，烧毁开关触点。

5. 由于数字式万用表的频率特性较差，故只能测量 45 ~ 500 Hz 范围内的正弦波电量的有效值。

6. 严禁在被测电路带电的情况下测量电阻，以免损坏仪表。

7. 若将电源开关拨离“OFF”位置，液晶显示器无显示，应检查电池是否失效或熔断器是否熔断。若显示欠压信号，则需更换新电池。

8. 为延长电池使用寿命，每次使用完毕应将电源开关拨至“OFF”位置。长期不用的仪表，应取出电池，防止因电池内电解液漏出而腐蚀表内元器件。

§4-4 数字式万用表的使用

学习目标

1. 熟练掌握使用数字式万用表测量交直流电压、电流、电阻等电量的方法。

2. 掌握数字式万用表的使用注意事项。

使用 UT890D+ 型数字式万用表前，应注意测量输入端口旁的警示符号⚠，这是警示使用者留意被测量电压或电流不要超出规定的数值，以确保测量安全。

一、交直流电压的测量

用万用表测量交直流电压的方法和步骤见表 4-4-1。

表 4-4-1　测量交直流电压的方法和步骤

序号	步骤	图例	操作说明	备注
1	准备工作		将万用表平放，红表笔插入“V/Ω”插孔，黑表笔插入“COM”插孔	UT890D+ 型数字便携式万用表的交直流电压和其他电量测量共用插孔
2	选择挡位		估计被测直流（交流）电压大小，根据电压性质和大小，将万用表量程开关拨至直流（交流）电压合适的挡位上。LCD 显示屏显示“DC 0 V”（“AC 0 V”）。严禁在测量电压的过程中拨量程开关	若无法估计电压的大小，则将量程开关拨至直流（交流）电压最大量程挡位，再根据显示的电压值，逐步选择合适的量程，保证测量的精度
3	测量直流电压		测量直流电压时，按照直流电源从“+”到“-”的方向，将万用表并联到被测电路中，即红表笔连接直流电源的正极，黑表笔连接直流电源的负极	测量时，若 LCD 显示屏显示“OL”，说明被测电量已超量程，需要增大挡位量程

续表

序号	步骤	图例	操作说明	备注
4	测量交流电压		测量交流电压时，只需要将万用表并联到被测电路中即可，无须考虑表笔的颜色	测量时，若LCD显示屏显示“OL”，说明被测电量已超量程，需要增大挡位量程
5	观察读数	 	数字式万用表均可直接读数。上图测量直流电压，显示值为DC 24.05 V。下图测量交流电压，显示值为AC 220.5 V	DC为直流电压，AC为交流电压，电压单位为V
6	测量完毕，整理仪表		测量完毕应及时将量程开关拨至“OFF”量程挡位	防止在下次使用时粗心，或者不熟练者使用万用表时，损坏仪表

二、交直流电流的测量

用万用表测量交直流电流的方法和步骤见表4-4-2。

表4-4-2 测量交直流电流的方法和步骤

序号	步骤	图例	操作说明	备注
1	准备工作	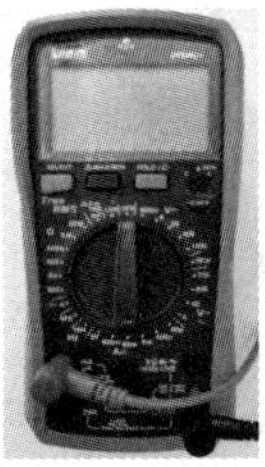	将万用表平放，红表笔插入“mA/μA”插孔，黑表笔插入“COM”插孔	UT890D+型数字便携式万用表的交直流电流测量有专用插孔

续表

序号	步骤	图例	操作说明	备注
2	选择挡位	 	估计被测直流（交流）电流的大小，将量程开关拨至直流（交流）电流合适的挡位上。根据被测电量的性质，按“SELECT”按键，对交流/直流电流量程进行切换。LCD显示屏分别显示“DC 0 μA”“DC 0 mA”（“AC 0 μA”“AC 0 mA”）。严禁在测量电流的过程中拨量程开关。在测量前，可以测试已知电流，以确认万用表能否正常使用	如果无法估计被测电流的大小，则将量程开关拨至直流（交流）电流最大量程挡位，再根据显示的电流值，逐步选择低量程，保证测量的精度
3	测量直流电流	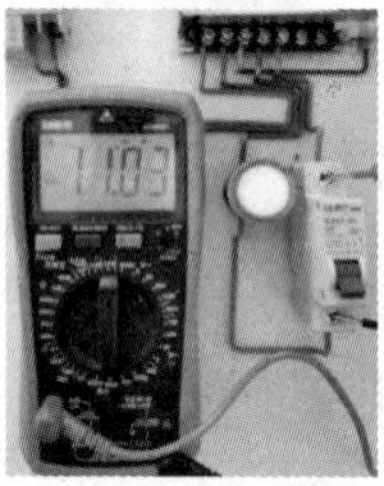	测量直流电流时，按照直流电源从“+”到“−”的方向，将万用表串联到被测电路中，即红表笔连接直流电源的正极，黑表笔连接直流电源的负极	测量时，若LCD显示屏显示“OL”，说明测量已超量程，需要增大挡位量程
4	测量交流电流		测量交流电流时，只需要将万用表串联到被测电路中即可，无须考虑表笔的颜色	当“mA/μA”和“20 A”插孔输入过载或误操作时，万用表内的熔丝熔断，LCD显示屏闪烁并显示“FUSE”字符，蜂鸣器鸣叫，须更换熔丝后方可继续使用
5	观察读数	 	数字式万用表均可直接读数。上图测量直流电流，显示值为DC 11.03 mA。下图测量交流电流，显示值为AC 30.24 mA	DC为直流电量，AC为交流电量。电流单位为mA

续表

序号	步骤	图例	操作说明	备注
6	测量大电流		当测量的直流（交流）电流在 600 mA ~ 20 A 时，首先将红表笔插入“20 A”专用插孔，量程开关拨至 20 A 挡，按“SELECT”按键，对交流 / 直流电流量程进行切换。余下的测量方法同前	使用万用表测量大电流有危险性，应慎重操作
7	测量完毕，整理仪表	同表 4–4–1 第 6 步		

三、直流电阻的测量

用万用表测量直流电阻的方法和步骤见表 4–4–3。

表 4–4–3 测量直流电阻的方法和步骤

序号	步骤	图例	操作说明	备注
1	准备工作		将万用表平放，红表笔插入“V/Ω”插孔，黑表笔插入“COM”插孔	UT890D+ 型数字便携式万用表的交直流电阻和其他电量的测量共用插孔
2	选择挡位		估计被测电阻的大小，然后将量程开关拨至合适的“Ω”量程挡位，LCD 显示屏显示“O.L Ω”或“O.L kΩ”或“O.L MΩ”。如果不能估计被测电阻的大小，则将量程开关拨至“60 k”挡位，再根据测量结果逐步选择合适的量程挡位，保证测量的精度	测量时，若 LCD 显示屏显示“O.L”，说明测量已超量程，需要增大挡位量程；如果显示值接近 0，则要减小挡位量程

续表

序号	步骤	图例	操作说明	备注
3	测量电阻	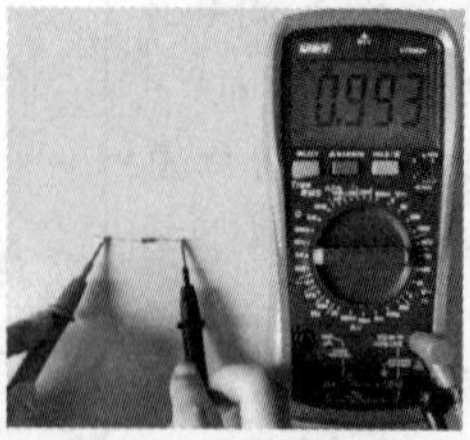	测量前必须切断电源，不能带电测量。如果电路中有电容，应将两个测量点短接，进行放电处理。测量时，被测电阻不能有并联支路，以免影响测量的准确性	测量时，操作者的双手不能接触表笔的金属部分和电阻的两端，以免将人体电阻并联在被测电阻的两端，造成读数的误差
4	观察读数	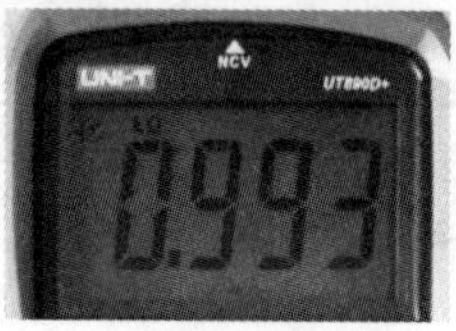	数字式万用表可直接读数，图中显示值为 0.993 kΩ	测量低电阻时，表笔会产生 0.1 ~ 0.2 Ω 的测量误差。可以用测量得到的电阻值减去红黑表笔短接时的电阻值，即可得到精确的电阻值
5	测量完毕，整理仪表	同表 4-4-1 第 6 步		

四、电路通断的判断

用万用表判断电路通断的方法和步骤见表 4-4-4。

表 4-4-4　判断电路通断的方法和步骤

序号	步骤	图例	操作说明	备注
1	准备工作		将万用表平放，红表笔插入“V/Ω”插孔，黑表笔插入“COM”插孔	UT890D+ 型数字便携式万用表电路通断判断和其他电量测量共用插孔
2	选择挡位		将量程开关拨至“•)))”量程挡位。LCD 显示屏显示“OL Ω”	因判断电路通断的实质是测量电路的电阻值，故测量前 LCD 显示屏显示“OL Ω”

续表

序号	步骤	图例	操作说明	备注
3	进行测量	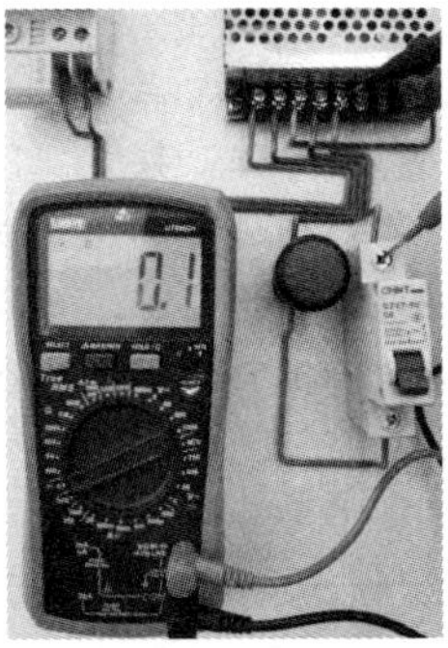	测量前必须切断电源，不能带电测量。如果电路中有电容，应将两个测量点短接，进行放电处理。测量时，被测电路不能有并联支路，以免影响结果的准确性	测量时，操作者的双手不能接触表笔的金属部分，以免将人体电阻并联在被测电路的两端，造成误差
4	观察或聆听		测量时，如果电路导通性能良好，则蜂鸣器连续蜂鸣，红色二极管发光指示	如果被测电路的电阻 >50 Ω，则认为电路断路，蜂鸣器无声。只有当电阻≤ 10 Ω 时，认为电路导通性能良好
5	测量完毕，整理仪表	同表 4-4-1 第 6 步		

五、二极管极性的判断

用万用表判断二极管极性的方法和步骤见表 4-4-5。

表 4-4-5　判断二极管极性的方法和步骤

序号	步骤	图例	操作说明	备注
1	准备工作	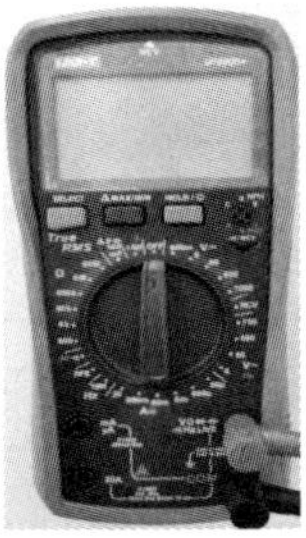	将万用表平放，红表笔插入“V/Ω”插孔，黑表笔插入“COM”插孔	UT890D+ 型数字便携式万用表的二极管测量和其他电量测量共用插孔

续表

序号	步骤	图例	操作说明	备注
2	选择挡位		将量程开关拨至“•)))”量程挡位。按“SELECT”按键，对二极管 ▶|/通断•)))量程进行切换。LCD 显示屏显示“.OL V”	因测量二极管的实质是测量二极管 PN 结的电压降，故测量前，LCD 显示屏显示“.OL V”
3	测量二极管正反向电阻	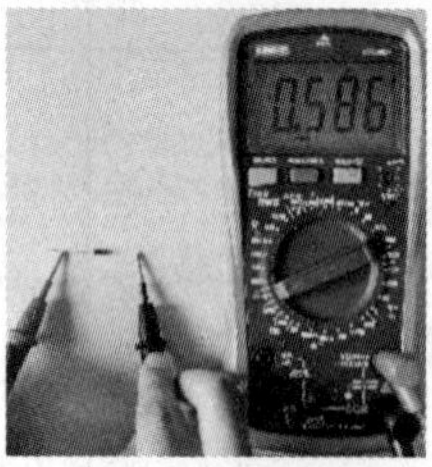 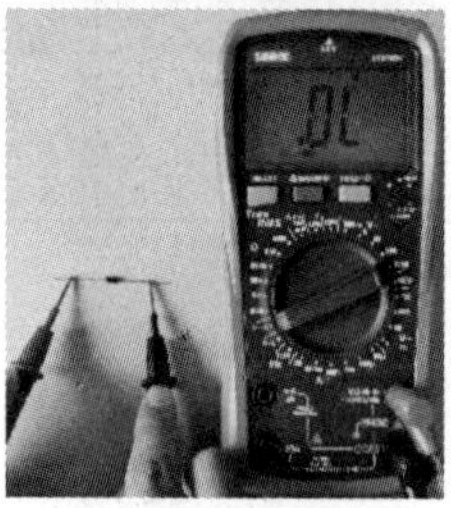	测量时，先用万用表两只表笔碰触二极管两端。调换表笔，再次测量	万用表红表笔连接内部电池正极，黑表笔连接内部电池负极
4	观察读数	 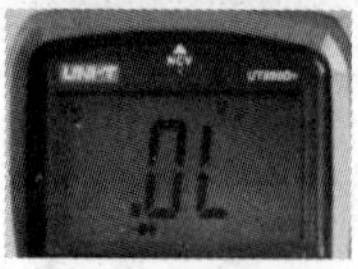	如果正向连接，LCD 显示屏显示该二极管 PN 结的电压降；如果反向连接或二极管开路，LCD 显示屏显示“.OL”	对硅二极管，一般显示值为 0.5 ~ 0.8 V 时可确认为正常。读数显示瞬间蜂鸣器“嘀”一声响
5	测量完毕，整理仪表	同表 4–4–1 第 6 步		

六、三极管放大倍数的测量

用万用表测量三极管放大倍数的方法和步骤见表 4–4–6。

表 4-4-6 测量三极管放大倍数的方法和步骤

序号	步骤	图例	操作说明	备注
1	准备工作		将万用表平放	UT890D+ 型数字便携式万用表的三极管放大倍数测量有专用插孔
2	选择挡位		将量程开关拨至“hFE”量程挡位。LCD 显示屏显示“0 β”	因万用表内部是电池供电，故测量三极管放大倍数实质是测量三极管的直流放大倍数
3	将三极管插入插孔	 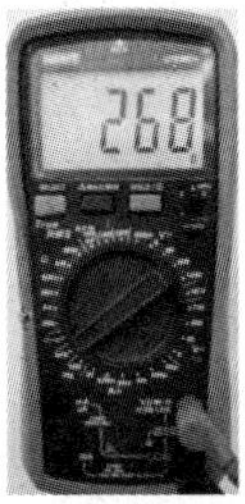	将被测三极管（NPN 型或 PNP 型）的发射极、基极、集电极插入对应的四脚插座中，并保证接触良好	如果插入后不能显示数值，则可能是三极管管型或发射极、基极、集电极判断失误
4	观察读数	 	上图是 NPN 型三极管的放大倍数，下图是 PNP 型三极管的放大倍数	LCD 显示屏显示的是被测三极管 h_{FE} 的近似值
5	测量完毕，整理仪表	同表 4-4-1 第 6 步		

七、电容的测量

用万用表测量电容的方法和步骤见表 4–4–7。

表 4–4–7　测量电容的方法和步骤

序号	步骤	图例	操作说明	备注
1	准备工作		将万用表平放，红表笔插入“V/Ω”插孔，黑表笔插入“COM”插孔	（1）UT890D+ 型数字便携式万用表的电容测量和其他电量测量共用插孔 （2）将被测电容内的残余电荷放尽，以免损坏万用表
2	选择挡位		将量程开关拨至“⊣⊢”量程挡位。LCD 显示屏显示“0 nF Auto”	LCD 显示屏显示“Auto”，实质是根据电容容量的大小自动切换 μF 或 mF
3	测量电容		用红黑表笔碰触电容的两端	对于大容量电容，需要数秒时间后显示值方能稳定，这属于正常现象
4	观察读数		待显示值稳定后，方可读数。该电容器的容量为 47.51 μF	被测电容短路或容量超过最大量程时，LCD 显示屏显示“OL”
5	测量完毕，整理仪表	同表 4–4–1 第 6 步		

八、非接触交流电场的测量

用万用表测量非接触交流电场的方法和步骤见表 4–4–8。

表 4-4-8 测量非接触交流电场的方法和步骤

序号	步骤	图例	操作说明	备注
1	准备工作	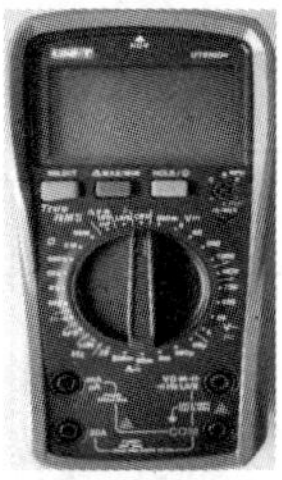	将万用表平放。检测非接触交流电场时，红黑表笔无须插入插孔	使用前，保证万用表内部电池电压充足
2	选择挡位		将量程开关拨至“NCV”挡位	NCV：采用电磁或电场感应的原理判断是否有电压的存在。类似于感应测电笔的功能
3	进行测量	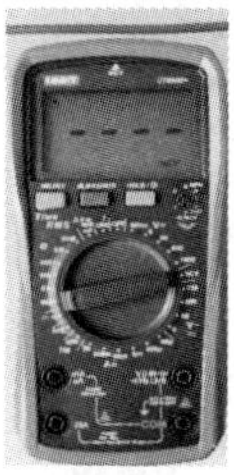 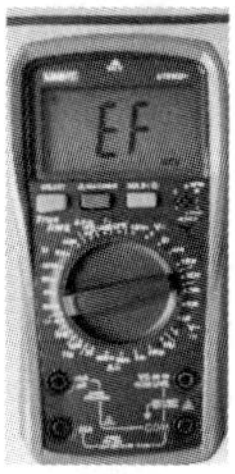	将万用表的顶端靠近带电物体进行检测	适合判断较高的交流电压，只用于判断有没有交流电压的存在
4	观察读数	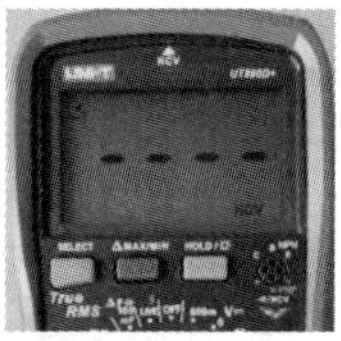 	LCD 显示屏以“–”笔段代表被测电场的强度，分为 5 个等级。随着电场强度的变化，蜂鸣器和 LED 指示灯同步改变发声和闪烁的频率。“EF”表示被测导线无电场，“– – – –”表示电场的强度最大	被测电场的强度越大，蜂鸣器的蜂鸣频率和 LED 闪烁的频率越高
5	测量完毕，整理仪表	同表 4-4-1 第 6 步		

九、频率的测量

用万用表测量频率的方法和步骤见表 4-4-9。

表 4-4-9 测量频率的方法和步骤

序号	步骤	图例	操作说明	备注
1	准备工作		将万用表平放，红表笔插入“V/Ω”插孔，黑表笔插入“COM”插孔	UT890D+ 型数字便携式万用表的频率测量和其他电量测量共用插孔
2	选择挡位	 a)  b)	（1）图 a 中，将量程开关拨至“Hz”量程挡位。LCD 显示屏显示“0 Hz Auto” （2）图 b 中，将量程开关拨至“V ~”量程挡位，通过“SELECT”按键，对交流电压 / 频率量程进行切换。LCD 显示屏显示“0 Hz Auto”	（1）当测量的频率信号 <30 V 时，选择“Hz”挡位，测量范围在 10 Hz ~ 10 MHz 之间 （2）当测量的频率信号为 >30 V 的高压频率时，选择“V ~”挡位
3	测量频率	 a)	（1）图 a 中，将红黑表笔跨接在信号源的两端	测量高压频率时，应注意人身和设备安全

续表

序号	步骤	图例	操作说明	备注
3	测量频率	 b)	（2）图 b 中，将红黑表笔跨接在交流电源的两端	
4	观察读数	 a)  b)	（1）图 a 中，显示的被测频率值为 1.999 kHz （2）图 b 中，显示的被测交流电源频率值为 50.04 Hz	（1）测量信号源的频率时，要注意屏蔽 （2）测量交流电源的频率时，要注意安全
5	测量完毕，整理仪表	同表 4-4-1 第 6 步		

十、相线 / 零线的判断

用万用表判断相线 / 零线的方法和步骤见表 4-4-10。

表 4-4-10　判断相线 / 零线的方法和步骤

序号	步骤	图例	操作说明	备注
1	准备工作		将万用表平放，红表笔插入“V/Ω”插孔，黑表笔悬空	UT-890D+ 型数字便携式万用表的相线 / 零线判断和其他电量测量共用插孔
2	选择挡位		将量程开关拨至“LIVE”挡位，LCD 显示屏显示“---- AC”	为了避免“COM”输入端干扰判断的准确程度，黑表笔勿插入“COM”插孔

续表

序号	步骤	图例	操作说明	备注
3	进行测量		将红表笔触及插座或导线的金属部位	（1）测量时，注意人身和设备安全 （2）“LIVE”表示相线
4	观察读数		（1）当检测到相线时，LCD 显示屏显示“LIVE”，并有声光提示 （2）当检测到零线时，LCD 显示屏显示“– – – –”	当检测到导线交流电场的电压 >70 V 时，才能识别为相线。即使万用表未将其判断为相线时，也必须注意安全
5	测量完毕，整理仪表	同表 4–4–1 第 6 步		

十一、其他功能的说明

万用表其他功能的说明见表 4–4–11。

表 4–4–11　其他功能的说明

序号	操作说明
1	万用表开机 2 s 内进行自检，自检结束后进入正常测量功能，方可使用
2	当测量的直流电压≥ 1 000 V，交流电压≥ 750 V，直流 / 交流电流 >20 A 时，蜂鸣器持续蜂鸣，警示量程处于极限
3	在测量过程中，若万用表持续 15 min 未使用，则自动进入关机状态。在此状态下，操作任意按键或量程开关，自动唤醒开机。若不需要自动关机，则将量程开关拨至“OFF”的同时按住“SELECT”键，重新开机后自动关机功能被取消

续表

序号	操作说明
4	在自动关机前约 1 min，蜂鸣器连续发出 5 声警示音，关机前蜂鸣器发出一长声警示音
5	当万用表内部电池电压低于 2.5 V 时，LCD 显示屏显示“”电池欠压提示符号，但仍可正常使用。当电压低于 2.2 V 时，LCD 显示屏显示“”电池欠压提示符号，万用表不能正常使用

知识链接

数字式万用表使用的国际电气符号

（1）：交流或直流电量符号
（2）：警告注意安全符号
（3）：高压警示符号
（4）或：电池欠压符号
（5）：接地符号
（6）：双重绝缘符号
（7）CE：符合欧洲工会指令符号

实训 5　用万用表测量电阻、电压和电流

一、实训目的

1. 了解模拟式和数字式万用表的结构和工作原理。
2. 熟练掌握用万用表测量直流电阻、交直流电压和交直流电流的方法。

二、实训器材

模拟式万用表和数字式万用表各 1 块，单相调压器 1 台，电源变压器 1 台，整流滤波元件若干只，不同阻值的电阻若干个，电工常用工具和安全用具若干只。

三、实训内容及步骤

1. 外观检查

检查仪表的外壳、端钮、按键等是否完好无损，必要的标志和极性符号是否清晰，表内有无脱落元器件，绝缘有无破损，数字显示面板是否清晰等。

2. 测量负载电阻

将万用表量程开关置于欧姆挡适当量程，分别测量负载电阻的阻值，填入表 4-4-12 中。

表 4-4-12　负载电阻测量记录表　Ω

直流电阻挡	R_1	R_2	R_3	R_4	备注
模拟式万用表					
数字式万用表					

3. 测量电路的交直流电压和交直流电流

（1）按图 4-4-1 进行电路连接。

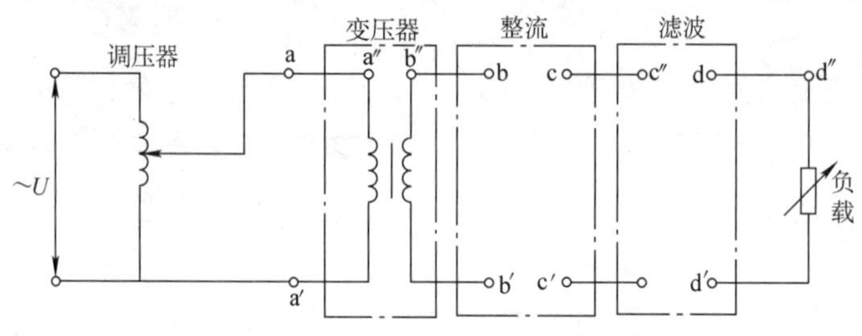

图 4-4-1　万用表电压、电流实训电路

（2）调整调压器，使之输出适当大小的电压。将万用表量程开关拨至交流电压挡适当量程，分别测量图 4-4-1 中的 a ~ a′和 b ~ b′之间的电压值，将测得的交流电压值填入表 4-4-13 中。

表 4-4-13　电压测量记录表　V

交流电压挡	a ~ a′	b ~ b′	c ~ c′	d ~ d′	备注
模拟式万用表			—	—	
数字式万用表			—	—	
直流电压挡	**a ~ a′**	**b ~ b′**	**c ~ c′**	**d ~ d′**	**备注**
模拟式万用表	—	—			
数字式万用表	—	—			

（3）将万用表量程开关拨至直流电压挡适当量程，分别测量图 4-4-1 中 c ~ c′和 d ~ d′之间的电压值，并将测得的直流电压值填入表 4-4-13 中。

（4）断开图 4-4-1 中的 a ~ a″间的电路，将万用表开关拨至交流电流挡适当量程，测量 a ~ a″间的交流电流值。将 a ~ a″间的电路连接，断开 b ~ b″之间的电路，将万用表开关拨至交流电流挡适当量程，测量 b ~ b″间的交流电流值，将两次测得的交流电流值填入表 4-4-14 中。

表 4-4-14　电流测量记录表　A

交流电流挡	a ~ a″	b ~ b″	c ~ c″	d ~ d″	备注
模拟式万用表			—	—	
数字式万用表			—	—	
直流电流挡	**a ~ a″**	**b ~ b″**	**c ~ c″**	**d ~ d″**	**备注**
模拟式万用表	—	—			
数字式万用表	—	—			

（5）断开图 4-4-1 中的 c ~ c″间的电路，将万用表开关拨至直流电流挡适当量程，测量 c ~ c″间的直流电流值。将 c ~ c″间的电路连接，断开 d ~ d″之间的电路，将万用表开关拨至直流电流挡适当量程，测量 d ~ d″间的直流电流值，将两次测得的直流电流值填入表 4-4-14 中。

4. 按照现场管理规范清理场地，归置物品。

四、实训注意事项

1. 必要时，应戴绝缘手套进行测量，并注意身体各部位与带电体保持安全距离。

2. 严禁在测量电压或电流时拨动量程开关。

3. 严禁在被测电路带电的情况下测量电阻。

4. 通电前，一定要检查电路连接是否正确，并经实训指导教师同意后方能进行通电实训。

五、实训测评

根据表 4-4-15 中的测评标准对实训进行测评，并将评分结果填入表中。

表 4-4-15　用万用表测量电阻、电压和电流实训评分标准

序号	测评内容	测评标准	配分（分）	得分（分）
1	万用表面板符号含义	能正确识别万用表面板的符号	10	
2	用万用表测量直流电阻的方法、步骤和结果	能熟练使用模拟式万用表测量直流电阻，并正确读数	8	
		能熟练使用数字式万用表测量直流电阻，并能正确读数	8	

续表

序号	测评内容	测评标准	配分（分）	得分（分）
3	用万用表测量交流电压的方法、步骤和结果	能熟练使用模拟式万用表测量交流电压，并正确读数	8	
		能熟练使用数字式万用表测量交流电压，并正确读数	8	
4	用万用表测量直流电压的方法、步骤和结果	能熟练使用模拟式万用表测量直流电压，并正确读数	8	
		能熟练使用数字式万用表测量直流电压，并正确读数	8	
5	用万用表测量交流电流的方法、步骤和结果	能熟练使用模拟式万用表测量交流电流，并正确读数	8	
		能熟练使用数字式万用表测量交流电流，并正确读数	8	
6	用万用表测量直流电流的方法、步骤和结果	能熟练使用模拟式万用表测量直流电流，并正确读数	8	
		能熟练使用数字式万用表测量直流电流，并正确读数	8	
7	安全文明实训	工作环境整洁，操作习惯良好，具有安全意识，能积极参与教学活动，整体符合 6S 标准	10	
合计			100	

实训 6　万用表其他功能的应用

一、实训目的

1. 进一步熟悉万用表的结构和工作原理。
2. 熟练掌握用万用表测量其他电量的方法和步骤。

二、实训器材

模拟式万用表和数字式万用表各 1 块，电气装置照明线路 1 套，NPN 型和 PNP 型三极管各 1 只，电工常用工具和安全用具若干。

三、实训内容及步骤

1. 外观检查

检查仪表的外壳、端钮、按键等是否完好无损，必要的标志和极性符号是否清晰，表内有无脱落元器件，绝缘有无破损，数字显示面板是否清晰等。

2. 相线的判断

选择数字式万用表的“LIVE”挡位，按照相线 / 零线判断的方法和步骤，判断电气装置中照明电路的相线，并对判断出的相线作标记。（因带电作业，故操作过程中应注意人身和设备安全）

3. 非接触交流电场的测量

选择数字式万用表的“NVC”挡位，按照非接触交流电场测量的方法和步骤，判断是否存在交流电场，被测电场的强度越大，蜂鸣频率和 LED 闪烁频率越高。

4. 频率的测量

选择数字式万用表的“V ～”挡位，通过“SELECT”按键，对交流电压 / 频率量程进行切换，按照频率测量的方法和步骤测量频率。

5. 电路通断的判断

选择万用表的“•))”挡位，按照电路通断判断的方法和步骤，判断被测电路的导通性能是否良好。

6. 三极管放大倍数的测量

选择万用表的“hFE”挡位，按照三极管放大倍数测量的方法和步骤进行测量。

7. 按照现场管理规范清理场地，归置物品。

四、实训注意事项

1. 必要时，应戴绝缘手套进行测量，并注意身体各部位与带电体保持安全距离。

2. 通电前，一定要检查电路连接是否正确，并经实训指导教师同意后方能进行通电实训。

五、实训测评

根据表 4–4–16 中的测评标准对实训进行测评，并将评分结果填入表中。

表 4-4-16　用万用表测量其他电量实训评分标准

序号	测评内容	测评标准	配分（分）	得分（分）
1	用万用表面板符号含义	能正确识别数字式万用表面板的符号	15	
2	用万用表判断相线的方法和步骤	能熟练使用数字式万用表判断相线	10	
3	用万用表测量电场的方法和步骤	能熟练使用数字式万用表测量电场	10	
4	用万用表测量电路频率的方法和步骤	能熟练使用数字式万用表测量电路频率，并正确读数	10	
5	用万用表判断电路通断的方法和步骤	能熟练使用模拟式万用表判断电路通断	10	
		能熟练使用数字式万用表判断电路通断	10	
6	用万用表测量三极管放大倍数的方法和步骤	能熟练使用模拟式万用表测量三极管放大倍数，并正确读数	10	
		能熟练使用数字式万用表测量三极管放大倍数，并正确读数	10	
7	安全文明实训	工作环境整洁，操作习惯良好，具有安全意识，能积极参与教学活动，整体符合 6S 标准	15	
合计			100	

第五章
电阻的测量

电阻的测量在电工测量中十分重要，如测量线路的通断，判断电气设备和线路的故障，测量电阻阻值的变化等。工程中所测量的电阻阻值一般为 1 μΩ ～ 1 TΩ。实际工作中为了选用合适的仪表，减小测量误差，通常将电阻按其阻值大小分为三类：1 Ω 以下为小电阻，1 Ω ～ 100 kΩ 为中电阻，100 kΩ 以上为大电阻。

本章以目前应用较为广泛的数字式电阻测量仪表为主，同时兼顾对常用的指针式仪表的介绍。

§5-1　电阻测量方法的分类

学习目标

1. 了解电阻测量的常用方法。
2. 熟悉用伏安法测量直流电阻的方法及适用场合。

测量电阻的方法较多，分类的方式也较多。常用的电阻测量分类方式如下：

一、按获取测量结果的方式分类

按获取测量结果方式的不同，电阻测量方法可分为直接法、比较法和间接法三种。

1. 直接法

直接法即采用直读式仪表测量电阻的方法，如用万用表、兆欧表测量电阻。直接法测量电阻的优点是读数方便，操作简单；缺点是误差大，一些直读式仪表会受到仪表内部电源电压的影响。

2．比较法

比较法即采用比较仪表测量电阻的方法，如用直流电桥测量电阻。比较法测量电阻的优点是测量准确度高，测量范围广；缺点是操作麻烦，设备费用高。

3．间接法

间接法即先测量与电阻有关的电量，然后通过相关的公式计算出被测电阻的方法，如伏安法测量电阻。间接法测量电阻的优点是可以在给定工作状态下测量，特别适合测量非线性元器件的电阻；缺点是测量的结果还需通过计算求得。

二、按所使用的仪表分类

按所使用仪表的不同，电阻测量方法可分为万用表法、伏安法、兆欧表法、低电阻测试仪法和接地电阻测试仪法等，用不同仪表测量电阻的方法比较见表 5–1–1。

表 5–1–1　用不同仪表测量电阻的方法比较

测量方法	适用范围	优点	缺点
万用表法	中电阻	直接读数，使用方便	测量误差较大
伏安法	中电阻	能测量工作状态下元器件的电阻，尤其适用于非线性元器件（二极管）电阻的测量	测量误差较大，测量结果需要计算
兆欧表法	大电阻	直接读数，使用方便	测量误差较大
低电阻测试仪法	中、小电阻	准确度高	操作麻烦
接地电阻测试仪法	接地电阻	准确度较高，适用于测量接地电阻	操作麻烦

知识链接

用伏安法测量直流电阻

把被测电阻接上直流电源，然后用电压表和电流表分别测得电阻两端的电压 U_X 和通过电阻的电流 I_X，再根据欧姆定律计算出被测电阻的方法称为伏安法。被测电阻为

$$R_X = \frac{U_X}{I_X}$$

用伏安法测量直流电阻的电路有两种，如图 5–1–1 所示。其中，图 5–1–1a 为电压表前接电路，图 5–1–1b 为电压表后接电路。

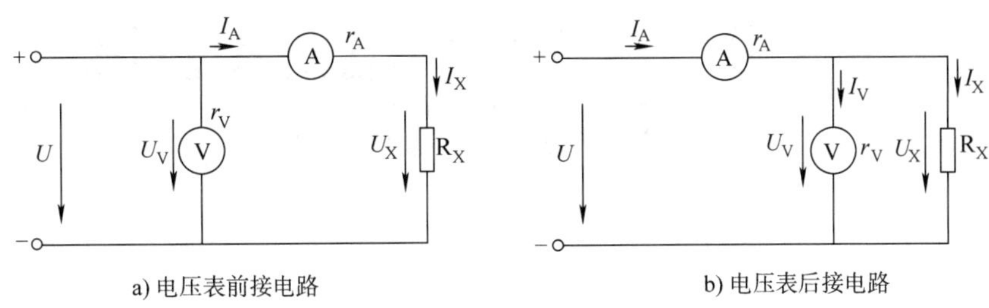

图 5-1-1　用伏安法测量直流电阻的电路

R_X—被测电阻　r_V—电压表内阻　r_A—电流表内阻

（1）电压表前接电路

图 5-1-1a 中，由于电压表接在电流表之前，电压表所测量的电压不仅包括被测电阻两端的电压，还包括电流表内阻上的电压。另外，由于电流表与被测电阻串联，故有 $I_A=I_X$。因此，按照伏安法计算出来的电阻为

$$R'_X=\frac{U_V}{I_A}=\frac{U_X+I_Xr_A}{I_X}=R_X+r_A$$

计算结果包括了电流表的内阻 r_A，于是产生了测量方法上的误差，导致测量值比实际值大。显然，只有在 $R_X>>r_A$ 的条件下，才有 $R'_X\approx R_X$。因此，电压表前接电路适用于被测电阻很大（远大于电流表内阻）的情况。

（2）电压表后接电路

图 5-1-1b 中，由于电压表接在电流表之后，则通过电流表的电流不仅包括通过被测电阻的电流 I_X，还包括通过电压表的电流 I_V。另外，由于电压表与被测电阻并联，故有 $U_V=U_X$。因此，按照伏安法计算出来的电阻应为

$$R'_X=\frac{U_V}{I_A}=\frac{U_X}{I_X+I_V}=\frac{1}{\frac{I_X+I_V}{U_X}}=\frac{1}{\frac{I_X}{U_X}+\frac{I_V}{U_V}}=\frac{1}{\frac{1}{R_X}+\frac{1}{r_V}}$$

可见，测量的电阻是被测电阻 R_X 和电压表内阻 r_V 并联的电阻，因而也会产生误差，导致测量值比实际值 R_X 小。只有在 $R_X<<r_V$ 的条件下，才有 $R'_X\approx R_X$。因此，电压表后接电路适用于被测电阻很小（远小于电压表内阻）的情况。

小提示

用伏安法测量电阻，虽然需要计算且测量误差较大，但它能在通电的状态下测量电阻，这在有些场合是很有实际意义的。如测量非线性元器件（二极管、三极管等）的电阻时就十分方便。另外，二极管和三极管的特性曲线也可以通过伏安法绘制出来。

§5-2 直流单臂电桥和直流低电阻测试仪

学习目标

1. 熟悉直流单臂电桥和直流低电阻测试仪的结构及工作原理。
2. 掌握直流单臂电桥和直流低电阻测试仪的使用及维护方法。

电桥是一种常用的比较式仪表，它用准确度很高的元器件（如标准电阻器、电感器、电容器）作为标准量，然后用比较的方法去测量电阻、电感、电容等电路参数，因此，电桥测量的准确度很高。电桥的种类很多，可以分为交流电桥（用于测量电感、电容等交流参数）和直流电桥。直流电桥又分为直流单臂电桥和直流双臂电桥两种。

直流低电阻测试仪又称低电阻测试仪、欧姆表、微电阻计。该测试仪的测试速度快，精度高，读数直观、清晰（LCD 大字体），体积小，质量轻，可靠性强，适合在实验室、车间、工矿企业现场对直流低电阻做准确测量，可用于测量各种线圈电阻，检测各类分流器电阻等。

一、直流单臂电桥

1. 直流单臂电桥的结构及工作原理

直流单臂电桥又称惠斯登电桥，是一种专门测量中电阻的精密测量仪器。图 5-2-1 所示为直流单臂电桥电路原理图，R_X、R2、R3、R4 分别组成电桥的四个臂。其中，R_X 称为被测臂，R2、R3 构成比例臂，R4 称为比较臂。

当接通按钮开关 SB 后，调节标准电阻 R2、R3、R4，使检流计 P 的指示为零，即 I_P=0，这种状态称为电桥的平衡状态。

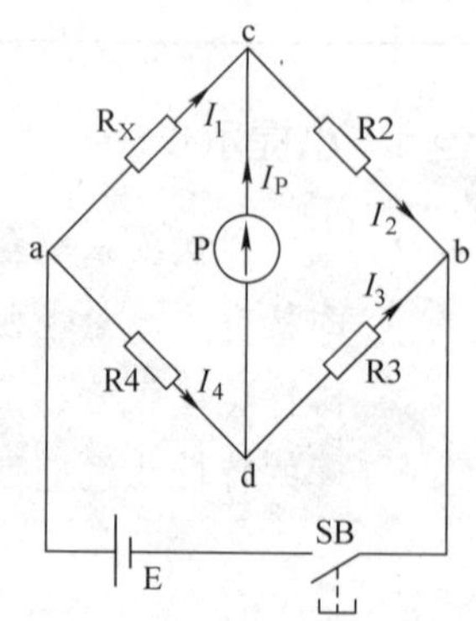

图 5-2-1 直流单臂电桥电路原理图

电桥平衡时，I_P=0，表明电桥两端 c、d 的电位相等，故有

$$U_{ac}=U_{ad}, \quad U_{cb}=U_{db}$$

即

$$I_1R_X=I_4R_4, \quad I_2R_2=I_3R_3$$

又由于电桥平衡时I_P=0，则有I_1=I_2，I_3=I_4，代入以上两式，并将两式相除，可得

$$\frac{R_X}{R_2}=\frac{R_4}{R_3}$$

或

$$R_2R_4=R_XR_3$$

上式称为电桥的平衡条件。它说明，电桥相对臂电阻的乘积相等时，电桥就处于平衡状态，检流计中的电流 I_P=0。

整理上式得

$$R_X=\frac{R_2}{R_3}R_4$$

上式说明，电桥平衡时，被测电阻 R_X= 比例臂倍率 × 比较臂读数。

小提示

由以上分析可知，提高电桥准确度的条件如下：标准电阻 R2、R3、R4 的准确度要高，检流计的灵敏度也要高，以确保电桥真正处于平衡状态。

2. 直流单臂电桥简介

QJ23 型直流单臂电桥是一种电工常用的比较式仪表，其外形及电路原理图如图 5-2-2 所示。它的比例臂 R2、R3 由八个标准电阻组成，共分为七挡，由转换开关 SA 换接。比例臂的读数盘设在面板左上方。比较臂 R4 由四个可调标准电阻组成，它们分别由面板上的四个读数盘控制，可得到 0 ~ 9 999 Ω 的任意阻值，最小步进值为 1 Ω。

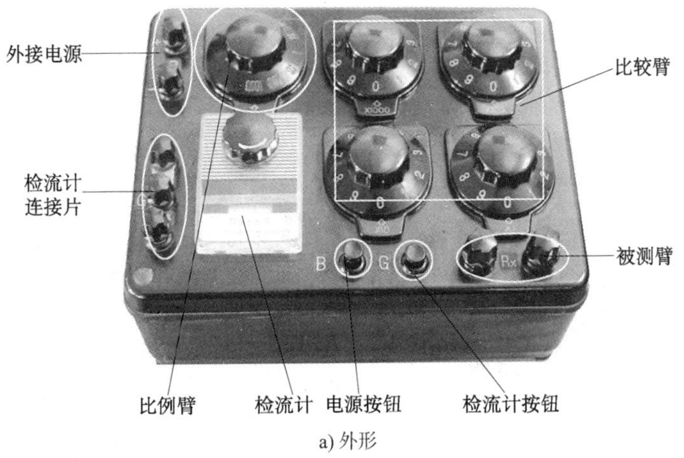

a) 外形

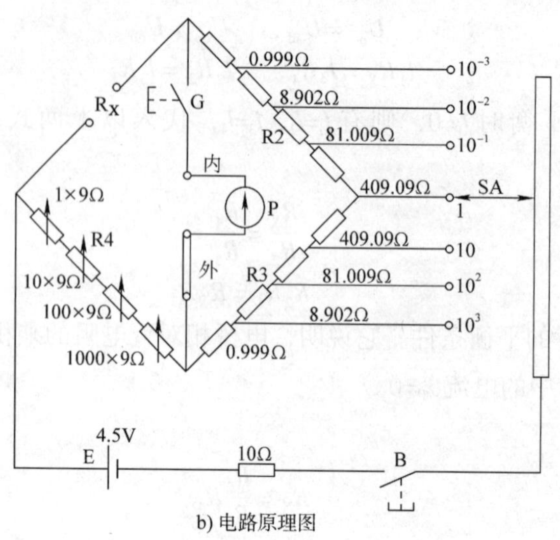

b) 电路原理图

图 5-2-2　直流单臂电桥外形及电路原理图

面板上标有“R_X”的两个端钮用来连接被测电阻。当使用外接电源时，可以从面板左上角标有“B”的两个端钮接入。如需使用外附检流计时，应用连接片将内附检流计短路，再将外附检流计接在面板左下方标有“外接”的两个端钮上。

3．直流单臂电桥的使用

直流单臂电桥的型号很多，但是操作方法基本相同。下面以常用的QJ23 型直流单臂电桥测量电动机绕组的直流电阻为例，说明其测量电阻的方法和步骤，见表 5-2-1。

表 5-2-1　用 QJ23 型直流单臂电桥测量电动机绕组的直流电阻的方法和步骤

序号	步骤	图例	操作说明	备注
1	准备工作		打开检流计机械锁扣，调节调零器，使指针指在零位	采用外接电源时，必须注意电源的极性。将电源的正、负极分别接到“+”和“–”端钮上，且不要使外接电源电压超过电桥说明书上的规定值
2	选择合适的比例臂		先用万用表估测阻值，选择适当的比例臂，使比例臂的四挡电阻都能充分利用，以获得四位有效数字的读数	估测阻值为几千欧时，比例臂选 ×1 挡；估测阻值为几十欧时，比例臂选 ×0.01 挡；估测阻值为几欧时，比例臂选 ×0.001 挡

续表

序号	步骤	图例	操作说明	备注
3	接入被测电阻		接入被测电阻时，应采用较粗、较短的导线连接，并将接头拧紧	连接一定要紧固，避免产生较大的接触电阻，引起测量误差
4	接通电路，调节比较臂		测量时应先按下电源按钮B，再按下检流计按钮G，使电桥电路接通。反复调节比较臂电阻，直至检流计指针指零	若检流计指针向“+”方向偏转，应增大比较臂电阻；反之，应减小比较臂电阻
5	计算被测电阻阻值		被测电阻阻值＝比例臂倍率×比较臂读数	电阻单位为Ω
6	测量完毕		先断开检流计按钮G，再断开电源按钮B，然后拆除被测电阻，比较臂回到零位，最后锁上检流计的机械锁扣。机械锁扣的作用是防止搬动时振坏检流计	对于没有机械锁扣的检流计，应将检流计按钮G按下并锁住

4. 直流单臂电桥的维护

（1）每次测量结束后，都应将仪表盒盖盖好，存放于干燥、避光、无振动的场合。

（2）发现电池电压不足时应及时更换，否则将影响电桥的灵敏度。

（3）当采用外接电源时，必须注意电源的极性。将电源的正、负极分别接到“+”和“-”端，且不要使外接电源电压超过电桥说明书上的规定值，否则有可能烧坏桥臂电阻。

（4）因检流计属于精密仪表，因此，搬动电桥时应小心，做到轻拿轻放，否则易使检流计损坏。

二、直流低电阻测试仪

由于使用电桥法测量变压器绕组及大功率电感设备的直流电阻费时费力，且精度不高，因此，直流低电阻测试仪便取而代之，成为测量变压器绕组和大功率电感设备直流电阻的理想仪器。

UT620 系列直流低电阻测试仪有 UT620A 型和 UT620B 型两种。UT620A 型测量电流可以达到 5 A、10 μΩ 分辨率，UT620B 型测量电流可以达到 10 A、1 μΩ 分辨率，下面以 UT620A 型直流低电阻测试仪为例进行介绍。

1．直流低电阻测试仪的结构和工作原理

UT620A 型直流低电阻测试仪如图 5-2-3 所示。前面板包括 LCD 显示屏、功能按键，顶部有测试连接端口，后面板包括电池盒等。

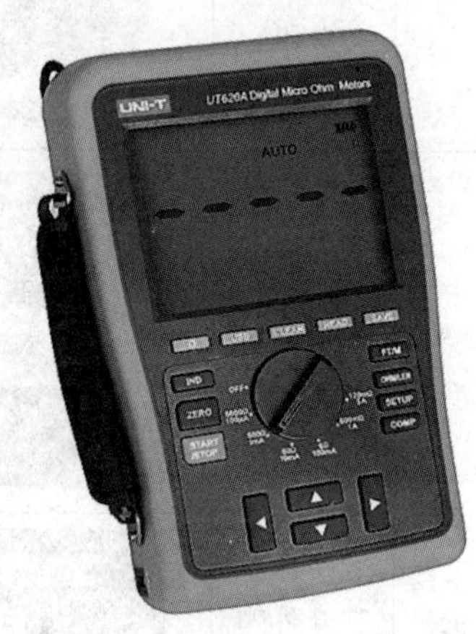

图 5-2-3　UT620A 型直流低电阻测试仪

UT620A 型直流低电阻测试仪采用四线测量技术，是专门用于测量直流低电阻的仪器，对各种线圈电阻的测量精度较高。该低电阻测试仪具有以下特点：具有比较功能，能自动判断测量对象是否合格；具有电线长度估算功能（FT/M），用测试结果来推断更长未知线缆的长度；采用 USB 接口输出，仪表能与 PC 双向交换数据；内置可充电锂电池，可循环使用。UT620A 型直流低电阻测试仪可以用于窄小空间的室内环境，可以方便地进行现场故障的排查，如金属镀层电阻测量、电动机及小型变压器的绕组电阻测量、接地系统连接点的检测、电焊接点的完整性检测、断路器和开关的接触电阻测量、航天器和铁轨焊接点质量检测、接线端子与导线连接电阻测量、蓄电池并联连接检测、配电盘母线及导线接点检测等。

直流低电阻测试仪的原理如图 5-2-4 所示。

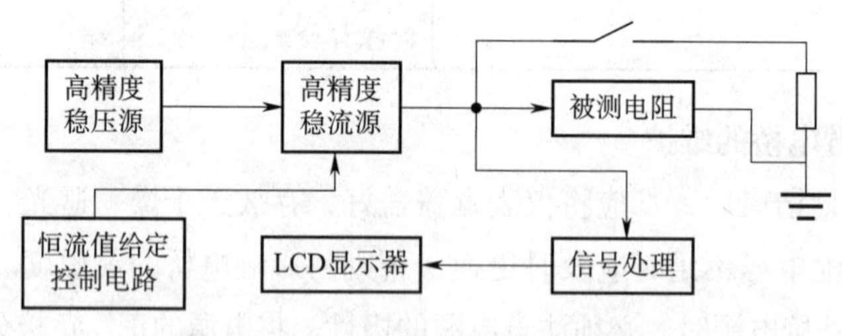

图 5-2-4　直流低电阻测试仪的原理

其中，高精度稳压源是高精度低纹波电源，可以提供 10 A 的电流输出。高精度稳流源输出的电流受恒流值给定控制电路的控制。当选择不同挡位时，就输出不同的稳定电流。当恒流电流通过被测电阻时，在被测电阻上产生稳定的电压信号，该信号经处理后由 LCD 显示器直接显示出电阻阻值。

2．按键功能和测试端口

UT620A 型直流低电阻测试仪的结构如图 5-2-5 所示，其功能说明见表 5-2-2。

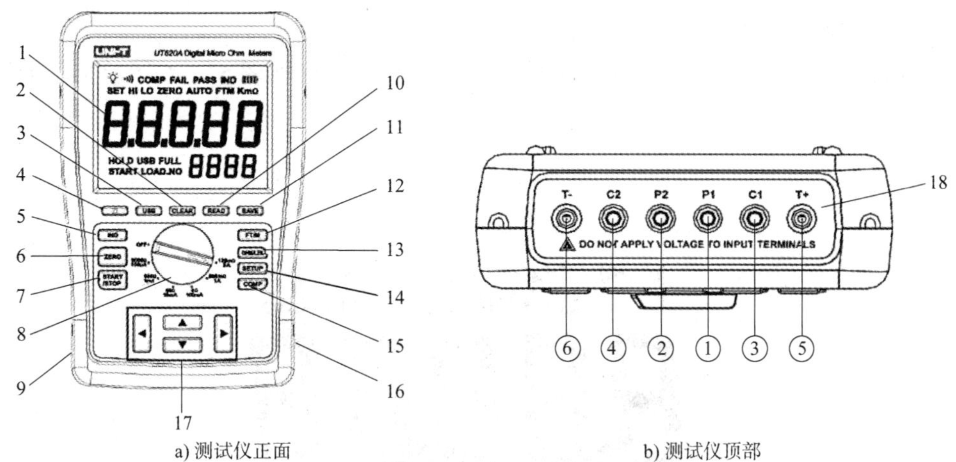

a) 测试仪正面　　b) 测试仪顶部

图 5-2-5　UT620A 型直流低电阻测试仪的结构

表 5-2-2　UT620A 型直流低电阻测试仪功能说明

序号	符号	功能
1	LCD 显示屏	$4\frac{5}{6}$位液晶显示，带背光显示
2	CLEAR	清除、删除按键
3	USB（按键）	通信开启 / 关闭按键
4		背光开启 / 关闭按键
5	IND	感性电阻测试键
6	ZERO	清零按键
7	START/STOP	测量开始 / 停止按键
8		手动量程选择开关
9	USB（接口）	数据 / 信号输出接口
10	READ	数据读取按键
11	SAVE	数据保存按键
12	FT/M	英尺 / 米转换按键
13	OHM/LEN	欧姆 / 长度转换按键
14	SETUP	功能设置按键
15	COMP	比较功能按键
16	DC V	电源适配器输入插孔
17		方向按键
18	测试线插孔 T- C2 P2 P1 C1 T+	①② P1 和 P2 鳄鱼夹连接端子
		③④ C1 和 C2 鳄鱼夹连接端子
		⑤⑥ T+ 和 T- 凯氏夹测试线连接端子

3. LCD 显示屏

UT620A 型直流低电阻测试仪的 LCD 显示屏显示界面如图 5-2-6 所示，显示符号的含义见表 5-2-3。

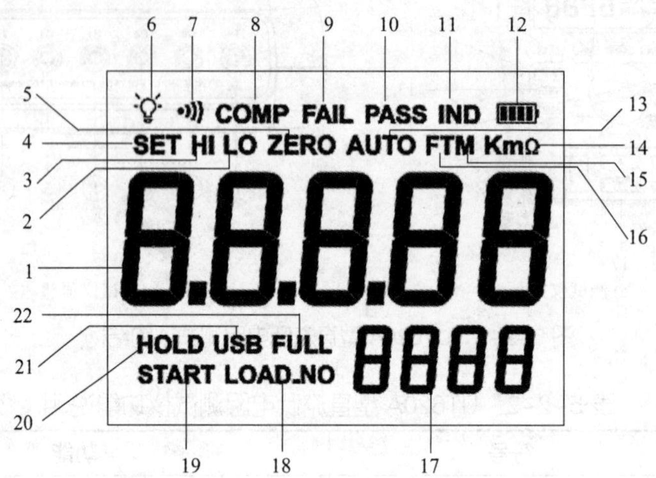

图 5-2-6 UT620A 型直流低电阻测试仪的 LCD 显示屏显示界面

表 5-2-3 UT620A 型直流低电阻测试仪的 LCD 显示屏显示符号含义

序号	符号	含义	序号	符号	含义
1	8.8.8.8.8	测量数据值显示区	12	（电池图标）	电池电量标记
2	LO	下限值提示符	13	AUTO	自动量程提示符
3	HI	上限值提示符	14	KmΩ	单位提示符，kΩ 或 mΩ
4	SET	设置符	15	M	“米”单位提示符
5	ZERO	清零提示符	16	FT	“英尺”单位提示符
6	（灯泡图标）	背光灯显示符	17	8888	数据记录编号显示区
7	•)))	蜂鸣器开启提示符	18	LOAD.NO	数据编号提示符
8	COMP	比较功能提示符	19	START	测量开始提示符
9	FAIL	未通过（不合格）提示符	20	HOLD	读数保持提示符
10	PASS	通过（合格）提示符	21	USB	通信开启 / 关闭提示符
11	IND	感性测试提示符	22	FULL	记录数据已满提示符

4. 直流低电阻测试仪的使用

UT620A 型直流低电阻测试仪所用电池为充电电池，第一次使用前，必须充电 10 h 以上方可使用。

小提示

UT620A 型直流低电阻测试仪的充电方法如下：

（1）将旋钮开关从“OFF”挡旋至任意电阻挡，LCD 显示屏显示“AUTO Ω”，测量数据值显示区显示“-----”。

（2）将电源适配器插入测试仪电源适配器输入插孔。

（3）充电时，LCD 显示屏循环显示充电符号。具体如图 5-2-7 所示。

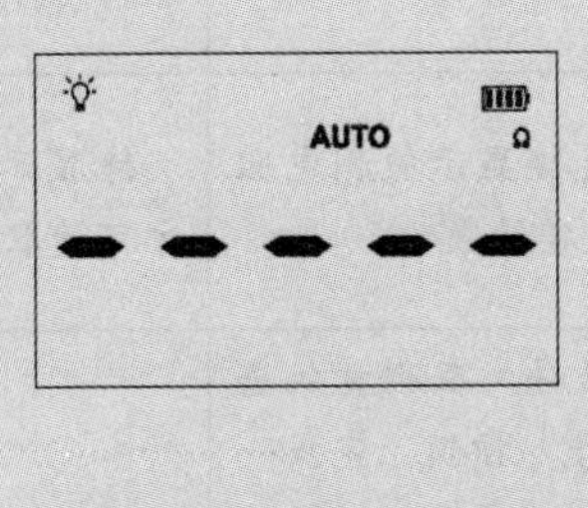

a) 待测界面

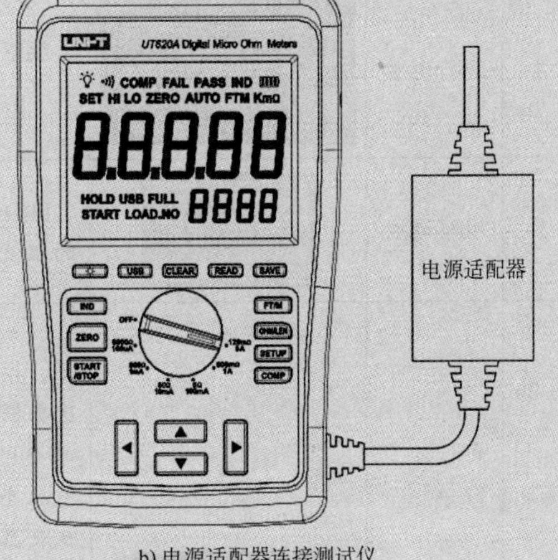

b) 电源适配器连接测试仪

图 5-2-7 UT620A 型直流低电阻测试仪充电的方法

UT620A 型直流低电阻测试仪测量电阻的方法和步骤见表 5-2-4。

表 5-2-4 UT620A 型直流低电阻测试仪测量电阻的方法和步骤

序号	步骤	图例	操作说明	备注
1	准备工作		将凯氏夹测试线（标配件）连接仪表的 T+、T- 端子，有鳄鱼夹的一端连接被测电阻两端	可以使用四线测试探针（选配件）测量电阻，也可以使用鳄鱼夹（自备件）测量电阻

续表

序号	步骤	图例	操作说明	备注
2	数据清零		在待测界面下，将凯氏夹短接，按下“START/STOP”按键，当数据稳定后，按下“ZERO”按键，清零完成	各挡位的清零方法完全相同
3	选择挡位		将旋钮开关旋至适当的挡位	选择挡位前，应估测被测电阻的阻值
4	进行测量	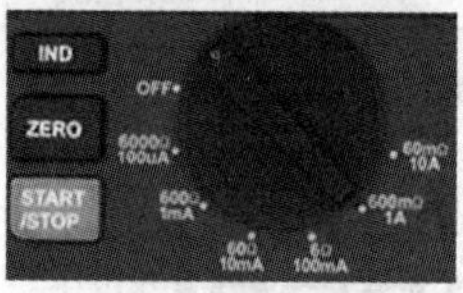	按下“START/STOP”按键开始测量	连续测试一段时间后，数据将自动保持（HOLD）
5	观察读数		LCD显示屏直接显示被测电阻的阻值，可以直接读数	待显示值稳定后方可读取
6	数据处理		（1）数据的保存。在测量状态下，按下“SAVE”按键，完成一次数据的保存 （2）数据的读取。在待测或测量状态下，按下“READ”按键，仪表显示最后一条被保存的数据 （3）数据的清除。在查看保存数据的过程中，短时按下“CLEAR”按键，当前显示的数据被清除；长时按下“CLEAR”按键，提示是否全部清除数据，再按下“CLEAR”按键，所有保存的数据被清除	（1）数据只能保存1 000条 （2）在数据读取的过程中，按下方向按键，可以显示不同的保存数据。如果没有存储任何数据，则显示“LOAD NO_”
7	测量完毕，整理仪表		将选择开关置于“OFF”位置，拆除连接的测试线	

5. 直流低电阻测试仪的维护

（1）直流低电阻测试仪属于精密仪表，应避免碰撞、重击及在潮湿、强电、磁场、油污和灰尘环境中使用。

（2）测试仪工作时，若LCD显示屏出现"▭"符号，应及时插上电源适配器，以防止突然断电导致测试仪损坏或数据丢失。

（3）若长时间不使用测试仪，应将旋钮开关置于"OFF"位置，以防止电池电量耗尽，影响电池的使用寿命。

实训7 用直流单臂电桥和直流低电阻测试仪测量直流电阻

一、实训目的

1. 熟悉直流单臂电桥和直流低电阻测试仪的结构和使用方法。
2. 能用直流单臂电桥和直流低电阻测试仪测量电阻。

二、实训器材

直流单臂电桥和直流低电阻测试仪各1台，万用表1块，三相鼠笼式交流异步电动机1台，小型单相变压器1台，中电阻若干。

三、实训内容及步骤

1. 外观检查

检查仪表的外壳、端钮、按键等是否完好无损，必要的标志和极性符号是否清晰，表内有无脱落元器件，绝缘有无破损等。观察直流单臂电桥和直流低电阻测试仪面板的布置，了解各旋钮、开关的作用。

2. 测量电阻阻值

用万用表估测两个被测电阻R1、R2的数值后，用直流单臂电桥和直流低电阻测试仪分别测量各电阻的阻值，并将测量结果填入表5-2-5中。

3. 测量电动机绕组阻值

用万用表估测电动机绕组电阻r1的数值后，用直流单臂电桥和直流低电阻测试仪分别测量其直流电阻，并将测量结果填入表 5-2-5 中。

4. 测量单相变压器绕组阻值

用万用表估测单相变压器绕组电阻 r2 的数值后，用直流单臂电桥和直流低电阻测试仪分别测量其直流电阻，并将测量结果填入表 5-2-5 中。

表 5-2-5　测量结果记录　Ω

测量对象	万用表测量值	直流单臂电桥测量值	直流低电阻测试仪测量值
电阻 R1			
电阻 R2			
电动机绕组电阻 r1			
变压器绕组电阻 r2			

5. 按照现场管理规范清理场地，归置物品。

四、实训注意事项

通电前，一定要检查电路连接是否正确，并经实训指导教师同意后方能进行通电实训。

五、实训测评

根据表 5-2-6 中的测评标准对实训进行测评，并将评分结果填入表中。

表 5-2-6　用直流单臂电桥和直流低电阻测试仪测量直流电阻的实训评分标准

序号	测评内容	测评标准	配分（分）	得分（分）
1	仪表面板符号含义	能正确识别直流低电阻测试仪和直流单臂电桥面板的符号	20	
2	用直流单臂电桥测量直流电阻的方法和步骤	能熟练使用直流单臂电桥测量直流电阻，并正确读数	30	
3	用直流低电阻测试仪测量直流电阻的方法和步骤	能熟练使用直流低电阻测试仪测量直流电阻，并正确读数	30	

续表

序号	测评内容	测评标准	配分（分）	得分（分）
4	安全文明实训	工作环境整洁，操作习惯良好，具有安全意识，能积极参与教学活动，整体符合6S标准	20	
合计			100	

§5-3 兆欧表和绝缘电阻测试仪

学习目标

1. 熟悉兆欧表和绝缘电阻测试仪的结构及工作原理。
2. 掌握兆欧表和绝缘电阻测试仪的使用方法及使用注意事项。
3. 了解电气设备绝缘电阻的标准。

在实际工作中，要测量电气设备绝缘性能的好坏，往往需要测量它的绝缘电阻。正常情况下，电气设备的绝缘电阻数值都非常大，通常为几兆欧甚至几百兆欧，远远大于万用表欧姆挡的有效量程。在此范围内，万用表欧姆刻度的非线性会造成很大的误差。另外，由于万用表内部的电池电压太低，而在低电压状态下测量的绝缘电阻不能反映高电压状态下绝缘电阻的真正数值。因此，电气设备的绝缘电阻必须用一种本身具有高压电源的仪表进行测量，这类仪表主要有兆欧表和绝缘电阻测试仪。

一、兆欧表

1. 兆欧表的结构

兆欧表是一种专门用于测量电气设备绝缘电阻的便携式仪表。一般的兆欧表主要由手摇直流发电机、磁电系比率表以及测量线路组成。手摇直流发电机的额定电压主要有500 V、1 000 V、2 500 V等几种。手摇直流发电机上装有离心调速装置，能使转子恒速转动。兆欧表的测量机构通常采用磁电系比率表，它的主要构造包括一个永久磁铁和两个固定在同一转轴上且彼此相差一定角度的线圈。电路中的电流通过无力矩的游丝分别进入两个线圈，使其中一个线圈产生转动力矩，另一个线圈产生反作用力矩。仪表气隙内的磁场是不均匀的，这样的结构可以使仪表可动部分的偏转角 α 与两个线圈中电流的比率有关，所以称为磁电系比率表。兆欧表的外形和内部结构如图 5-3-1 所示。

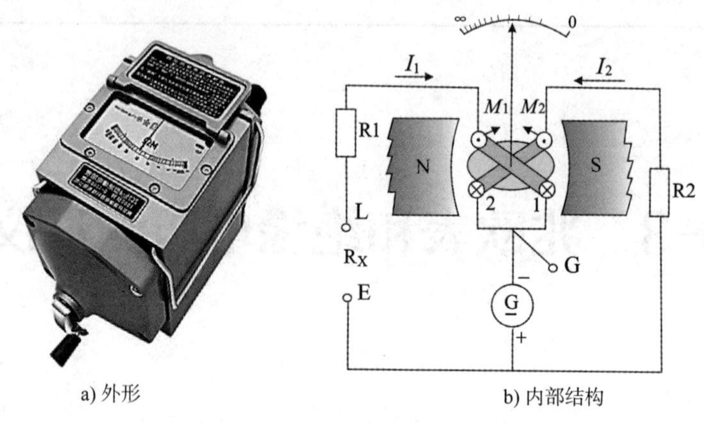

a) 外形　　b) 内部结构

图 5-3-1　兆欧表的外形和内部结构

小提示

目前生产的兆欧表也有很多采用手摇交流发电机的，其输出的交流电压经过倍压整流后供给测量线路使用，倍压整流电路如图 5-3-2 所示。由于采用倍压整流，所需的交流电压只是直流发电机电压的一半，因此被广泛使用。

另外，还有用 220 V 交流电压作为电源或用电池作为电源的兆欧表。但是不论采用何种电源，最终都要转换成直流电压。

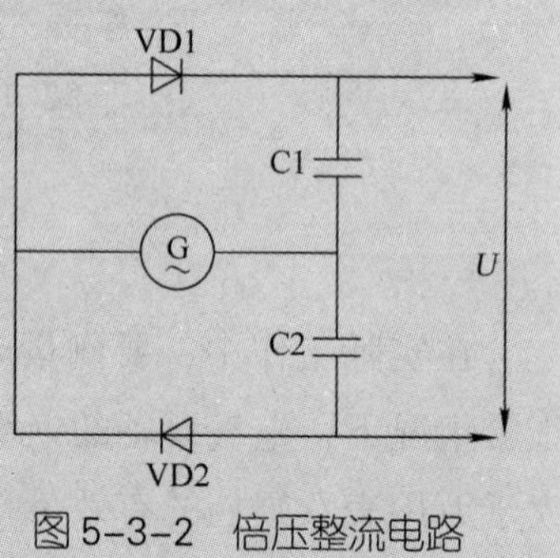

图 5-3-2　倍压整流电路

2. 兆欧表的工作原理

使用兆欧表时，被测电阻 R_X 接在线路接线柱 L 与接地接线柱 E 两端钮之间。摇动直流发电机的手柄，发电机两端产生较高的直流电压，线圈 1 和线圈 2 同时通电。通过线圈 1 的电流 I_1 与气隙磁场相互作用产生转动力矩 M_1；通过线圈 2 的电流 I_2 也与气隙磁场相互作用产生反作用力矩 M_2，转动力矩 M_1 与反作用力矩 M_2 方向相反。因为气隙磁场是不均匀的，所以转动力矩 M_1 不仅与通过线圈 1 的电流 I_1 成正比，还与线圈 1 所处的位置（用指针偏转角 α 表示）有关，即

$$M_1 = I_1 f_1 (\alpha)$$

同理可得

$$M_2 = I_2 f_2 (\alpha)$$

由于转动力矩 M_1 与反作用力矩 M_2 方向相反，当 M_1=M_2 时，可动部分平衡。此时 $I_1 f_1(\alpha) = I_2 f_2(\alpha)$，可整理为

$$\frac{I_1}{I_2} = \frac{f_2(\alpha)}{f_1(\alpha)} = f(\alpha)$$

由此可得

$$\alpha = F\left(\frac{I_1}{I_2}\right)$$

上式说明，兆欧表指针的偏转角 α 只取决于两个线圈电流的比值，而与其他因素无关，所以兆欧表能够克服手摇发电机电压不太稳定的问题。因为 I_2 的大小一般不变，而 $I_1 = \frac{U}{R_1 + R_X}$ 随被测绝缘电阻 R_X 的改变而变化，所以可动部分的偏转角 α 能直接反映被测绝缘电阻的数值。

特别地，当 R_X=0 时，相当于线路接线柱 L 与接地接线柱 E 两接线端短路，只要适当选择 R_1 的数值，就能使指针平衡，并指在欧姆“0”的位置。当 R_X= ∞时，相当于 L 与 E 两接线端开路，I_1=0，而 I_2 在气隙磁场中受力产生 M_2，根据左手定则，M_2 将使线圈 2 逆时针转动至欧姆“∞”位置。接通 R_X 后，开始时 M_1>M_2，指针按 M_1 方向顺时针转动。由于磁场不均匀，M_1 将逐渐减弱，M_2 逐渐增强，当 M_1=M_2 时，指针就停留在某一位置，指示出被测电阻的大小。可见，兆欧表的标度尺为反向刻度，如图 5-3-3 所示。

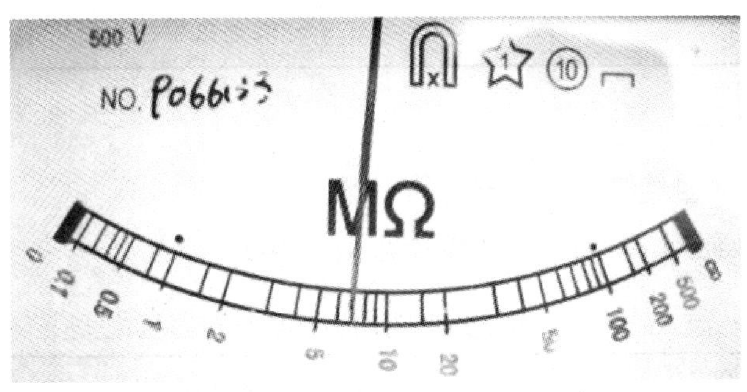

图 5-3-3　兆欧表的标度尺

3. 常用的兆欧表

ZC25 型携带式兆欧表为较常用的兆欧表，适用于测量各种电机、电缆、变压器、电器元器件、家用电器和其他电气设备的绝缘电阻。该表内部采用手摇交流发电机，通过整流和滤波电路将交流电转换成仪表所需要的直流电。ZC25 型兆欧表主要有 ZC25-1、ZC25-2、ZC25-3 和 ZC25-4 四种规格，可以根据需要选择不同规格的兆欧表。其外形和内部电路如图 5-3-4 所示，不同规格兆欧表的额定输出电压、测量范围和测量对象见表 5-3-1。

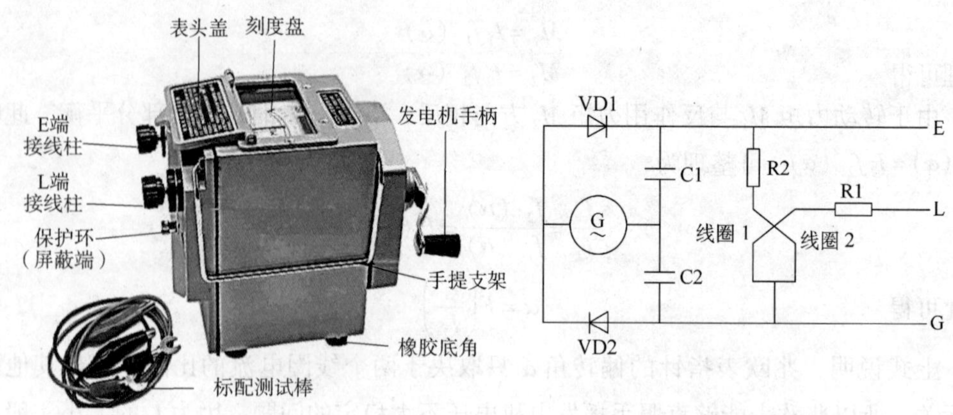

a) 外形　　　　b) 内部电路

图 5-3-4　ZC25 型兆欧表的外形和内部电路

表 5-3-1　不同规格兆欧表的额定输出电压、测量范围和测量对象

规格	额定输出电压 /V	测量范围 /MΩ	测量对象
ZC25-1	100 ± 10%	0 ~ 100	额定电压小于 100 V 的电器等
ZC25-2	250 ± 10%	0 ~ 250	额定电压小于 250 V 的电器等
ZC25-3	500 ± 10%	0 ~ 500	接触器、继电器等线圈绝缘电阻等
ZC25-4	1 000 ± 10%	0 ~ 1 000	高压线圈绝缘电阻，电力变压器、电动机、发电机的线圈绝缘电阻，电气设备的绝缘电阻等

4. 兆欧表的使用

（1）用兆欧表测量绝缘电阻的方法和步骤

用兆欧表测量绝缘电阻的方法和步骤见表 5-3-2。

表 5-3-2　用兆欧表测量绝缘电阻的方法和步骤

序号	步骤	图例	操作说明	备注
1	准备工作		选择兆欧表。一是其额定电压一定要与被测电气设备或线路的工作电压相适应，二是兆欧表的测量范围要与被测绝缘电阻的范围相符合，以免引起大的读数误差	如果用 500 V 以下的兆欧表测量高压设备的绝缘电阻，则测量结果不能正确反映其工作电压下的绝缘阻值。同样，也不能用电压太高的兆欧表去测量低压电气设备的绝缘电阻，以免损坏其绝缘

续表

序号	步骤	图例	操作说明	备注
2	接线	接地接线柱E 屏蔽接线柱G 线路接线柱L	兆欧表有三个接线柱，分别标有字母L（线路）、E（接地）和G（屏蔽），使用时应按测量对象的不同来选用	当测量电气设备对地（金属外壳）的绝缘电阻时，应将L接到被测设备上，并将E可靠接地（金属外壳）
3	开路检查	表笔分开	在兆欧表未接被测电阻前，摇动手柄使发电机达到120 r/min的额定转速，观察指针是否指在标度尺的“∞”位置	如果指针不能指在“∞”位置，说明兆欧表有故障，必须排除故障后才能使用
4	短路检查	表笔短接	在兆欧表未接被测电阻前，将线路接线柱L和接地接线柱E短接，缓慢摇动手柄，观察指针是否指在标度尺的“0”位置	如果指针不能指在“0”位置，说明兆欧表有故障，必须排除故障后才能使用。进行短路检查时，摇动手柄的时间要短，否则会烧毁交流发电机的线圈
5	进行测量		兆欧表使用时应放在平稳、牢固的地方，且远离大电流导体和磁场。摇动手柄时其接线柱间不允许短路	摇动手柄使发电机达到120 r/min的额定转速，持续时间1 min以上
6	测量完毕，整理仪表		读数完毕，停止摇动手柄，拆除测试线，将被测设备放电	放电的方法：将测量时使用的地线从兆欧表上取下，将被测设备短接即可

知识链接

兆欧表屏蔽接线柱的作用

当用兆欧表测量表面不干净或潮湿的电缆绝缘电阻时，为了能够准确测量其绝缘材料内部的绝缘电阻（即体积电阻），就必须使用屏蔽接线柱G，接法如图5-3-5所示。这样，绝缘材料表面的漏电电流I_S就会沿绝缘体表面经接线柱G直接流回电源负极。而反映体积电阻的电流I_V则会经绝缘电阻内部、接线柱L、线圈1回到电源负极。可见，屏蔽的作用是屏蔽了绝缘材料表面的漏电电流。加接屏蔽后的测量结果只反映了体积电阻的大小，因而大大提高了测量的准确度。

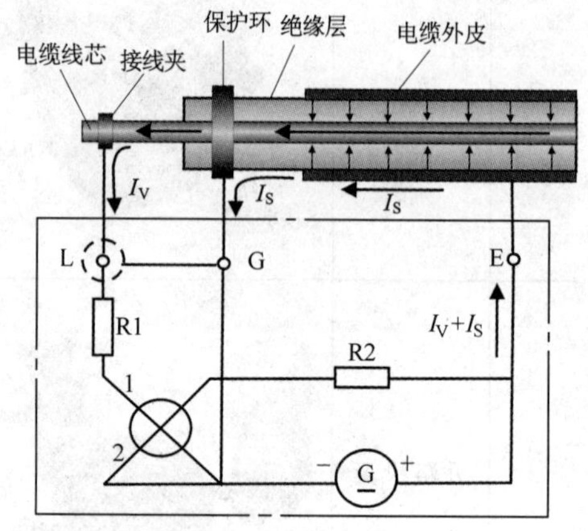

图5-3-5　屏蔽接线柱G的接法

（2）用兆欧表测量绝缘电阻的注意事项

1）测量绝缘电阻必须在被测设备和线路断电的状态下进行。对含有大电容的设备，测量前应先进行放电，测量后也应及时放电，放电时间不得小于2 min，以保证人身安全。

2）兆欧表与被测设备间的连接导线不能用双股绝缘线或绞线，应用单股线分开单独连接，以避免线间电阻引起的测量误差。

3）摇动手柄时应由慢渐快至额定转速120 r/min。在此过程中，若发现指针指零，则说明被测绝缘物发生短路事故，应立即停止摇动手柄，避免表内线圈因短路发热而损坏。

4）测量具有大电容设备的绝缘电阻时，读数后不能立即停止摇动兆欧表，以防止已充电的设备放电而损坏兆欧表。此时应在读数后一边降低手柄转速，一边拆去接地线。在兆欧表停止转动和被测设备充分放电之前，不能用手触及被测设备的导电部分。

5）测量设备的绝缘电阻时，应记录测量时的温度、湿度、被测设备的状况等，以便于分析测量结果。

6）测量绝缘电阻的结果如低于规定值，应及时进行处理，否则可能发生人身和设备安全事故。

二、绝缘电阻测试仪

1. 绝缘电阻测试仪的结构和工作原理

绝缘电阻测试仪主要用于测量电气设备、家用电器或电气线路对地及相间的绝缘电阻，以保证这些设备、电器和线路工作在正常状态，避免发生触电伤亡及设备损坏等事故。现以 UT501A 型绝缘电阻测试仪为例进行介绍，其外形如图 5-3-6 所示。

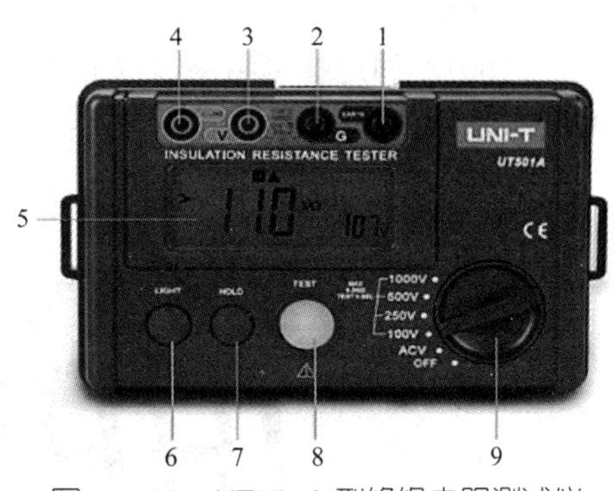

图 5-3-6 UT501A 型绝缘电阻测试仪

UT501A 型绝缘电阻测试仪是一款智能微型仪器，它集成了绝缘电阻、交流电压、低电阻等参数测量功能，适用于测量变压器、电动机、电缆、开关等各种电气设备及绝缘材料的绝缘电阻，是对各种电气设备进行维修保养、试验检定的理想仪表。

UT501A 型绝缘电阻测试仪的前面板（见图 5-3-6）包括 LCD 显示屏、功能按键、测试连接端口等，各组成部分的功能说明见表 5-3-3。后面板包括电池盒等。绝缘电阻测试仪由机内电池作为电源，经 DC/DC 变换产生一个直流高压电压，由“LINE”极输出，经被测电气设备到达“EARTH”极，从而产生一个电流，经过 I/V 变换器、除法器等完成运算，将被测的绝缘电阻阻值通过 LCD 显示屏进行显示。

表 5-3-3 UT501A 型绝缘电阻测试仪前面板各组成部分的功能说明

序号	符号		功能说明
1	EARTH		绝缘电阻测量取样端口
2	G		电压测量输入负端口
3	V		电压测量输入正端口
4	LINE		绝缘电阻测量高压输出端口
5	LCD 显示屏		液晶显示，最大读数为 1 999
6	LIGHT		背光开关按键
7	HOLD		测量数据保持按键
8	TEST		绝缘电阻测量按键
9	旋钮开关	1 000/500/250/100 V	测量绝缘电阻时，选择的输出电压等级挡位
		AC V	交流电压测量挡位
		OFF	测试仪的开关挡位

2. LCD 显示屏

UT501A 型绝缘电阻测试仪 LCD 显示屏的显示界面如图 5–3–7 所示。符号说明见表 5–3–4。

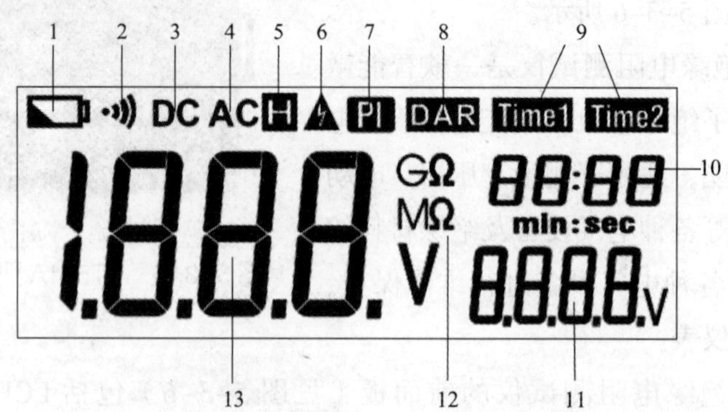

图 5–3–7　UT501A 型绝缘电阻测试仪 LCD 显示屏显示界面

表 5–3–4　UT501A 型绝缘电阻测试仪 LCD 显示屏显示界面的符号说明

序号	符号	说明	序号	符号	说明
1		电池电量符号	8	DAR	吸收比符号
2		蜂鸣器符号	9	Time1 Time2	定时器 1、2 标志
3	DC	直流符号	10	88:88 min:sec	定时时间
4	AC	交流符号	11	8.8.8.8.V	输出的测试电压
5	H	测量数据保持符号	12	GΩ MΩ V	被测量单位符号
6		高压提示符号	13	1.8.8.8.	被测量数据
7	PI	极化指数符号			

小提示

极化指数测量、吸收比测量、定时器定时只在 UT502B 型绝缘电阻测试仪中使用。

3. 绝缘电阻测试仪的使用

（1）使用前的准备

在测量绝缘电阻前，待测电路必须停电并完全放电，而且与其他电路完全隔离。若 LCD 显示屏的电池电量符号为“　”，表示电量将要耗尽，不要使用该仪表。

（2）绝缘电阻的测量

用绝缘电阻测试仪测量绝缘电阻的方法和步骤见表 5–3–5。

表 5-3-5 用绝缘电阻测试仪测量绝缘电阻的方法和步骤

序号	步骤	图例	操作说明	备注
1	准备工作		按要求连接测试电路。在测试时，由于测试仪有危险电压输出，应待手离开测试夹后，再按“TEST”按键	测试前，应确定待测电路无电。严禁在高压输出状态短路两个测试夹。严禁在高压输出后再去用测试夹连接电路
2	选择测试电压		根据被测电气设备的电压等级，合理选择 1 000/500/250/100 V 电压挡位	将红色测试笔插入“LINE”插口，黑色测试笔插入“EARTH”插口
3	连续测量绝缘电阻		按下“TEST”按键，此键自锁进行连续测量，输出绝缘电阻测试电压，同时测试灯发出红色警告。测试完毕后，再次按下“TEST”按键，解除自锁停止测量	在测量过程中，两根测试笔之间的输出电压较高，不可碰触
4	读数		此时，LCD 显示屏显示的数值就是被测绝缘电阻的阻值，可以直接读数	当显示数值 >5.5 GΩ 时，表示绝缘电阻超出测量范围
5	测量完毕，整理仪表		断开测试线与被测电路的连接，关闭测试仪电源，并从测试仪输入端拆除测试线	如果被测电路中有电容，则测试完毕后严禁碰触被测电路，因为电容存储的电量完全可以引起电击伤害

4. 绝缘电阻测试仪的使用注意事项

（1）在测量绝缘电阻前，待测电路必须放电，并且与电源电路完全隔离。

（2）测量前，应确定所有测试导线与绝缘电阻测试仪的测试端口连接牢固可靠。

（3）测量时，不可接触测试线金属导电部位。

（4）当测试线短接时，不要按下“TEST”按键。

（5）在进行绝缘电阻测量时，不可触摸待测线路。

（6）在完成绝缘电阻测量后，被测电路中储存的电荷必须加以释放。

（7）不要在高温、高湿、易燃、易爆和强磁场环境中存放或使用绝缘电阻测试仪。

知识链接

电气设备绝缘电阻标准

绝缘电阻是电气设备和电气线路最基本的绝缘指标。常温下，电动机、配电设备和配电线路的绝缘电阻不应低于0.5 MΩ（对于运行中的设备和线路，绝缘电阻不应低于1 MΩ/kV）；低压电器及其连接电缆和二次回路的绝缘电阻一般不应低于1 MΩ，在比较潮湿的环境中不应低于0.5 MΩ；手持电动工具的绝缘电阻不应低于2 MΩ。在一般的低压线路中（400 V等级及以下），新敷设线路的绝缘电阻应不低于0.5 MΩ（线与线、线与地之间）；运行中的设备、线路之间和对地的绝缘电阻，应不低于1 MΩ/kV（1 kΩ/V）。

实训8　用兆欧表和绝缘电阻测试仪测量绝缘电阻

一、实训目的

1. 熟悉兆欧表和绝缘电阻测试仪的结构和使用方法。
2. 能用兆欧表和绝缘电阻测试仪测量电气设备的绝缘电阻。
3. 能正确判断电气设备的绝缘情况。

二、实训器材

兆欧表和绝缘电阻测试仪各1只，三相交流异步电动机1台，单相变压器1台。

三、实训内容及步骤

1. 外观检查

检查仪表的外壳、端钮、按键等是否完好无损，必要的标志和极性符号是否清晰，表内有无脱落元器件，绝缘有无破损等。观察兆欧表和绝缘电阻测试仪面板的布置，了解各旋钮、开关的作用。

2. 测量三相交流异步电动机的绝缘电阻

（1）对三相交流异步电动机进行停电、验电处理。正在运行的电动机应先停电，用验电笔确认无电后，再进行测量。

（2）打开电动机接线盒盖，测量三相定子绕组间的绝缘电阻，分别测量 U/V 相、V/W 相、W/U 相之间的绝缘电阻，共需要测量三次。将测量结果填入表 5–3–6 中。

（3）测量绕组对金属外壳的绝缘电阻。分别测量 U、V、W 三相绕组对金属外壳的绝缘电阻，共需测量三次。将测量结果填入表 5–3–6 中。

表 5–3–6　电动机绝缘电阻测量结果记录表　MΩ

测量项目	U/V 相	V/W 相	W/U 相	U 相 / 金属外壳	V 相 / 金属外壳	W 相 / 金属外壳
兆欧表测量结果						
绝缘电阻测试仪测量结果						
规定值						
判断						
结论						

（4）测量完毕，装好电动机接线盒盖。整理测量现场，恢复三相交流异步电动机的运行。

3. 测量单相变压器的绝缘电阻

（1）对单相变压器进行停电、验电处理。

（2）拆除单相变压器一、二次侧的线路，测量绕组间的绝缘电阻。测量单相变压器的绝缘电阻，包括一次侧 / 二次侧、一次侧 / 金属外壳、二次侧 / 金属外壳之间的绝缘电阻，共需要测量三次。将测量结果填入表 5–3–7 中。

表 5–3–7　单相变压器绝缘电阻测量结果记录表　MΩ

测量项目	一次侧 / 二次侧	一次侧 / 金属外壳	二次侧 / 金属外壳
绝缘电阻测试仪测量结果			
兆欧表测量结果			

续表

测量项目	一次侧 / 二次侧	一次侧 / 金属外壳	二次侧 / 金属外壳
规定值			
判断			
结论			

（3）测量完毕，装好单相变压器的线路。整理测量现场，恢复单相变压器的运行。

4. 按照现场管理规范清理场地，归置物品。

四、实训注意事项

1. 使用兆欧表前，必须进行开路检查和短路检查，检查的结果必须符合相关要求，否则不可以使用。

2. 在使用绝缘电阻测试仪的过程中，因“LINE”端口和“EARTH”端口之间输出的电压较高，两根测试笔不可碰触，以免损坏绝缘电阻测试仪。

3. 通电前，一定要检查电路连接是否正确，并经实训指导教师同意后方能进行通电实训。

五、实训测评

根据表 5–3–8 中的测评标准对实训进行测评，并将评分结果填入表中。

表 5–3–8　用兆欧表和绝缘电阻测试仪测量绝缘电阻的实训评分标准

序号	测评内容	测评标准	配分（分）	得分（分）
1	仪表面板符号含义	能正确识别兆欧表和绝缘电阻测试仪面板的符号	20	
2	用兆欧表测量绝缘电阻的方法、步骤	能熟练使用兆欧表测量绝缘电阻，并正确读数	30	
3	用绝缘电阻测试仪测量绝缘电阻的方法、步骤	能熟练使用绝缘电阻测试仪测量绝缘电阻，并正确读数	30	
4	安全文明实训	工作环境整洁，操作习惯良好，具有安全意识，能积极参与教学活动，整体符合 6S 标准	20	
合计			100	

§5-4 接地电阻测试仪

学习目标

1. 熟悉接地电阻测试仪的作用及结构。
2. 掌握接地电阻测试仪的使用方法和使用注意事项。
3. 了解电气设备接地电阻的标准。

在生产工作中，为了保证电气设备的安全和正常运行，电气设备的某些导电部分应与接地体用接地线进行连接，称为接地。例如，避雷装置的接地，发电机、变压器的中性点接地，仪用互感器的二次侧接地等。接地线和接地体都采用金属导体制成，统称为接地装置。接地装置的接地电阻包括接地线电阻、接地体电阻、接地体与土壤的接触电阻，以及接地体与零电位（大地）之间的土壤电阻。实际上，由于接地线和接地体的电阻都很小，接地电阻的大小主要和接地体与大地的接触面积及接触是否良好有关，另外还与土壤的性质及湿度有关。

知识链接

电气设备的接地

电气设备接地的目的是保证人身和电气设备的安全，以及设备的正常运行。如果接地电阻不符合要求，不但安全得不到保证，还会造成严重的事故。因此，定期测量接地装置的接地电阻是安全用电的保障。

接地电阻测试仪又叫接地摇表、接地电阻表。接地电阻测试仪按供电方式分为传统的手摇式和电池驱动式；按显示方式分为指针式和数字式；按测量方式分为打地桩式和钳式（钳形）。目前，传统的手摇式接地电阻测试仪几乎无人使用，比较普及的是数字式接地电阻测试仪，在电力系统中用得较多的是钳形接地电阻测试仪。现以 UT522 型数字式接地电阻测试仪和 UT275 型钳形接地电阻测试仪为例进行介绍。

一、数字式接地电阻测试仪

1. 数字式接地电阻测试仪的结构

UT522 型接地电阻测试仪是测量接地电阻的常用仪表，也是电气安全检查与接地工程竣工验收不可缺少的工具，适用于各种电力系统、电气设备、防雷设备等接地系统接地电阻阻值的测量。

UT522 型接地电阻测试仪外形如图 5–4–1 所示，它摒弃了传统的人工手摇发电工作方式，采用大规模集成电路，应用 DC/AC 变换技术，可做精密的三线式测量，也可做简易的二线式测量。UT522 型接地电阻测试仪的前面板（见图 5–4–1）包括 LCD 显示屏、功能按键、测试连接端口等，各组成部分的功能说明见表 5–4–1；后面板包括电池盒等。

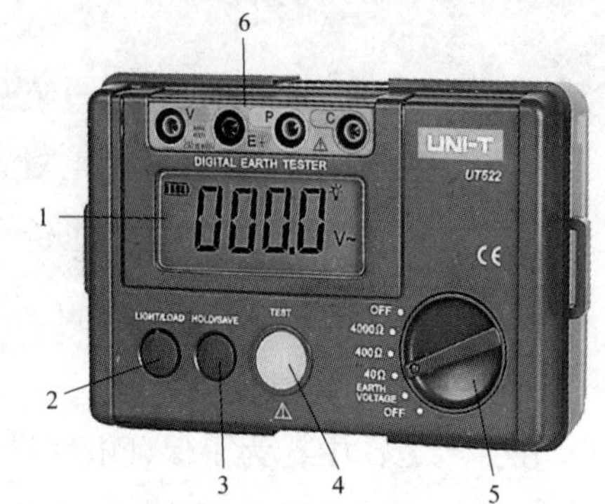

图 5–4–1　UT522 型接地电阻测试仪

表 5–4–1　UT522 型接地电阻测试仪前面板各组成部分的功能说明

<table>
<tr><th>序号</th><th>符号</th><th colspan="2">功能说明</th></tr>
<tr><td>1</td><td>LCD 显示屏</td><td colspan="2">$4\frac{1}{2}$位液晶显示，带背光显示</td></tr>
<tr><td>2</td><td>LIGHT/LOAD</td><td colspan="2">LCD 显示屏背光开关 / 数据读出按键</td></tr>
<tr><td>3</td><td>HOLD/SAVE</td><td colspan="2">数据保持 / 取消按键</td></tr>
<tr><td>4</td><td>TEST</td><td colspan="2">测试使用按键</td></tr>
<tr><td rowspan="3">5</td><td rowspan="3">功能选择开关</td><td>OFF</td><td>测试仪的开关挡位</td></tr>
<tr><td>4 000 Ω/400 Ω/40 Ω</td><td>测量接地电阻时，选择的接地电阻等级挡位</td></tr>
<tr><td>EARTH VOLTAGE</td><td>接地电压测量挡位</td></tr>
<tr><td>6</td><td>V P C E</td><td colspan="2">测试端口。C– 辅助电极，P– 电位电极，E– 被测接地端，V– 电压端</td></tr>
</table>

UT522 型接地电阻测试仪常用辅件有标准测试线、简易测试线和辅助接地钉等，其外形如图 5–4–2 所示。

2. LCD 显示屏

UT522 型接地电阻测试仪 LCD 显示屏的显示界面如图 5–4–3 所示，符号说明见表 5–4–2。

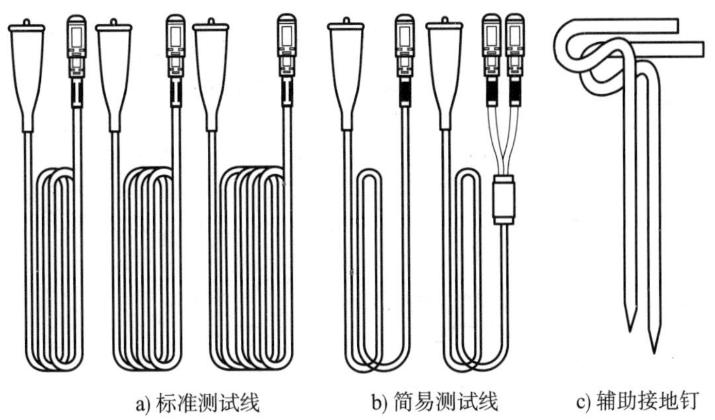

a) 标准测试线　　b) 简易测试线　　c) 辅助接地钉

图 5-4-2　UT522 型接地电阻测试仪常用辅件

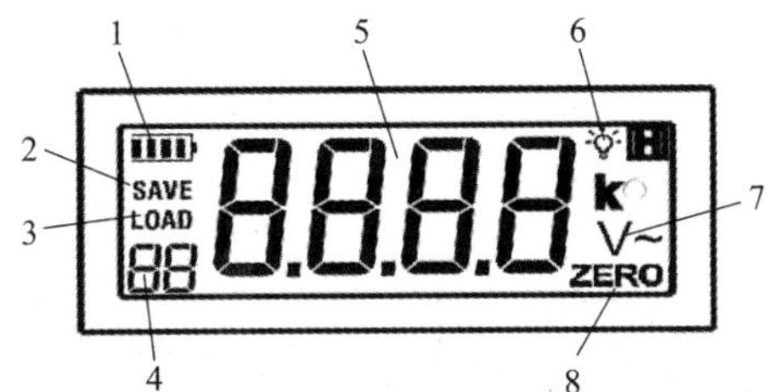

图 5-4-3　UT522 型接地电阻测试仪 LCD 显示屏的显示界面

表 5-4-2　UT522 型接地电阻测试仪 LCD 显示屏显示界面的符号说明

序号	符号	说明	序号	符号	说明
1		电池电量符号	5	8.8.8.8	测量数据值显示区
2	SAVE	数据存储提示符号	6		背光灯显示符号
3	LOAD	读存储数据提示符号	7	V~	接地电压测试符号
4	88	数据记录编号显示区	8	ZERO	清零提示符号

3. 数字式接地电阻测试仪的使用

（1）使用前的准备

将旋钮开关置于接地电压挡或接地电阻挡，若 LCD 显示屏上显示的电池电量符号为“ ”，表示电池处于低电量状态，需更换电池，否则本测试仪不可正常使用。测量前确认测试线插头已完全插入测试端，连接不牢固将影响测量结果的准确度。

（2）接地电阻的测量

用数字式接地电阻测试仪测量接地电阻的方法和步骤见表 5-4-3。

表 5-4-3　用数字式接地电阻测试仪测量接地电阻的方法和步骤

序号	步骤	图例	操作说明	备注
1	准备工作	红 黄 绿 E P C	按要求将测试线插头插入相应测试端	用接地电阻测试仪进行接地电阻测量时，在接线端 E、C 间会产生约 50 V 的电压，人体不要接触测试线金属外露部分和辅助接地钉，以免触电
2	精确测量	Rx 5~10m 5~10m 辅助接地钉 被测接地体	使用标准测试线测量。将 P 和 C 端辅助接地钉打到地深处，使其与待测设备排列成一条直线，且彼此间隔 5 ~ 10 m	确定辅助接地钉插入潮湿的土壤中，若土壤干燥，则要加足水。石质土或沙地也要变潮湿后才能测试
3	接地电压测量	红 绿 V E Rx 5~10m 5~10m 辅助接地钉 被测接地体	将旋钮开关旋至接地电压挡，LCD 显示屏显示接地电压测试状态；将测试线插入 V 端和 E 端（其他测试端不要插测试线），再接上待测点，LCD 显示屏将显示接地电压的测量值。测量接地电压不需要按“TEST”按键	注意：若测量值 >10 V，则要关闭相关电气设备，待接地电压降低后再进行接地电阻测试，否则会影响测量的准确度 警告：接地电压测试仅在 V 端和 E 端进行，C 端和 P 端的连接线要断开，否则可能会导致危险或仪器损坏

续表

序号	步骤	图例	操作说明	备注
4	接地电阻测量	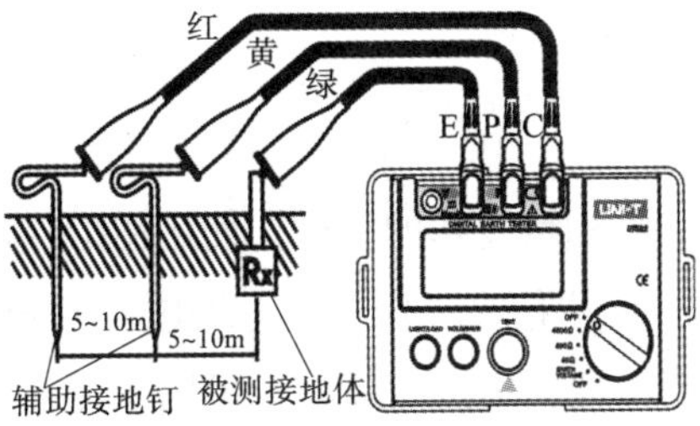	将旋钮开关旋至接地电阻4 000 Ω挡，按“TEST”按键测试，LCD显示屏显示接地电阻阻值。若所测阻值<400 Ω，则将旋钮开关旋至接地电阻400 Ω挡，LCD显示屏显示对应的接地电阻阻值；若所测电阻阻值<40 Ω，则将旋钮开关旋至接地电阻40 Ω挡，LCD显示屏显示对应的接地电阻阻值。一定要选择最佳的测量挡位，才能使所测的接地电阻阻值最准确	按“TEST”按键时，按键上的状态指示灯会点亮，表示该测试仪处于测试状态。当C端或E端测试线接触不良，辅助接地电阻或接地电阻过大，以及测试端开路时，LCD显示屏都将显示“----Ω”。当被测接地电阻超出该挡位的测试范围时，LCD显示屏将显示“OL”（超量程）。辅助接地钉弯曲或接触其他物体时，会影响读数，使用前要清洁辅助接地钉
5	简易测量	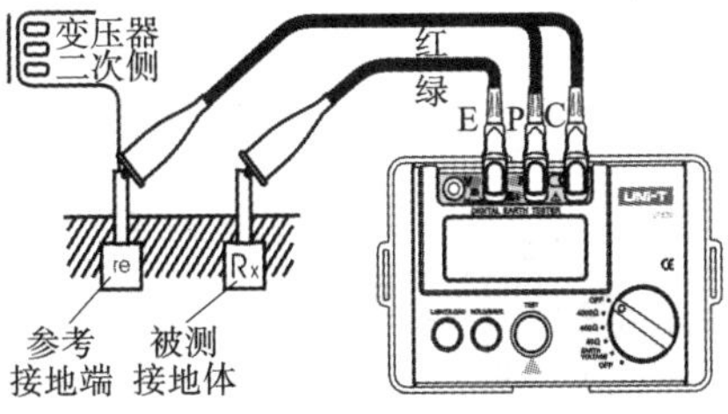	使用简易测试线测量。将P端和C端测试线连接供电线路公共地端，E端测试线连接被测接地体	简易测量是当辅助接地钉不方便使用时，可将一个外露的低接地电阻物体作为一个电极，如金属水管、供电线路公共地、建筑物接地端等。当使用商用电力系统接地点作为参考点测量时，应当心电击危险
6	测量完毕，整理仪表	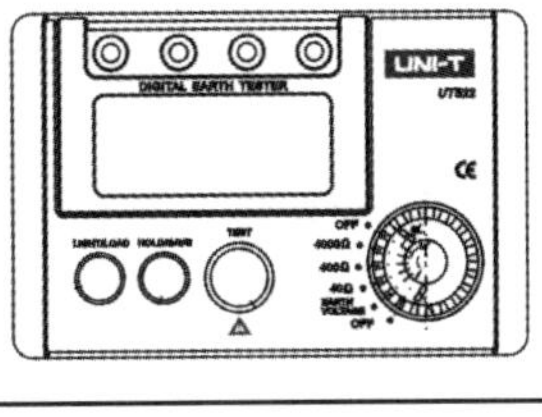	关闭电源，拆除测试线	同时将测量仪、测试线、辅助接地钉擦拭干净

4. 数字式接地电阻测试仪的使用注意事项

（1）存放和保管数字式接地电阻测试仪时，应注意环境温度。应将测试仪放在干燥通风处，避免受潮，避免接触酸碱及腐蚀性气体。

（2）测量保护接地电阻时，一定要断开电气设备与电源的连接点。在测量小于 1 Ω 的接地电阻时，应分别用专用导线连在接地体上。

（3）测量接地电阻时最好反复在不同的方向测量 3 ~ 4 次，取其平均值。

（4）在开机状态下若按键和旋钮开关无动作，约 10 min 后接地电阻测试仪会自动关机，以节省电量（接地电阻挡测试状态除外）。

二、钳形接地电阻测试仪

钳形接地电阻测试仪是传统接地电阻测量技术的突破。使用钳形接地电阻测试仪测量有回路的接地系统时，不需要断开接地引下线，不需要辅助电极，安全快捷，使用方便。此外，使用钳形接地电阻测试仪能够检测出接地故障，可用于传统方法无法测量的场合。

1. 钳形接地电阻测试仪的结构

UT275 型钳形接地电阻测试仪在测量有回路的接地系统时，只需要钳住待测接地回路，就能安全、快速测量出接地电阻。钳形接地电阻测试仪的钳头采用薄膜合金，强化了钳口的抗干扰性，接地电阻测量精度可达 0.01 Ω。此外，测试仪还具备电阻极限值报警功能，可在量程范围内设定报警值。

UT275 型钳形接地电阻测试仪的外形和结构图如图 5–4–4 所示。前面板包括 LCD 显示屏和功能按键，侧面有钳口扳机，后面板包括电池盒等。UT275 型钳形接地电阻测试仪各组成部分的功能说明见表 5–4–4。

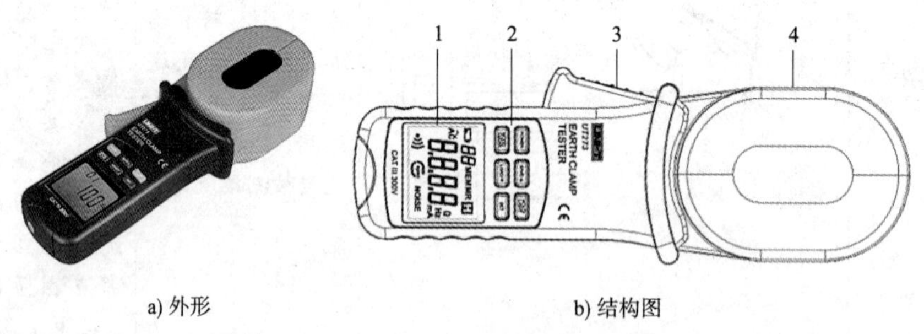

a) 外形　　b) 结构图

图 5–4–4　UT275 型钳形接地电阻测试仪

1—LCD 显示屏　2—按键区　3—钳口扳机　4—钳口

表 5-4-4 UT275 型钳形接地电阻测试仪各组成部分的功能说明

序号	符号		功能说明
1	LCD 显示屏		$4\frac{1}{2}$位液晶显示，带背光显示
2	按键区	POWER	电源开关按键
		HOLD/LIGHT	显示值锁定 / 背光开关按键
		SAVE/ ▲	单次存储切换 / 固定速度自动存储按键
		LOAD/ ▼	单次重读切换 / 固定速度自动重读按键
		MODE/CLEAR	电流测量模式 / 存储数据清零按键
		SET	设置按键。在此模式下 SAVE/ ▲和 LOAD/ ▼为增 / 减功能按键
3	钳口扳机		控制钳口的张合
4	钳口		65 mm × 30 mm，ϕ30 mm

2. LCD 显示屏

UT275 型钳形接地电阻测试仪 LCD 显示屏的显示界面如图 5-4-5 所示，符号说明见表 5-4-5。

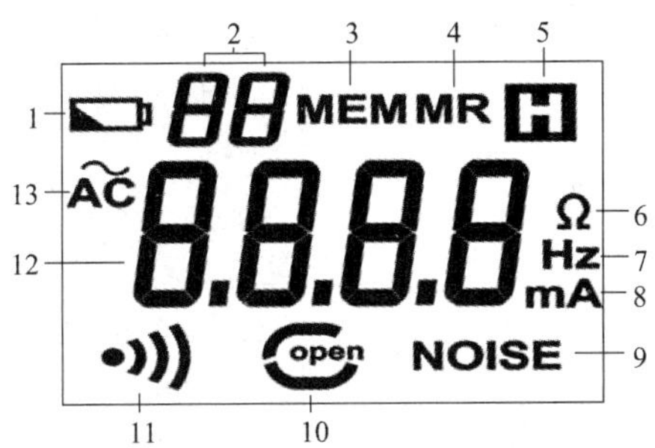

图 5-4-5 UT275 型钳形接地电阻测试仪 LCD 显示屏的显示界面

表 5-4-5 UT275 型钳形接地电阻测试仪 LCD 显示屏显示界面的符号说明

序号	符号	说明	序号	符号	说明
1		电池电量符号	8	mA	电流电位显示符号
2	88	数据数量显示符号	9	NOISE	外接噪声指示符号
3	MEM	存储数据显示符号	10	open	钳口张开符号
4	MR	调用数据显示符号	11	•)))	报警显示符号
5	H	数据锁定符号	12	8.8.8.8	测量数据值显示区
6	Ω	电阻单位显示符号	13	$\widetilde{AC}$	交流符号
7	Hz	频率单位显示符号			

小提示

open——钳口张开符号。LCD显示屏上显示该符号则表明测试仪钳口处于张开状态，此时可能是人为扣压钳口扳机，也有可能是钳口已经有严重污垢，不能继续测量使用。

3. 钳形接地电阻测试仪的使用

（1）电池电压检查

按下电源开关按键，若LCD显示屏上显示的电池电量符号为“□”，表示电池处于低电量状态，需更换电池，否则本测试仪不可正常使用。

（2）接地电阻的测量

用钳形接地电阻测试仪测量接地电阻的方法和步骤见表5-4-6。

表5-4-6 用钳形接地电阻测试仪测量接地电阻的方法和步骤

序号	步骤	图例	操作说明	备注
1	开机	88 MEM MR H　AC 8.8.8.8 Ω Hz mA　•))) open NOISE → CALS → OL Ω	开机前，扣压钳口扳机2次，确保钳口闭合良好。长按“POWER”按键3 s，进入开机状态。自检完成，可进行接地电阻测量	首先自动测试，LCD显示屏符号全部显示。然后自检，依次显示CAL0 ~ CAL5。最后显示“OL Ω”，自检完成
2	测试环检验		在测量前，可以使用配备的测试环检验测试仪，其显示值与测试环上的标称值（10 Ω）接近即可	
3	多点接地系统接地电阻测量	R1 R2 R3 R4	多点接地系统包括如图所示的输电杆塔接地体等，它们通过架空地线连接，组成了接地系统。LCD显示屏可直接读数	测量过程中，不要扣压钳口扳机，不能张开钳口，不能钳住任何导线。要保持测试仪的水平静止状态，不能翻转测试仪
4	有限点接地系统接地电阻测量	R1 R2 R3 R4	有限点接地系统包括如图所示的输电杆塔接地体等，它们没有通过架空地线全部连接	有限点接地系统接地电阻是不可能直接测量到的，必须通过该测试仪公司提供的解算程序软件，输入相应的数据后得到

续表

序号	步骤	图例	操作说明	备注
5	单点接地系统1接地电阻测量		在被测接地体R_A附近找一个独立的接地良好的接地体R_B，将R_A和R_B用一根测试线连接。此时测试仪测得的电阻值为$R=R_A+R_B+R_{线}$，如果R小于允许值，那么这两个接地体的接地电阻都是合格的（两点法）	从测试原理来说，钳形接地电阻测试仪只能测量回路电阻，无法测量单点接地系统。但是可以用一根测试线和接地系统附近的接地体人为地制造一个回路进行测试
6	单点接地系统2接地电阻测量		在被测接地体R_A附近找两个独立的接地良好的接地体R_B和R_C，将R_A和R_B用一根测试线连接，测量并读数；将R_B和R_C用一根测试线连接，测量并读数；将R_C和R_A用一根测试线连接，测量并读数（三点法）	此时的接地电阻为 $R_A=\dfrac{R_1+R_3-R_2}{2}$ $R_B=R_1-R_A$ $R_C=R_3-R_A$
7	测量完毕，整理仪表		按“POWER”按键，测试仪关机。或者测试仪在到达自动关机时间后，LCD显示屏进入闪烁状态，持续30 s后自动关机	

4．钳形接地电阻测试仪的使用注意事项

（1）在测量接地电阻或电流的过程中，不要扣压钳口扳机，不能张开钳口，不能钳住任何导线。保持测试仪的水平静止状态，不要翻转测试仪，不能对钳口施加外力，否则会影响测量的准确度。

（2）钳形接地电阻测试仪在自检完成后，LCD显示屏若未出现“OL Ω”，而是显示一个较大的阻值，如810 Ω，但用测试环检测仍显示正常，这说明该测试仪在测量大阻值（>100 Ω）时有较大误差，而在测量小阻值时仍保持原有的准确度，可以继续使用。

（3）使用测试环检验时，LCD 显示屏显示值与测试环上的标称值接近即可。但是显示“OL Ω”则表示被测电阻超出了测试仪的量程上限，显示“L0.01 Ω”则表示被测电阻超出了测试仪的量程下限。

（4）一般输电线路杆塔接地构成的多点接地系统，可以直接使用该测试仪测量。

（5）在变压器中性点接地电阻的测量中，如果有重复接地，则构成多点接地系统，如果无重复接地，则是单点接地系统。测量时，LCD 显示屏如果显示“L0.01 Ω”，可能是同一个变压器有两根以上接地体引下线，此时只需要将其他的接地体引下线断开，只保留待测的接地体引下线即可。

（6）测量点的选择很关键，同一根接地体，因为测量点不同，会得到不同的测量结果。图 5-4-6 所示电路中，在 *A* 点测量时所测支路未形成回路，显示“OL Ω”；在 *B* 点测量时所测支路是金属导体形成的回路，显示“L0.01 Ω”；在 *C* 点测量时测的是该支路下的接地电阻。

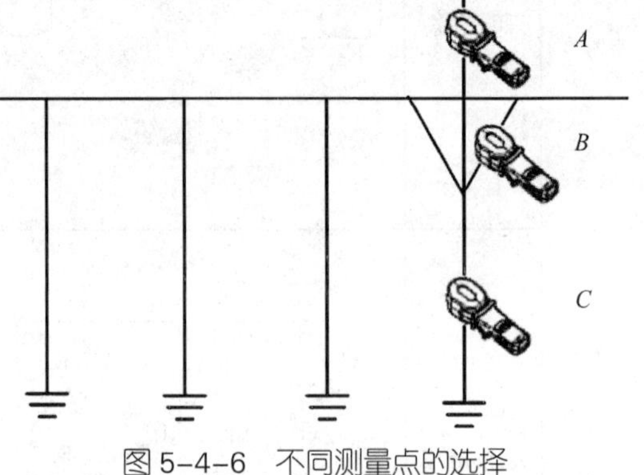

图 5-4-6　不同测量点的选择

三、电气设备接地电阻的标准

电气设备接地电阻的标准见表 5-4-7。

表 5-4-7　电气设备接地电阻的标准

<table>
<tr><th>种类</th><th colspan="2">接地装置使用条件</th><th>接地电阻 /Ω</th></tr>
<tr><td rowspan="2">1 kV 及以上电力设备</td><td colspan="2">大接地电流系统</td><td>0.5</td></tr>
<tr><td colspan="2">小接地电流系统</td><td>10</td></tr>
<tr><td rowspan="3">低压电力设备</td><td rowspan="2">中性点直接接地系统及非接地系统</td><td>运行设备总容量在 100 kVA 以上</td><td>4</td></tr>
<tr><td>重复接地</td><td>10</td></tr>
<tr><td colspan="2">TT 系统用电设备保护接地</td><td>10</td></tr>
<tr><td rowspan="4">防雷设备</td><td colspan="2">独立避雷针</td><td><10</td></tr>
<tr><td colspan="2">变（配）电所母线的阀型避雷器</td><td><5</td></tr>
<tr><td colspan="2">低压进户线绝缘子铁脚接地</td><td><30</td></tr>
<tr><td colspan="2">建筑物的避雷针及避雷线</td><td><30</td></tr>
<tr><td>其他设备</td><td colspan="2">贮易燃油气罐的防静电接地和防感应电压接地</td><td><10</td></tr>
</table>

知识链接

交流电气装置的接地

国家技术标准中规定的接地电阻是包括引线电阻的。《交流电气装置的接地》（DL/T 621—1997）中规定："接地极或自然接地极的对地电阻和接地线电阻的总和，称为接地装置的接地电阻。"

钳形接地电阻测试仪所测得的接地电阻是该接地支路的综合电阻，该综合电阻包括支路到公共接地线的接触电阻、引线电阻以及接地体电阻，而传统的接地摇表所测得的仅仅是接地体电阻。所以使用钳形接地电阻测试仪测量得到的接地电阻和使用接地摇表测量得到的接地电阻会不同，前者的测量值较后者大。

实训9 用接地电阻测试仪测量接地装置的接地电阻

一、实训目的

1. 熟悉接地电阻测试仪的结构和使用方法。
2. 能用接地电阻测试仪测量接地装置的接地电阻。

二、实训器材

数字式接地电阻测试仪和钳形接地电阻测试仪各1只（包含各种辅件），铁榔头1把，接地装置1套。

三、实训内容及步骤

1．外观检查

检查仪表的外壳、端钮、按键等是否完好无损，必要的标志和极性符号是否清晰，表内有无脱落元器件，绝缘有无破损等。观察接地电阻测试仪面板的布置，了解各旋钮、开关的作用。

2．接地装置的处理

对被测的接地装置进行切断处理。将待测接地极与其他接地装置临时断开，并用砂纸除去接地极上的锈迹、污物。

3．使用数字式接地电阻测试仪测量接地电阻

按照表 5–4–3 的方法和步骤，使用数字式接地电阻测试仪精确测量和简易测量接地装置的接地电阻。将测量结果填入表 5–4–8。

表 5–4–8　数字式接地电阻测试仪测量结果记录表　Ω

测量项目	精确测量	简易测量
接地电阻测试仪测量值		
该接地装置接地电阻的规定值		
判断		

4．使用钳形接地电阻测试仪测量接地电阻

按照表 5–4–6 的方法和步骤，使用钳形接地电阻测试仪，用两点法和三点法测量接地装置的接地电阻。将测量结果填入表 5–4–9 中。

表 5–4–9　钳形接地电阻测试仪测量结果记录表　Ω

测量项目	两点法	三点法
钳形接地电阻测试仪测量值		
该接地装置接地电阻的规定值		
判断		

5．测量完毕，恢复待测接地极与其他接地装置的连接，按照现场管理规范清理场地，归置物品。

四、实训注意事项

1. 当需开启背光灯时，轻按“LIGHT/LOAD”按键，背光灯被打开且 LCD 显示屏显示相应的灯符号，再轻按“LIGHT/LOAD”按键关闭背光灯。

2. 当环境所限不能立即读数时，可以使用数据保持功能。轻按“HOLD/SAVE”按键，数据保持功能被打开，相应的测量值被保持且 LCD 显示屏显示相应的保持符号，再轻按“HOLD/SAVE”按键取消保持功能。

3. 雷雨天气不得测量防雷接地装置的接地电阻，以防被雷电击伤。

4. 被测接地极与辅助接地极之间连接的导线不得与高压架空线、地下金属管道平行，以免影响测量的准确度。

五、实训测评

根据表 5-4-10 中的测评标准对实训进行测评，并将评分结果填入表中。

表 5-4-10 用接地电阻测试仪测量接地装置的接地电阻实训评分标准

序号	测评内容	测评标准	配分（分）	得分（分）
1	仪表面板符号含义	能正确识别数字式接地电阻测试仪和钳形接地电阻测试仪面板的符号	20	
2	用数字式接地电阻测试仪测量绝缘电阻的方法、步骤	能熟练使用数字式接地电阻测试仪测量接地电阻，并正确读数	30	
3	用钳形接地电阻测试仪测量接地电阻的方法、步骤	能熟练使用钳形接地电阻测试仪测量接地电阻，并正确读数	30	
4	安全文明实训	工作环境整洁，操作习惯良好，具有安全意识，能积极参与教学活动，整体符合 6S 标准	20	
合计			100	

第六章
电功率的测量

电功率是表示电流做功快慢的物理量。一个用电器电功率大小的理论值等于它在1 s内所消耗的电能。

电功率包括直流功率和交流功率，交流功率又可以分为交流有功功率和交流无功功率。根据测量对象的不同，电功率的测量可以分为直流功率测量、交流功率测量、三相有功功率测量和三相无功功率测量等。

测量电功率的专用仪表称为功率表，又称瓦特表。功率表有很多种，总体来说可以分为指针式功率表和数字式功率表。指针式功率表一般应用在对精度要求不高的场合，如监控；数字式功率表一般应用在对精度有一定要求的场合，而且有更多的接口可以用于扩展测量和上位机通信。本章以应用较为广泛的指针式和数字式功率表为例进行介绍。

§6-1 电动系功率表

学习目标

1. 熟悉电动系测量机构的结构、工作原理和特点。
2. 熟悉电动系功率表的结构和工作原理。
3. 掌握电动系功率表量程的扩大和使用方法。
4. 了解低功率因数功率表的用途、结构及使用方法。

电动系仪表和电磁系仪表在结构上相比，最大的区别是电动系仪表用可动线圈代替了可动铁片，基本消除了磁滞和涡流的影响，使其准确度得到了提高，所以在需要精密测量交流电流、电压时，多采用电动系仪表。电动系仪表在结构上的主要特点是具有固定线圈和可动线圈，这两者可以分别供不同的电流通过，使得电动系仪表能够测量电功率、相位等与两个电量有关的物理量。

一、电动系测量机构

1. 电动系测量机构的结构

电动系测量机构的结构如图 6–1–1 所示，主要由固定线圈、可动线圈、指针、游丝、阻尼盒和阻尼片组成。固定线圈一般分成两段，其目的一是获得较均匀的磁场，二是便于更换电流量程。在可动线圈的转轴上装有指针和空气阻尼器的阻尼片。游丝除产生反作用力矩外，还起引导电流进入可动线圈的作用。

2. 电动系测量机构的工作原理

电动系测量机构是利用两个通电线圈之间产生电动力作用的原理制成的，如图 6–1–2 所示。当在固定线圈中通入电流 I_1 时，将产生磁场 B_1。同时在可动线圈中通入电流 I_2，可动线圈中的电流就受到固定线圈磁场的作用力，产生转动力矩，从而推动可动部分发生偏转，直到与游丝产生的反作用力矩相平衡，指针停在某一位置，指示出被测量的大小。

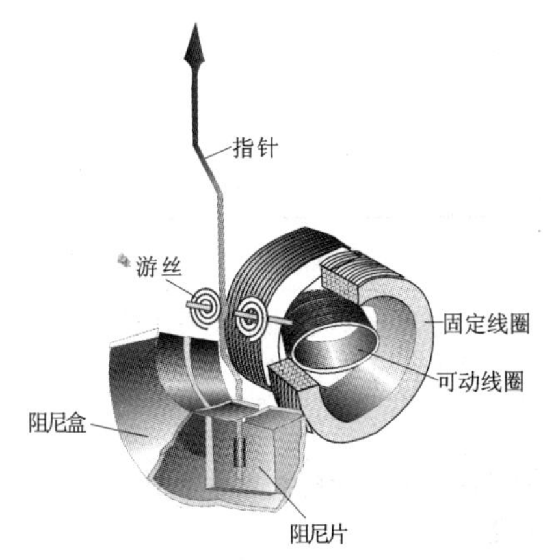

图 6–1–1 电动系测量机构的结构

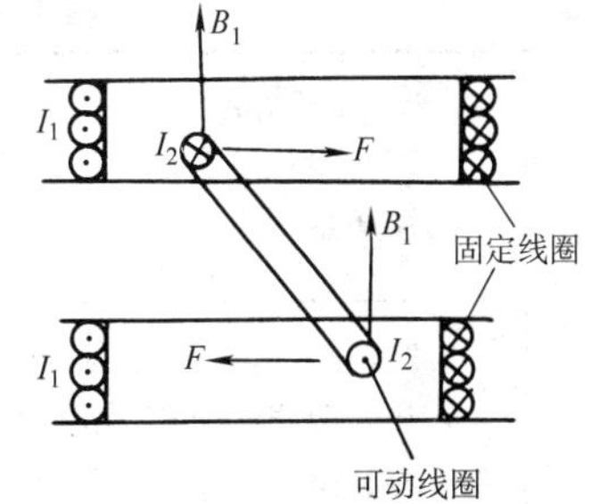

图 6–1–2 电动系测量机构的工作原理

由于电动系测量机构中不存在铁磁物质，固定线圈中的磁场大小与通过其中的电流 I_1 成正比。因此，用电动系测量机构测量直流电时，可动线圈受到的转动力矩 M 与通过两线圈的电流 I_1、I_2 的乘积成正比，即

$$M = K_1 I_1 I_2$$

式中，K_1 是一个与仪表结构有关的系数。

小提示

显然，转动力矩 M 的方向与电流 I_1、I_2 的方向有关。如果 I_1、I_2 的方向同时改变，转动力矩 M 的方向将不会改变。因此，电动系仪表既可以测量直流电，又可以测量交流电。

当转动力矩 M 与反作用力矩 M_f 相等，即 $M=M_f$ 时，有

$$K_1 I_1 I_2 = D\alpha$$

$$\alpha = \frac{K_1}{D} I_1 I_2 = K I_1 I_2$$

式中，$K=\dfrac{K_1}{D}$是一个系数，D 是游丝的反作用系数，α 为仪表指针的偏转角。

上式说明，用电动系测量机构测量直流电时，仪表指针的偏转角 α 与两线圈电流 I_1、I_2 的乘积成正比。

当使用电动系测量机构测量交流电时，可以证明，其转动力矩的平均值为

$$M_P = K_1 I_1 I_2 \cos\varphi$$

根据力矩平衡条件

$$M_f = M_P$$

故

$$D\alpha = K_1 I_1 I_2 \cos\varphi$$

$$\alpha = \frac{K_1}{D} I_1 I_2 \cos\varphi = K I_1 I_2 \cos\varphi$$

上式说明，用电动系测量机构测量交流电时，仪表指针的偏转角 α 不仅与通过两个线圈的电流 I_1、I_2 有关，还与两电流相位差的余弦 $\cos\varphi$ 有关。

3. 电动系仪表的特点

电动系仪表的特点见表 6–1–1。

表 6–1–1　电动系仪表的特点

特点		原因
优点	准确度高	电动系仪表内部没有铁磁物质，不存在磁滞误差，因此准确度高，可达 0.1 级
	交直流两用，并且能测量非正弦电流的有效值	通过两个线圈的电流同时改变方向时，其转动力矩方向不变
	电动系测量机构能构成多种仪表，测量多种参数	如将测量机构中的固定线圈和可动线圈串联，则 $I_1=I_2=I$，$\varphi=0$，故有 $\alpha=KI^2$，在标度尺上按电流刻度，就得到电动系电流表。如将固定线圈和可动线圈与分压电阻串联，当分压电阻一定时，$\alpha=KU^2$，在标度尺上按电压刻度，就得到电动系电压表。此外，电动系测量机构还能组成电动系功率表、电动系相位表等

续表

特点		原因
优点	电动系功率表的标度尺刻度均匀	电动系功率表指针的偏转角与被测功率成正比，因此刻度均匀
缺点	读数易受外磁场的影响	这是因为仪表中固定线圈产生的工作磁场很弱。为了消除外磁场的影响，线圈系统通常采用磁屏蔽或无定位结构，也可以直接采用铁磁电动系测量机构
	自身消耗功率大	仪表内的磁场完全由通过线圈的电流产生
	过载能力小	由于通过可动线圈的电流要经过游丝导入，如果电流太大，游丝容易失去弹性，可动线圈也容易被烧断
	电动系电流表、电压表的标度尺刻度不均匀	由于电动系电流表、电压表的指针偏转角与被测电流或电压的平方成正比，因此，电动系电流表、电压表的标度尺刻度具有平方律特性，即刻度不均匀

知识链接

铁磁电动系测量机构

铁磁电动系测量机构主要是为了克服电动系测量机构本身磁场弱、易受外磁场影响的缺点而设计的，其结构如图 6-1-3 所示。它采用由硅钢片叠制而成的铁芯，并且把固定线圈直接绕在铁芯上。因为固定线圈的磁路主要由导磁性能良好的铁磁材料构成，使可动线圈所处气隙中的工作磁场大大增强，所以产生的转动力矩也大

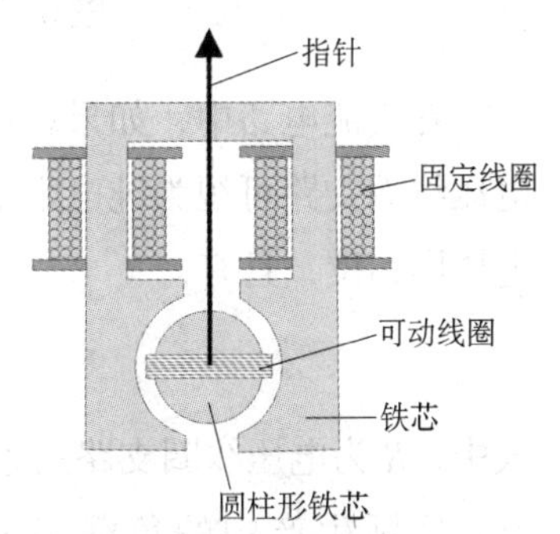

图 6-1-3 铁磁电动系测量机构的结构

大增强。同时，由于仪表本身的磁场很强，外磁场对它的影响也会显著减小，不必再增加防外磁场干扰的装置，简化了仪表的结构。

从结构上看，铁磁电动系测量机构与磁电系测量机构相似，不同之处是前者用固定线圈和铁芯组成的电磁铁代替了永久磁铁。从工作原理上看，它与电动系测量机构完全相同。因此，铁磁电动系测量机构的平均转矩和偏转角的计算公式都与电动系测量机构相同。

由于铁磁电动系测量机构的铁芯采用了铁磁材料，因此，具有转矩大、受外磁场影响小、坚固耐振等优点。但由于铁磁材料存在磁滞和涡流损耗，导致其准确度较低，故常用来制造安装式功率表及要求转矩较大的自动记录仪表。

二、电动系功率表

1．电动系功率表的结构及工作原理

电动系功率表由电动系测量机构和分压电阻构成，其电路原理图如图 6-1-4a 所示。它把匝数少、导线粗的固定线圈与负载串联，从而使通过固定线圈的电流等于负载电流，因此，固定线圈又称功率表的电流线圈；把匝数多、导线细的可动线圈与分压电阻 R_V 串联后再与负载并联，从而使加在该支路两端的电压等于负载电压，因此，可动线圈又称功率表的电压线圈。由电动系功率表图形符号表示的电路原理图如图 6-1-4b 所示。

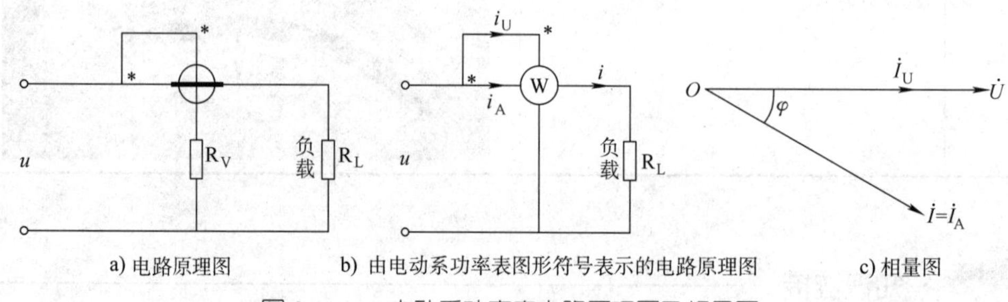

a) 电路原理图　　b) 由电动系功率表图形符号表示的电路原理图　　c) 相量图

图 6-1-4　电动系功率表电路原理图及相量图

在交流电路中，如果忽略可动线圈的感抗（与分压电阻 R_V 的阻值相比太小），则电压线圈支路可视为纯电阻电路。只要分压电阻不变，其中的电流 I_U 就与负载两端的电压同相位，且有

$$I_U=\frac{U}{R}\approx\frac{U}{R_V}=K_1U$$

式中，R 为电压线圈支路的总电阻。

实际生产中的负载多为感性负载，负载电压 $\dot{U}$ 比负载电流 $\dot{I}$ 超前角度 φ。从图 6-1-4c 所示的相量图可以看出，电流 $\dot{I}$ 与 $\dot{I}_U$ 之间的相位差正好等于 φ，故通过电流

线圈的电流 $\dot{I}_A$ 与负载电流 $\dot{I}$ 相等，即 $\dot{I}_A=\dot{I}$。将它代入测量交流电时电动系测量机构指针偏转角的公式，可得功率表的指针偏转角

$$\alpha = K I_A I_U \cos\varphi = K I_A (K_1 U) \cos\varphi = K_P IU\cos\varphi = K_P P$$

式中，$K_P = KK_1$。

上式说明，在交流电路中，电动系功率表指针的偏转角与电路的有功功率成正比。此外，电动系功率表标度尺的刻度是均匀的。

同理，在直流电路中，由于 $I_A=I$，$I_U = \dfrac{U}{R} = K_1 U$，将其代入电动系测量机构测量直流电时指针偏转角的公式，可得仪表指针的偏转角

$$\alpha = KI (K_1 U) = K_P IU = K_P P$$

可见，在直流电路中，电动系功率表指针的偏转角也与电路的功率成正比。

2. 电动系功率表的量程及扩大

在实际应用中，为了满足测量不同功率的需求，往往需要扩大功率表的量程。功率表的功率量程主要由电流量程和电压量程来决定。因此，功率量程的扩大一般要通过电流量程和电压量程的扩大来实现。

（1）电流量程的扩大

前面曾介绍过，电动系仪表的电流线圈是由完全相同的两段线圈组成的，这样就可以利用金属连接片将这两段线圈串联或并联，从而达到改变功率表电流量程的目的。当金属连接片按图 6–1–5a 连接时，两段线圈串联，电流量程为 I_N；当金属连接片按图 6–1–5b 连接时，两段线圈并联，电流量程扩大为 $2I_N$。可见，电动系功率表的电流量程是可以成倍改变的。

（2）电压量程的扩大

电动系功率表电压量程的扩大是通过对电压线圈串联不同阻值分压电阻的方法来实现的，如图 6–1–6 所示。

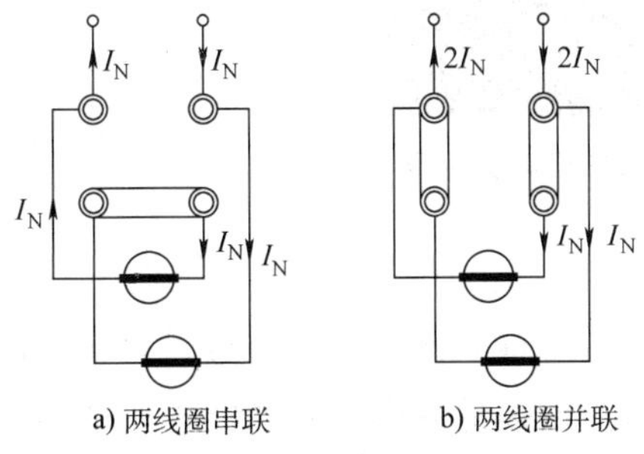

图 6–1–5 功率表电流量程的扩大

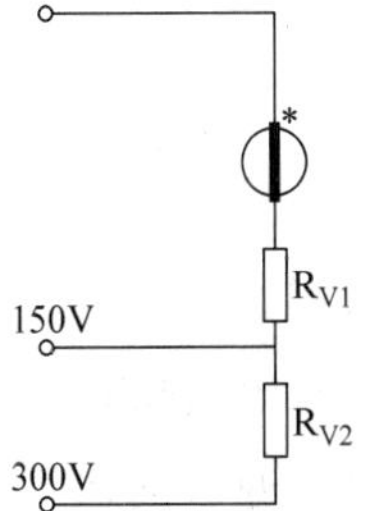

图 6–1–6 功率表电压量程的扩大

实际上，只要在功率表中选定不同的电流量程和电压量程，功率量程也就随之确定了。例如，D19–W 型功率表的电流量程为 5/10 A，电压量程为 150/300 V，其功率量程为

$$P_1 = 5\ \text{A} \times 150\ \text{V} = 750\ \text{W}$$

$$P_2 = 10\ \text{A} \times 150\ \text{V} = 1\ 500\ \text{W} \text{或} P_2 = 5\ \text{A} \times 300\ \text{V} = 1\ 500\ \text{W}$$

$$P_3 = 10\ \text{A} \times 300\ \text{V} = 3\ 000\ \text{W}$$

小提示

这里的功率是指负载的功率因数 $\cos\varphi=1$ 时的情况。而感性或容性负载的 $\cos\varphi<1$，因此，上述量程是指最大功率量程。

三、电动系功率表的使用

电动系功率表的型号较多，但使用方法基本相同。下面以图 6-1-7 所示的 D26-W 型便携式单相功率表为例，说明电动系功率表的使用方法。该功率表有 150 V、300 V、600 V 三个电压量程和 2.5 A、5 A 两个电流量程。

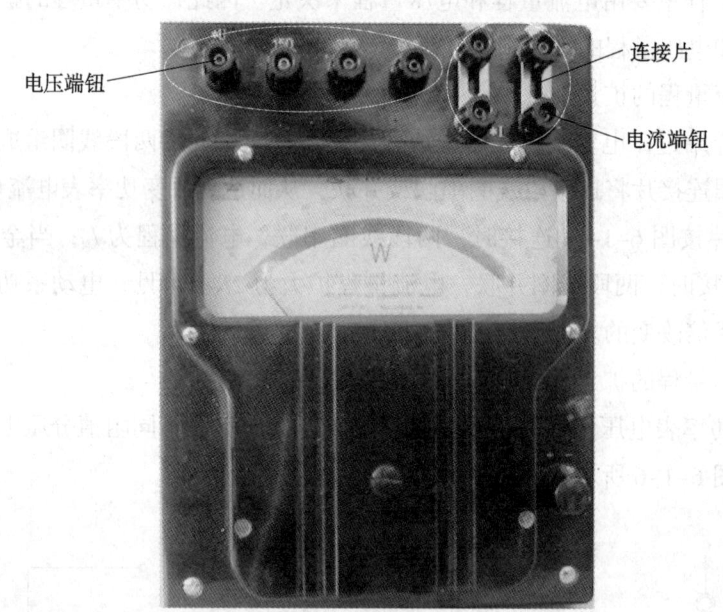

图 6-1-7　D26-W 型便携式单相功率表

1. 选择量程

功率表有电流量程、电压量程和功率量程三种量程。其中电流量程是指仪表的串联回路所允许通过的最大工作电流；电压量程是指仪表的并联回路所能承受的最高工作电压；功率量程实质上是由电流量程和电压量程来决定的，它等于两者的乘积，即 $P=UI$，它相当于负载功率因数 $\cos\varphi=1$ 时的功率值。

选择时要使功率表的电流量程略大于被测电流，电压量程略高于被测电压。

小提示

在实际测量中，由于负载的 $\cos\varphi<1$，因此，只观察被测功率是否超过仪表的功率量程显然是不够的。例如，当 $\cos\varphi<1$ 时，功率表的指针虽然未指到满刻度值，但被测电流或电压可能已超出了功率表的电流量程或电压量程，可能造成功率表损坏。负载的 $\cos\varphi$ 越小，仪表损坏情况可能越严重。所以在选择功率表的量程时，不仅要注意其功率量程是否足够，还要注意仪表的电流量程以及电压量程是否与被测功率的电流和电压相适应。

通常，在使用功率表时，不仅要注意被测功率不能超过仪表的功率量程，而且要用电流表和电压表监测被测电路的电流和电压，使之不超过功率表的电流量程和电压量程，确保仪表安全可靠地运行。

【例 6-1-1】有一感性负载，额定功率为 400 W，额定电压为 220 V，$\cos\varphi=0.75$。现要用功率表去测量它实际消耗的功率，试选择所用功率表的量程。

解：负载额定电压为 220 V，应选功率表电压量程为 300 V。负载额定电流为

$$I=\frac{P}{U\cos\varphi}=\frac{400}{220\times0.75}\ \mathrm{A}\approx2.42\ \mathrm{A}$$

故确定选用电流量程为 2.5 A，电压量程为 300 V，功率量程为 2.5 A × 300 V= 750 W 的功率表。

2. 接线

由于电动系仪表指针的偏转方向与两线圈中电流的方向有关，为了防止指针反转，规定了两线圈的发电机端用符号“*”表示。功率表应按照“发电机端守则”进行接线。

发电机端守则：使电流从电流线圈的发电机端流入，电流线圈与负载串联；使电流从电压线圈的发电机端流入，电压线圈与负载并联。

按照上述原则，功率表的接线有以下两种方式：

（1）电压线圈前接方式

如图 6-1-8a 所示，由于功率表的电流线圈和负载直接串联，因此，通过电流线圈的电流就等于负载电流。但是，因为电压线圈接在电流线圈的前面，所以功率表电压线圈支路两端的电压就等于负载电压加上电流线圈的电压，即在功率表的读数中增加了电流线圈的功率消耗，产生了测量误差。只有负载电阻比功率表电流线圈的电阻大得多时测量结果才准确。因此，电压线圈前接方式适用于负载电阻远远大于功率表电流线圈电阻的情况。

（2）电压线圈后接方式

如图 6-1-8b 所示，由于电压线圈支路和负载直接并联，因此，加在功率表电压线圈支路两端的电压就等于负载电压。但是，因为电流线圈接在电压线圈支路的前面，

所以通过电流线圈的电流就包括了负载电流和电压线圈支路的电流，即在功率表的读数中增加了电压线圈支路的功率损耗，这也会造成测量误差。因此，电压线圈后接方式适用于负载电阻远远小于功率表电压线圈支路电阻的情况，这样才能保证功率表本身对测量结果的影响较小。

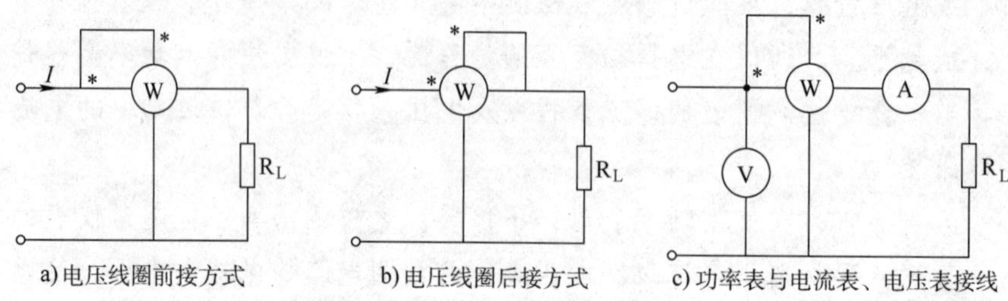

a) 电压线圈前接方式　b) 电压线圈后接方式　c) 功率表与电流表、电压表接线

图 6-1-8　功率表的接线方式

小提示

不论采用电压线圈前接还是后接的方式，其目的都是为了尽量减小测量误差，使测量结果更为准确。尽管如此，功率表的读数误差仍会由于仪表内部损耗的影响而有所增大。在一般工程测量中，被测功率要比仪表本身的损耗大得多，因此，仪表内部功率损耗对测量结果的影响可以不予考虑。此时，由于功率表电流线圈的损耗通常比电压线圈支路的损耗小，采用电压线圈前接方式为宜。但是，当被测功率很小时，仪表本身的功率损耗则不能忽略。此时应根据仪表的功率损耗值对读数进行校正，或采取一定的补偿措施。

另外，为了保证功率表安全可靠地运行，常将电流表、电压表与功率表联合使用，其接线如图 6-1-8c 所示。

知识链接

功率表指针反偏现象及处理

在实际测量中，有时功率表接线正确，但指针仍然反偏。这种情况一是发生在负载端含有电源，并且负载不是消耗而是产生能量时；二是发生在三相电路的功率测量中（详见 §6-2 中的“功率表读数与负载功率因数的关系”）。这时，为了得到正确的读数，必须在切断电源之后，将电流线圈的两个接线端对调，同时在测量结果前面加上负号。但不得调换功率表电压线圈支路的两个接线端，因为电压线圈支路中所串联分压电阻 R_V 的阻值很大，其电压降也大。若对调电压线圈支路的接线端，将使 R_V 靠近电源端，如图 6-1-9 所示，这样电压线圈的电位会很低。而电流线圈的内阻小，其电压降也

小，其电位将接近于电源电压。由于两线圈之间的距离很近，两者之间的电位差很大（近似等于电源电压），两线圈之间会产生较大的附加电场，从而引起较大的附加误差，甚至造成仪表绝缘击穿。

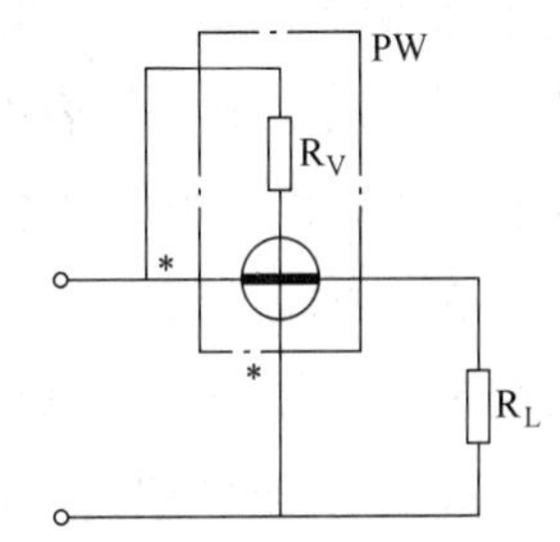

图 6–1–9 功率表的错误接线

为了使用方便，通常在便携式功率表的电压线圈支路中专门设置一个电流换向开关。它只改变电压线圈中电流的方向，并不改变分压电阻 R_V 的安装位置，因此，不会产生上述不良后果。

---

3. 读数

便携式功率表一般都有多种电流和电压量程，但标度尺只有一条，因此，功率表的标度尺上只标有分格数，而不标功率值。当选用不同的量程时，功率表标度尺的每一分格所表示的功率值不同。通常把每一分格所表示的功率值称为功率表的分格常数。一般的功率表都附有表格，标明在不同电流、电压量程时的分格常数，以供查用。此外，功率表的分格常数 C 也可按下式计算

$$C=\frac{U_N I_N}{\alpha_m}$$

式中，U_N 为功率表的电压量程，I_N 为功率表的电流量程，α_m 为功率表标度尺满刻度的格数。

求得功率表的分格常数 C 后，便可求出被测功率

$$P=C\alpha$$

式中，α 为指针偏转格数。

【例 6–1–2】若选用一只功率表，它的电压量程为 300 V，电流量程为 2.5 A，标度尺满刻度格数为 150 格，用它测量某负载消耗的功率时，指针偏转 100 格，求负载消耗的功率。

解：先求功率表的分格常数

$$C=\frac{U_N I_N}{\alpha_m}=\frac{300\ \text{V}\times 2.5\ \text{A}}{150\ 格}=5\ \text{W}/格$$

则被测功率

$$P=C\alpha=5\times 100\ \text{W}=500\ \text{W}$$

安装式功率表通常都做成单量程的，其电压量程为 100 V，电流量程为 5 A，以便和电压互感器及电流互感器配套使用。为了便于读数，安装式功率表的标度尺可以按被测功率的实际值加以标注，但是必须和指定变比的仪用互感器配套使用。

四、低功率因数功率表

1. 低功率因数功率表的用途

普通功率表的标度尺是按功率因数 $\cos\varphi=1$ 来刻度的，即被测功率 $P=U_N I_N$ 时，仪

表指针偏转至满刻度。但当用它来测量功率因数很低的负载（如空载运行的电动机、变压器）时，由于仪表的转矩和偏转角与 $P=UI\cos\varphi$ 成正比，因此，当 $\cos\varphi$ 很小时，仪表的转矩也很小，摩擦等引起的误差以及仪表本身的功耗都会对测量结果产生很大的影响。由此可见，用普通功率表测量低功率因数电路的功率，不仅读数困难，而且测量误差很大，因此，必须采用专门的低功率因数功率表来进行测量。

2．低功率因数功率表的结构

低功率因数功率表是专门用来测量低功率因数负载功率的仪表，其工作原理与普通功率表基本相同，不同之处主要有以下几点：

（1）为了解决在低功率因数下读数困难的问题，其标度尺应按较低的功率因数（通常取 $\cos\varphi=0.1$ 或 0.2）来刻度，这就要求仪表有较高的灵敏度。

（2）为了减小摩擦，提高灵敏度，通常采用张丝支撑、光标指示结构。这样，仪表就可以在较小的转矩下工作。

（3）在仪表结构上采用误差补偿措施。功率表的读数中包括了由于电压回路的功率损耗而产生的误差，尤其当被测功率很小时，相对误差将会很大，为了补偿这个功率损耗，仪表在原有的电动系测量机构中，增设了一个结构、匝数与电流线圈完全相同的补偿线圈，并且反向绕在电流线圈上，使用时将补偿线圈串联在功率表的电压线圈支路中，如图 6–1–10 所示。这样，通过补偿线圈的电流就是电压线圈支路的电流 I_U，由 I_U 通过补偿线圈所建立的磁势与电流线圈中通过电压线圈支路的电流所产生的附加磁势大小相等、方向相反，抵消了因流过电压线圈支路的电流所产生的误差，从而消除了电压线圈支路功率损耗对读数的影响。

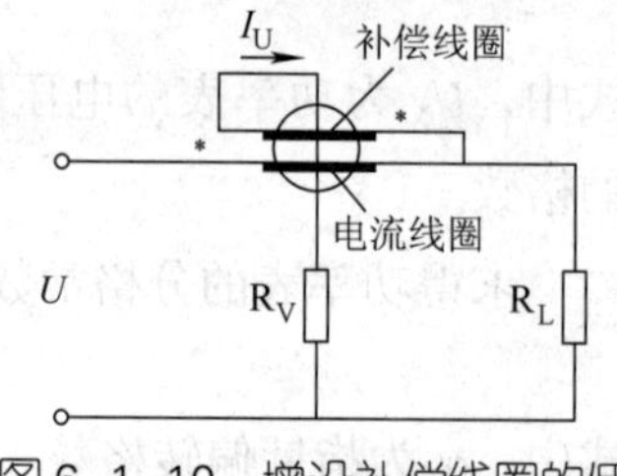

图 6–1–10　增设补偿线圈的低功率因数功率表

此外，还可以利用补偿电容来减小由于电压线圈的电感影响，而对低功率因数功率测量产生的误差，如 D34–W 型低功率因数功率表，如图 6–1–11 所示。图中电容器 C 并联在电压线圈支路的一部分附加电阻上，从而使原来的电感电路转变为纯电阻电路，达到消除误差的目的。

3．低功率因数功率表的使用

（1）接线

低功率因数功率表的接线也应遵守“发电机端守则”。对具有补偿线圈的低功率因数功率表，必须采用电压线圈后接的接线方式。

（2）读数

低功率因数功率表的分格常数 C 可按下式计算

$$C=\frac{U_N I_N\cos\varphi_N}{\alpha_m}$$

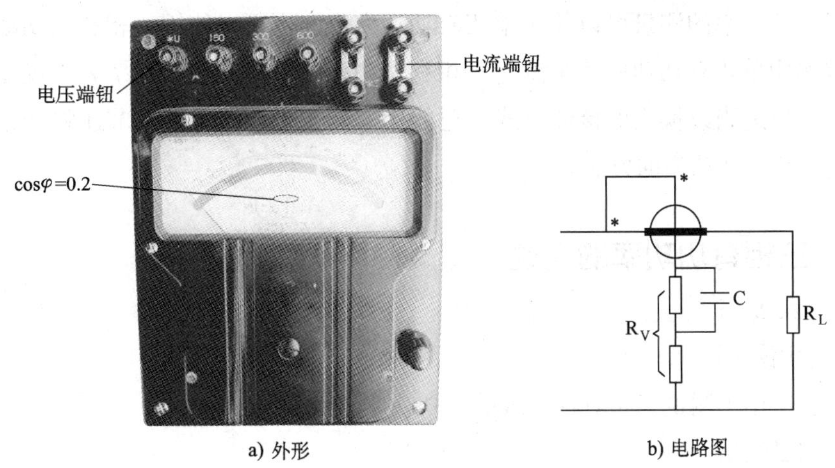

图 6-1-11 增设补偿电容的低功率因数功率表

式中，额定功率因数 $\cos\varphi_N<1$（如 0.1、0.2 …）。

被测功率 $$P = C\alpha$$

小提示

使用低功率因数功率表时，被测电路的功率因数 $\cos\varphi$ 不得大于功率表的额定功率因数 $\cos\varphi_N$，否则会发生仪表电压、电流量程并未达到额定值，而指针却已超出满刻度的情况，从而造成仪表损坏。

§6-2 三相功率的测量

学习目标

1. 掌握三相有功功率的测量方法。
2. 熟悉三相有功功率表的结构。
3. 掌握三相无功功率的测量方法。
4. 了解铁磁电动系三相无功功率表的结构。

三相有功功率的测量可以使用单相有功功率表，也可以使用三相有功功率表。本节主要讲解用单相有功功率表来测量三相有功功率的方法。有功功率表不仅能测量有功功率，如果适当改换它的接线方式，还能用来测量无功功率。本节还将介绍几种常用的测量三相无功功率的方法。

一、三相有功功率的测量

1. 一表法

（1）适用范围

一表法适用于测量三相对称负载的有功功率。

（2）测量结果

按一表法接线，则三相总功率 $P=3P_1$。

由于三相负载对称，只要用一只功率表测量三相中任意一相的功率 P_1，则三相总功率为 $P=3P_1$，接线方式如图 6–2–1 所示。在图 6–2–1a 和 b 中，功率表的读数都是单相负载的功率。当连接负载的中性点不能引出，或“△”联结负载的一相不能断开接线时，则可采用图 6–2–1c 所示的人工中性点法将功率表接入。两个附加电阻 R_N 应与功率表电压线圈支路的总电阻相等，从而使人工中性点 N 的电位为零。

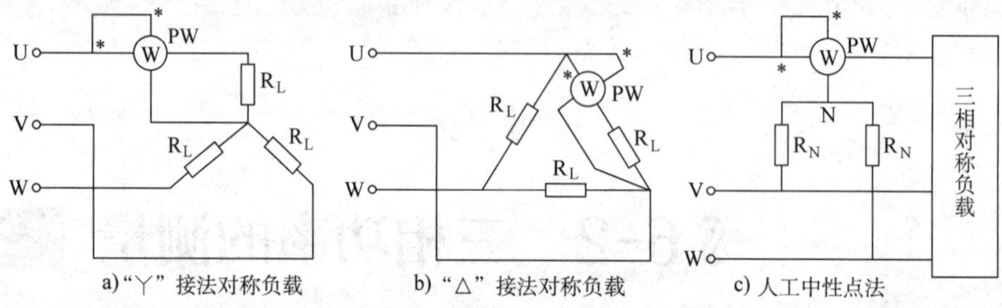

a)“Y”接法对称负载 b)“△”接法对称负载 c) 人工中性点法

图 6–2–1 一表法测量三相对称负载的功率

2. 两表法

（1）适用范围

两表法适用于测量三相三线制电路。不论负载是否对称，也不论负载是“Y”联结还是“△”联结，都能用两表法来测量三相负载的有功功率。

（2）测量结果

按两表法接线，三相总功率 $P=P_1+P_2$。

根据上式可以得到两表法的接线规则：

1）两只功率表的电流线圈分别串联在任意两相线（如 U、V 相线）上，使通过线圈的电流为线电流，电流线圈的发电机端必须接到电源一侧。

2）两只功率表电压线圈的发电机端应分别接到该表电流线圈所在的相线上，另一端则共同接到没有接功率表电流线圈的第三相上，如图 6–2–2 所示。

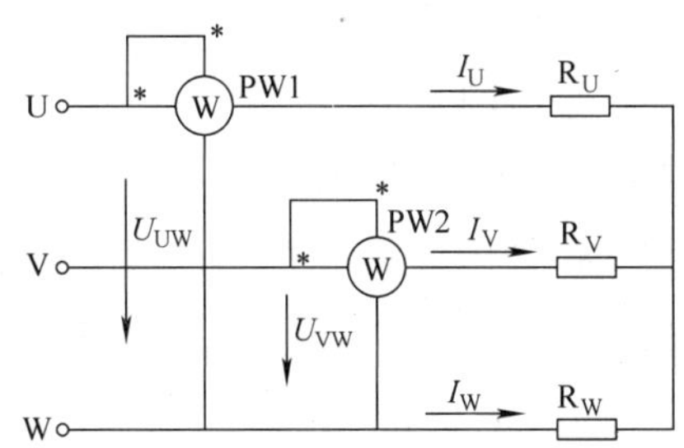

图 6–2–2　两表法测量三相三线制负载功率

知识链接

功率表读数与负载功率因数的关系

用两表法测三相功率时，因为每只表的读数本身无意义，所以即使在三相电路完全对称的情况下，两只功率表的读数也不一定相等，并且还会随负载的功率因数而变化。两功率表读数与负载功率因数的关系如下：

由前面介绍的知识可知

$$P = P_1 + P_2 = I_U U_{UW} \cos(\varphi - 30°) + I_V U_{VW} \cos(\varphi + 30°)$$

假定三相电路对称，则线电压 $U_{UW} = U_{VW} = U_{线}$，线电流 $I_U = I_V = I_{线}$，因而两功率表的读数又可以分别表示为 $P_1 = I_{线} U_{线} \cos(\varphi - 30°)$，$P_2 = I_{线} U_{线} \cos(\varphi + 30°)$。

（1）当 $\varphi=0$，$\cos\varphi=1$ 时，负载为纯电阻性，这时两功率表的读数相等，三相功率 $P=2P_1$。

（2）当 $\varphi \pm 60°$，$\cos\varphi=0.5$ 时，两表中将有一只表的读数为零，三相功率 $P=P_1$ 或 $P=P_2$。

（3）当 $|\varphi|>60°$，$\cos\varphi<0.5$ 时，两表中必有一只表的指针反转，读数为负值。为了获得正确的读数，应在切断电源之后，调换电流线圈的两个接线端子。此时，三相功率应是两表读数之差，即 $P=P_1-P_2$，这点应特别注意。

3. 三表法

（1）适用范围

三表法适用于测量三相四线制不对称负载的有功功率。

（2）测量结果

按三表法接线，三相总功率 $P=P_1+P_2+P_3$。

用三只单相功率表分别测出每一相负载的功率，则三相总功率 $P=P_1+P_2+P_3$。具体如

图 6-2-3 所示。

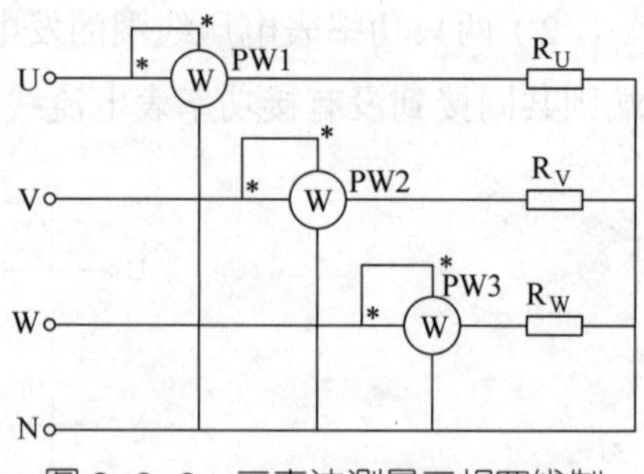

图 6-2-3　三表法测量三相四线制不对称负载功率

4. 三相有功功率表

在实际应用中，为了测量方便，往往采用三相功率表测量三相有功功率，它由两只单相功率表的测量机构组成，故又称两元件三相功率表。它的工作原理与两表法测量三相有功功率完全相同。图 6-2-4 所示为 D33-W 型三相有功功率表外形及其接线图。

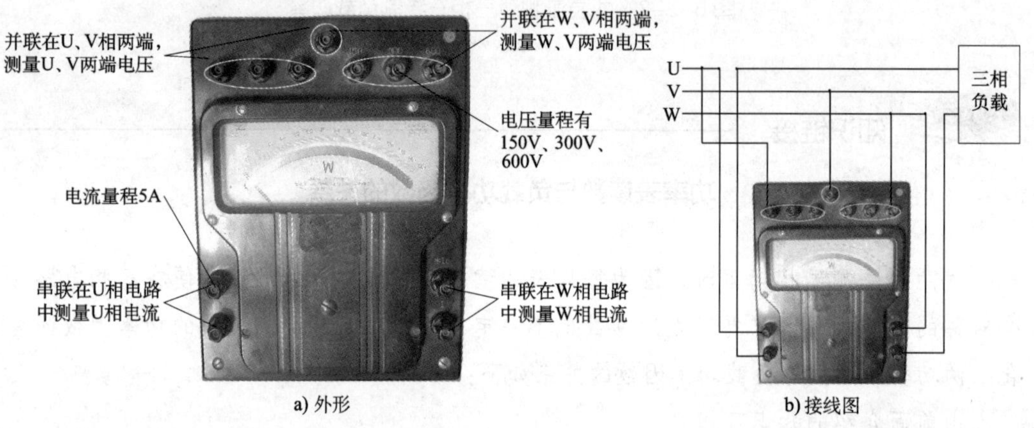

图 6-2-4　D33-W 型三相有功功率表外形及其接线图

（1）电动系三相功率表

电动系三相功率表的内部装有两组固定线圈以及固定在同一转轴上的两个可动线圈，因此，仪表的总转矩等于两个可动线圈所受转矩的代数和，它能直接反映出三相功率的大小。这种功率表的接线方式与两表法测量三相有功功率的接线方式也完全相同。

（2）铁磁电动系三相功率表

安装式三相有功功率表通常采用铁磁电动系测量机构，并做成两元件，如图 6-2-5a 所示。它由两套结构完全相同的元器件构成，其中右侧元器件由固定线圈 A1 和可动线圈 D1 构成，E 形铁芯 1 和弓形铁芯 2 构成其磁路部分，R1、R2 串联后成为可动线圈的分压电阻，C1 为补偿电容，用来补偿由于电压线圈的电感以及铁芯损耗所引起的误差。左侧元器件在结构上与右侧元器件完全相同，但为了减少外磁场的影响，固定线圈 A2 的绕向应与 A1 的绕向相反。另外，电压线圈支路分压电阻的接法与一般电动系功率表不同，它们靠近电压线圈支路的发电机端，若以 R_V 表示 R1、R2 和 R3、R4，其测量电路如图 6-2-5b 所示。这样接线的好处是两个可动线圈的一端直接接到公共相 V 上，它们之间的电位差很小，绝缘要求低，便于制造。这种接法虽然使可动线圈与固定线圈之间存在较高的电位差，但是，利用铁芯与公共相V直接连接后的屏蔽作用，可以使静电的影响得到消除。

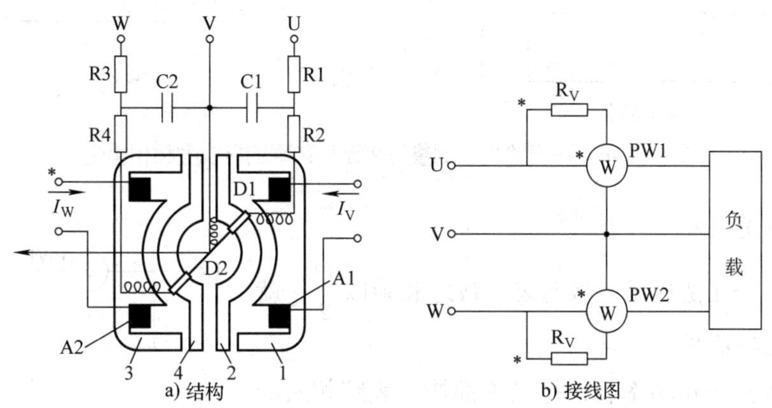

图 6-2-5 铁磁电动系三相功率表的结构及接线图

二、三相无功功率的测量

1. 一表跨相法

（1）适用范围

一表跨相法适用于测量三相电路完全对称时的无功功率。

（2）测量结果

按一表跨相法接线，将该功率表的读数乘以$\sqrt{3}$，即得到三相无功功率。

已知单相无功功率为

$$Q = UI\sin\varphi = UI\cos\ (90° - \varphi)$$

上式说明，如果设法使加在电压线圈支路上的电压 U 与通过电流线圈的电流 I 之间的相位差等于（90° −φ），那么，功率表就能够用来测量无功功率。

一表跨相法测量三相无功功率的接线图和相量图如图 6-2-6 所示。由图 6-2-6b 可以看出，当三相电路完全对称时，线电压 U_{VW} 与电流 I_U 之间存在（90° −φ）的相位差。因此，若按照图 6-2-6a 所示的接线方式进行接线，则功率表的读数为

$$Q_1 = U_{VW}I_U\cos\ (90° - \varphi) = UI\sin\varphi$$

只要把 Q_1 乘以$\sqrt{3}$，即可得到三相无功功率

$$Q = \sqrt{3}Q_1 = \sqrt{3}UI\sin\varphi$$

2. 两表跨相法

（1）适用范围

两表跨相法适用于测量三相电路对称时的无功功率。但是，由于供电系统电源电压不对称的情况是难免的，而两表跨相法在此情况下的测量误差较小，因此，此方法仍然适用。

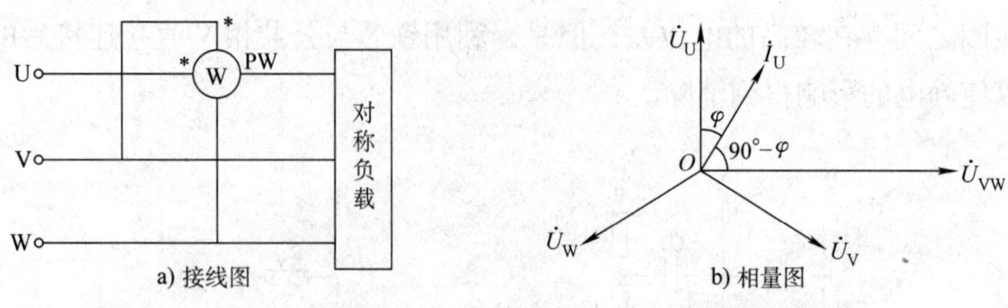

图 6-2-6　一表跨相法测量三相无功功率的接线图和相量图

（2）测量结果

按两表跨相法接线，将两表读数之和乘以$\frac{\sqrt{3}}{2}$，就得到三相无功功率。

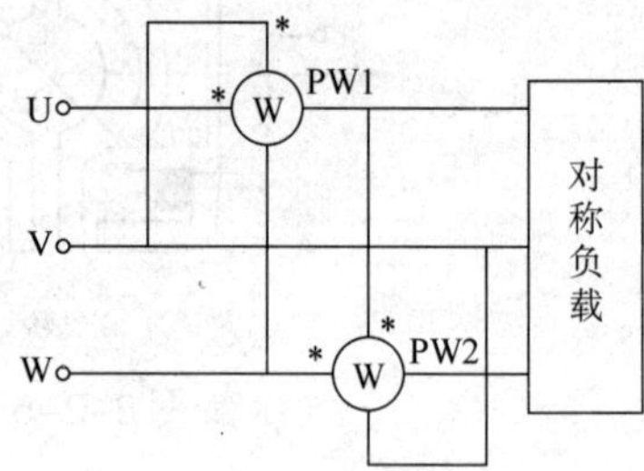

图 6-2-7　两表跨相法测量三相无功功率的接线图

采用两只单相功率表，每只表都按一表跨相法的原则接线，就得到如图 6-2-7 所示的两表跨相法测量三相无功功率的接线图。在三相电路对称的情况下，每只功率表的读数 Q_1 和 Q_2 与一表跨相法相同，即

$$Q_1 = Q_2 = UI\sin\varphi$$

将两表读数之和乘以$\frac{\sqrt{3}}{2}$，就得到三相无功功率，即

$$Q = \frac{\sqrt{3}}{2}(Q_1 + Q_2) = \frac{\sqrt{3}}{2}(2UI\sin\varphi) = \sqrt{3}UI\sin\varphi$$

3. 三表跨相法

（1）适用范围

三表跨相法适用于测量电源电压对称，而负载对称或不对称均可时的无功功率。

（2）测量结果

按三表跨相法接线，将三只表的读数之和除以$\sqrt{3}$，即可得到三相无功功率。

采用三只单相功率表，每只表都按一表跨相法的原则接线，即为三表跨相法，其接线图和相量图如图 6-2-8 所示。

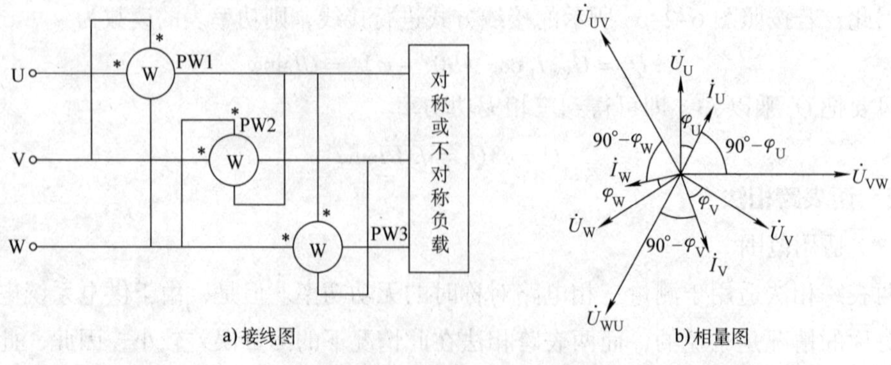

图 6-2-8　三表跨相法测量三相无功功率的接线图和相量图

当三相负载不对称时，三只功率表的读数各不相同，即

$$Q_1 = U_{VW}I_U\cos(90° - \varphi_U)$$
$$Q_2 = U_{WU}I_V\cos(90° - \varphi_V)$$
$$Q_3 = U_{UV}I_W\cos(90° - \varphi_W)$$

由于电源电压对称，上式中的 $U_{VW} = \sqrt{3}U_U$，$U_{WU} = \sqrt{3}U_V$，$U_{UV} = \sqrt{3}U_W$。

三只功率表的读数之和为

$$Q_1 + Q_2 + Q_3 = \sqrt{3}(U_UI_U\sin\varphi_U + U_VI_V\sin\varphi_V + U_WI_W\sin\varphi_W) = \sqrt{3}Q$$

因此，三相总无功功率为

$$Q = \frac{1}{\sqrt{3}}(Q_1 + Q_2 + Q_3)$$

上式说明，三相电路的无功功率等于三只功率表的读数之和除以$\sqrt{3}$。

知识链接

铁磁电动系三相无功功率表

安装式三相无功功率表大多采用铁磁电动系测量机构，并按两表跨相法（或两表人工中性点法）测量三相无功功率的原理制成。仪表的基本结构与铁磁电动系两元件三相有功功率表相同，即把两只单相功率表的测量机构组合在一起，仪表的总转矩为两个测量机构转矩的代数和。为了读数方便，标度尺一般直接按三相无功功率进行标度。

按两表跨相法原理制成的 1D5–VAR 型三相无功功率表，其内部接线图如图 6–2–9a 所示，它只适用于三相三线制负载对称的电路。按两表人工中性点法原理制成的 1D1–VAR 型三相无功功率表，其内部接线图如图 6–2–9b 所示，它适用于三相三线制负载对称或不对称的电路。

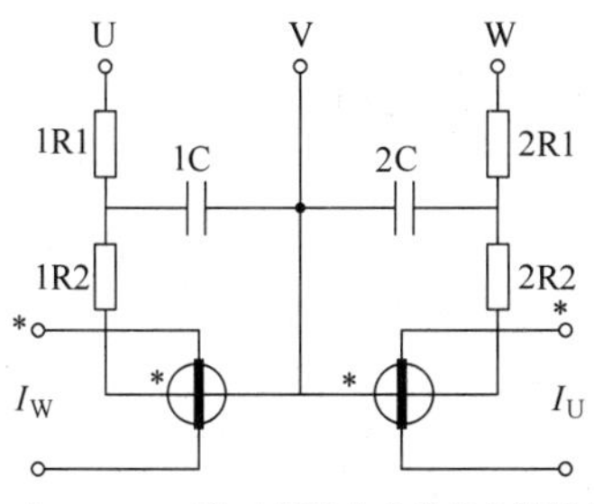

a) 1D5–VAR型三相无功功率表内部接线图

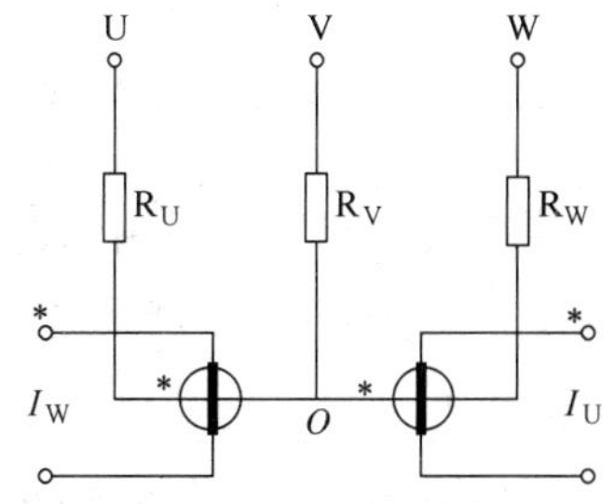

b) 1D1–VAR型三相无功功率表内部接线图

图 6–2–9 三相无功功率表内部接线图

实训 10　用电动系功率表测量电路的有功功率

一、实训目的

1. 熟悉单相有功功率表的结构、原理和使用方法。

2. 能用一表法、两表法、三表法测量三相负载的有功功率。

二、实训器材

单相有功功率表 3 只；三相开关 1 只，单相开关 1 只；220 V/200 W 白炽灯 3 只，220 V/100 W 白炽灯 3 只，220 V/25 W 白炽灯 3 只；150 W 高压钠灯（含镇流器）3 只。

三、实训内容及步骤

1. 外观检查

检查仪表的外壳、端钮、按键等是否完好无损，必要的标志和极性符号是否清晰，表内有无脱落元器件，绝缘有无破损等。

2. 用一只单相有功功率表测量三相四线制负载的功率

（1）按图 6-2-10 连接实训电路。

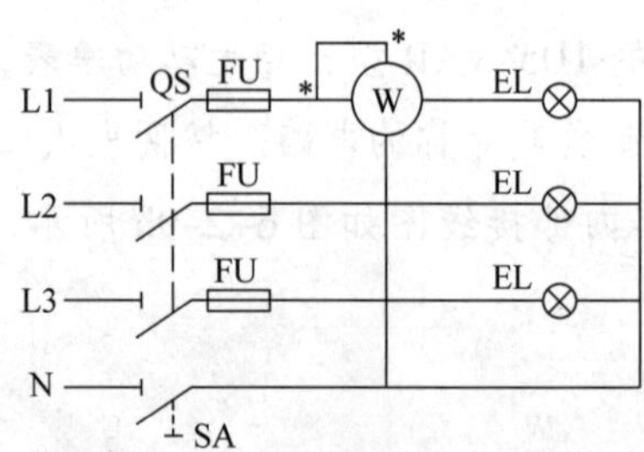

图 6-2-10　用一表法测量三相四线制负载功率

（2）安装三只相同参数的白炽灯，合上单相开关 SA，再合上三相开关 QS，用一只有功功率表分别测量三相对称负载的有功功率，测量结果如下：

功率表读数 P_1=________，P_2=________，P_3=________，$P_{总}$=________。

（3）将其中任意两只更换为不同参数的白炽灯，合上单相开关 SA，再合上三相开关 QS，用一只有功功率表分别测量三相不对称负载的有功功率，测量结果如下：

功率表读数 P_1=________，P_2=________，P_3=________，$P_{总}$=________。

3. 用三只单相有功功率表测量三相四线制负载的功率

（1）按图 6-2-11 连接实训线路。

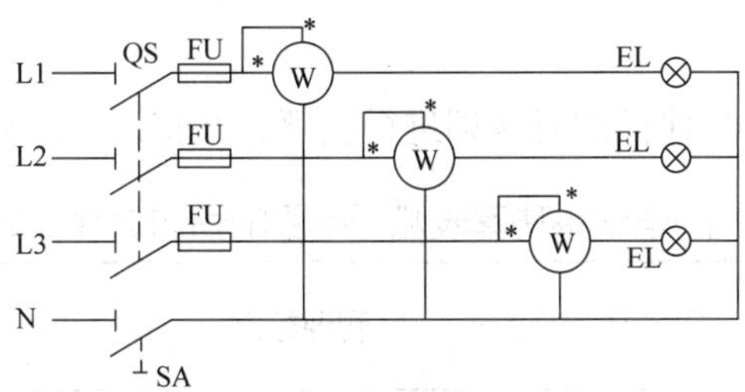

图 6-2-11 用三表法测量三相四线制负载功率

（2）安装三只相同参数的白炽灯，合上单相开关 SA，再合上三相开关 QS，用三只有功功率表同时测量其功率，测量结果如下：

功率表读数 P_1=________，P_2=________，P_3=________，$P_{总}$=________。

（3）将其中任意两只更换为不同参数的白炽灯，合上单相开关 SA，再合上三相开关 QS，用三只有功功率表同时测量三相不对称负载的有功功率，测量结果如下：

功率表读数 P_1=________，P_2=________，P_3=________，$P_{总}$=________。

4. 用两表法测量三相三线制负载的功率

（1）测量 $\cos\varphi=1$ 时，对称三相三线制负载的功率。

按图 6-2-12a 连接线路。用两表法测量其三相功率，测量结果如下：

两功率表读数 P_1=________，P_2=________，三相总功率 $P=P_1+P_2$=________。

（2）测量 $\cos\varphi=0.5$ 时，对称三相三线制负载的功率。

将图 6-2-12a 中三只白炽灯换成三只 150 W 高压钠灯，组成 $\cos\varphi=0.5$ 的对称三相负载，如图 6-2-12b 所示，测量结果如下：

两功率表读数 P_1=________，P_2=________，三相总功率 $P=P_1+P_2$=________。

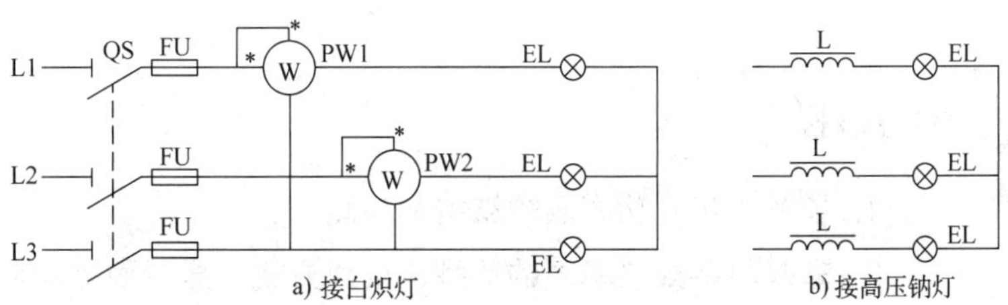

图 6-2-12 用两表法测量三相三线制负载功率

5. 按照现场管理规范清理场地，归置物品。

四、实训注意事项

1. 功率表应按照“发电机端守则”进行接线。

2. 通电前，一定要检查电路连接是否正确，并经实训指导教师同意后方能进行通电实训。

五、实训测评

根据表 6-2-1 中的测评标准对实训进行测评，并将评分结果填入表中。

表 6-2-1　用电动系功率表测量电路的有功功率实训评分标准

序号	测评内容	测评标准	配分（分）	得分（分）
1	仪表面板符号含义	能正确识别功率表面板的符号	20	
2	一表法测量电路功率的方法、步骤和结果	能熟练使用一表法测量电路的功率，并正确读数	20	
3	两表法测量电路功率的方法、步骤和结果	能熟练使用两表法测量电路的功率，并正确读数	20	
4	三表法测量电路功率的方法、步骤和结果	能熟练使用三表法测量电路的功率，并正确读数	20	
5	安全文明实训	工作环境整洁，操作习惯良好，具有安全意识，能积极参与教学活动，整体符合 6S 标准	20	
合计			100	

§6-3　数字式功率表

学习目标

1. 了解数字式功率表的结构和功能。
2. 掌握数字式功率表的选型、接线方式、显示面板和参数设置。

数字式功率表是数显电工仪表中的一种，是对电路中的功率进行测量，并以数字形式显示的仪表。

一、数字式功率表的结构和功能

直流电路功率是指负载两端的电压与流经负载的电流的乘积。测量直流电路的功率，需要分别测量电压值和电流值，两者的乘积即为所测直流功率值。SPA-96BDW 智能数显直流功率表就是利用此种方法，可以直接测量直流电路的功率值并读数。

交流电路功率是指一个周期内瞬时电压和瞬时电流乘积的平均值。测量交流电路的功率同样需要分别测量瞬时电压值与瞬时电流值，然后通过运算或专用电路，求得一个周期的瞬时电压值与瞬时电流值乘积的平均值，即为所测交流功率值。SPC-96BW 智能数显交流功率表就是利用此种方法，可以直接测量交流电路的功率值并读数。

数字式功率表的测量结果要以数字的方式显示，所以电路中必定要用到乘法器，以便求得电压和电流瞬时值的乘积。乘法器分为模拟乘法器和数字乘法器。

1．模拟乘法器

模拟乘法器求得的乘积为模拟值，需要通过 A/D 转换器变换为数字量并显示。由模拟乘法器构成的数字式功率表既可以测量直流电路的功率，又可以测量交流电路的功率，其工作原理框图如图 6-3-1 所示。

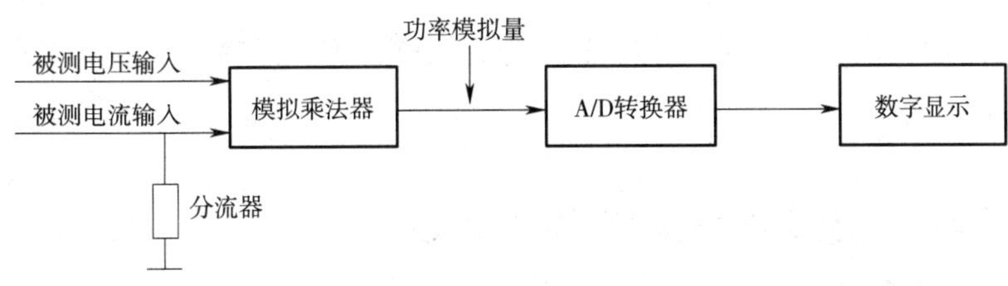

图 6-3-1 由模拟乘法器构成的数字式功率表工作原理框图

2．数字乘法器

数字乘法器需要将电压和电流的瞬时值通过 A/D 转换器变换为数字量，再通过数字乘法器进行运算，求得功率后通过单片机直接显示。由数字乘法器构成的数字式功率表工作原理框图如图 6-3-2 所示。

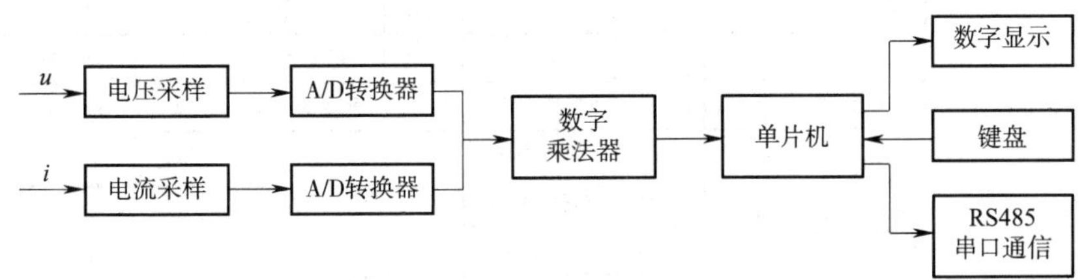

图 6-3-2 由数字乘法器构成的数字式功率表工作原理框图

由数字乘法器构成的数字式功率表，因为利用了单片机（自带 A/D 转换器）和数字乘法器，既可以组成功率表，又可以根据需要组成多功能的智能仪表，既可以测量有功功率，又可以测量无功功率、功率因数、电压、电流等。在 § 3-2 中介绍的 SPC660 系列多功能智能仪表就属于此类仪表。

如果只使用单片机，而不用数字乘法器，则可以组成更加简易的数字式功率表，其工作原理框图如图 6-3-3 所示。

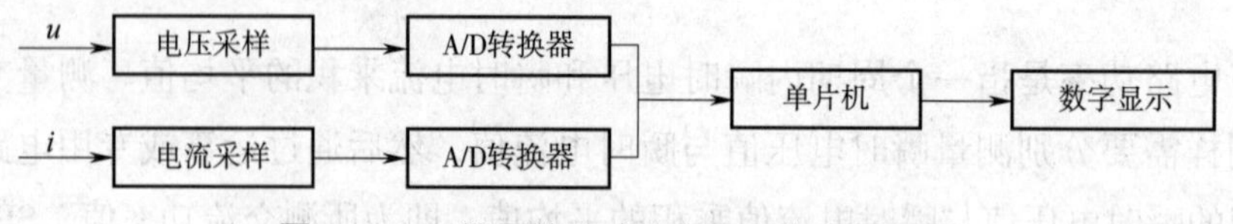

图 6-3-3　简易数字式功率表工作原理框图

SPA-96BDW 智能数显直流功率表可以用于光伏系统、移动电信基站、直流屏等电力监控，可以同时测量直流电路的电流和电压。SPC-96BW 智能数显交流功率表可以用于工矿企业、民用建筑、楼宇自动化等行业的电力监控，可以同时测量交流电路的电流和电压。数字式功率表可选配 RS485 通信接口，通过标准的 Modbus-RTU 协议，与各种组态系统兼容，把前端采集到的电路参数实时传送给系统数据中心。作为一种先进的智能化、数字化的电力信号采集装置，智能数显直流功率表通过按键即可设置所接分流器的变比，从而显示一次侧的直流参数。智能数显交流功率表通过按键即可设置电压互感器 PT 和电流互感器 CT 的参数，可以直观显示交流系统一次侧的功率。

二、数字式直流功率表和交流功率表

1. 数字式功率表选型

（1）数字式直流功率表选型

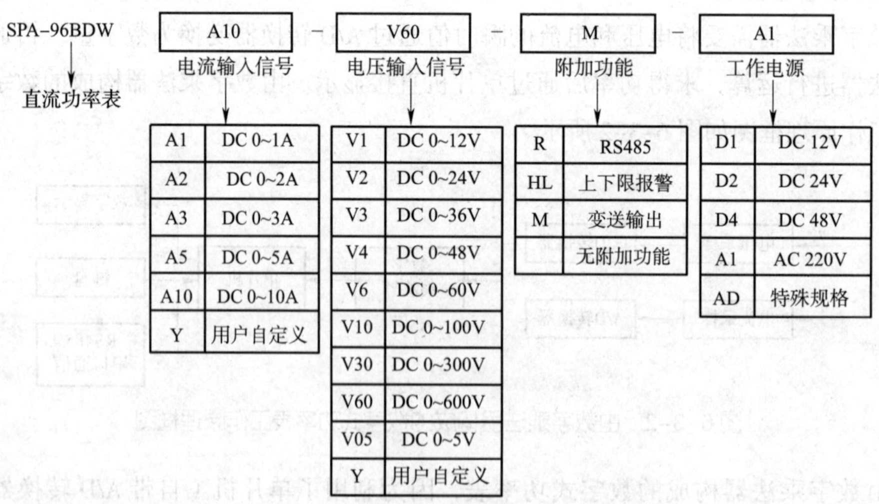

例如，型号 SPA-96BDW-A10-V60-M-A1 表示该仪表为数字式直流功率表，其输入电流为 DC 0 ~ 10 A，输入电压为 DC 0 ~ 600 V，具有变送输出功能，工作电源为 AC 220 V。

（2）数字式交流功率表选型

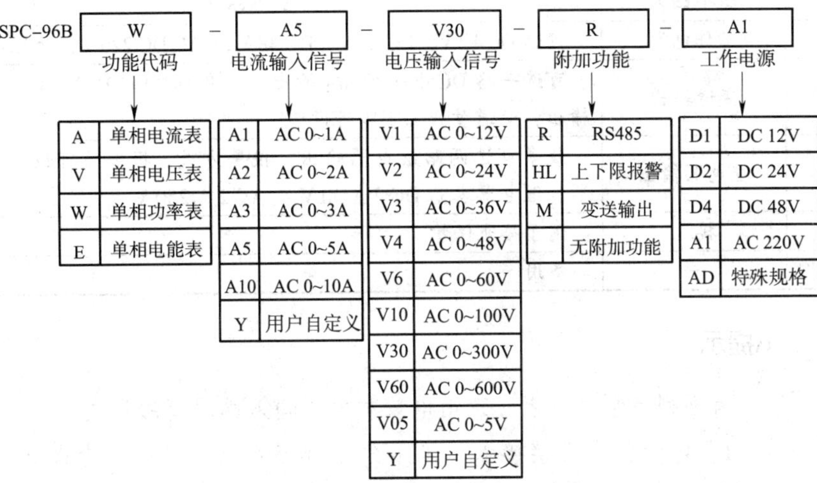

例如，型号 SPC-96BW-A5-V30-R-A1 表示该仪表为数字式交流功率表，其输入电流为 AC 0 ~ 5 A，输入电压为 AC 0 ~ 300 V，具有 RS485 通信输出功能，工作电源为 AC 220 V。

2．数字式功率表的接线方式

（1）数字式直流功率表的接线方式

SPA-96BDW 智能数显直流功率表的典型接线方式（测量显示电压、电流和功率，选配一路 RS485+ 一路变送输出 + 两组报警输出）如图 6-3-4 所示。接线端子的参数含义见表 6-3-1。

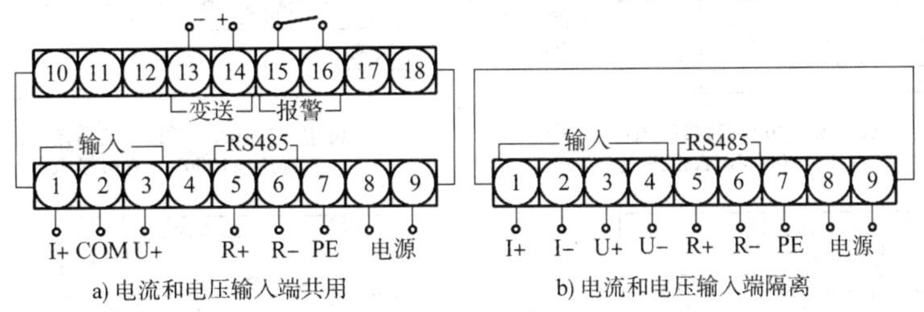

图 6-3-4 SPA-96BDW 智能数显直流功率表的接线

表 6-3-1 SPA-96BDW 智能数显直流功率表接线端子的参数含义

端子号	技术含义	参数含义
①②③ 或 ①②③④	电流、电压输入信号	电压额定值：最大直接输入电压 DC 0 ~ 1 000 V（范围可定制）。超出 DC 1 000 V 需加直流电压传感器，例如：DC 0 ~ 2 000 V/0 ~ 80 mA（直流电压霍尔传感器） 电流额定值：最大直接输入电流 DC 0 ~ 10 A（范围可定制）。超出 DC 10 A 需加分流器，例如：DC 0 ~ 50 A/0 ~ 75 mV
⑤⑥	通信	RS485/RS232 通信接口，Modbus-RTU 协议，通信地址：1 ~ 254 可设，传输速率：300 ~ 19 200 bps 可设

续表

端子号	技术含义	参数含义
⑧⑨	工作电源	可选 DC 12 V，DC 24 V，DC 48 V 或 AC/DC 220 V，功耗 <3 W
⑬⑭	变送输出	可选一路 DC 4 ~ 20 mA 输出，也有 DC 0 ~ 10 V、0 ~ 20 mA 等输出，变送量程上下限可设
⑮⑯	继电器输出	最多可选两路继电器输出，报警方式、报警值可设。常开继电器，继电器容量 DC 2 A/30 V 或 AC 2 A/250 V
⑦	接地	用于接地保护
⑩⑪⑫⑰⑱	—	备用

小提示

有下列情形之一者应选用电流和电压输入端隔离的形式：

1）电流信号直接接入、采用分流器接入或采用霍尔传感器接入仪表，电压信号采用霍尔传感器接入仪表。

2）电压信号直接接入仪表，电流信号采用霍尔传感器接入仪表。

当被测量的电流和电压值在仪表范围内时，数字式直流功率表可直接接入。如果被测值超出范围，则需通过分流器或传感器再接入，如图 6-3-5a ~ d 所示。

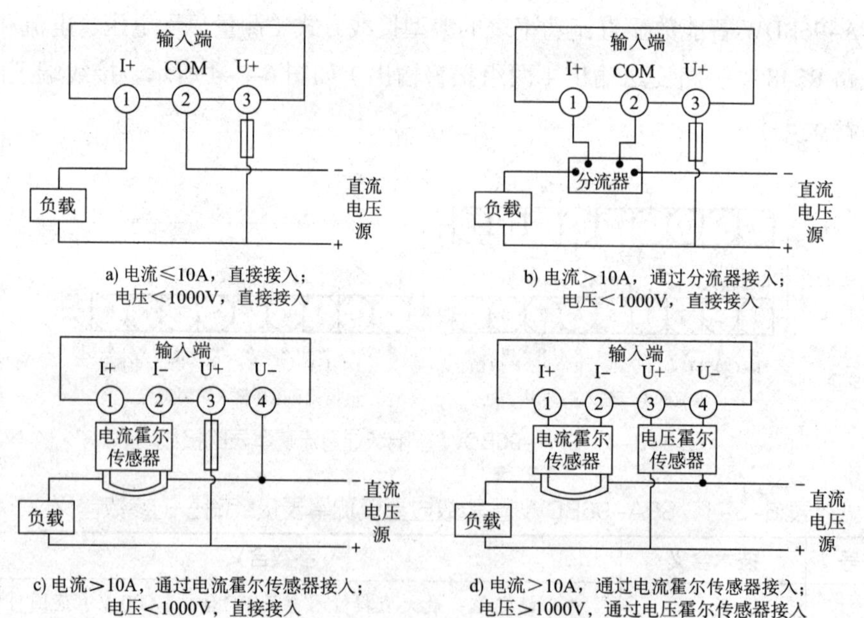

图 6-3-5　数字式直流功率表电流、电压输入接线图

（2）数字式交流功率表的接线方式

SPC-96BW 智能数显交流功率表的典型接线方式如图 6-3-6 所示。接线端子的参数含义见表 6-3-2。

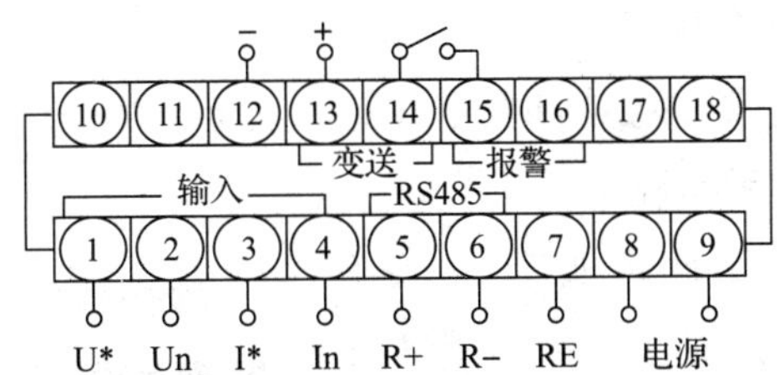

图 6-3-6 SPC-96BW 智能数显交流功率表的接线图

表 6-3-2 SPC-96BW 智能数显交流功率表接线端子的参数含义

端子号	技术含义	参数含义
①②③④	电压、电流 输入信号	电压额定值：AC 100 V 或 AC 400 V 电流额定值：AC 1 A 或 AC 5 A

注：数字式交流功率表其他接线端子的参数含义同表 6-3-1。

小提示

数字式交流功率表在接线时，输入电流、输入电压的方向和相序要保持一致，否则测量的功率值会出现错误。

被测量的电流和电压值在仪表范围内时，数字式交流功率表可直接接入。如果被测值超出范围，则需通过互感器再接入，如图 6-3-7a 和 b 所示。

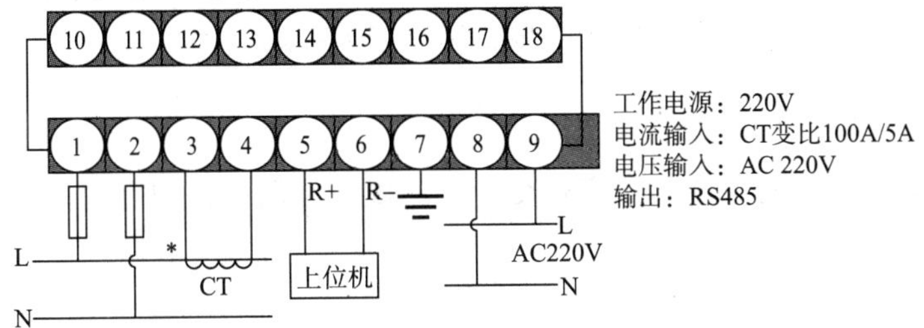

a) 电流＞10A，通过电流互感器接入；电压＜1000V，直接接入

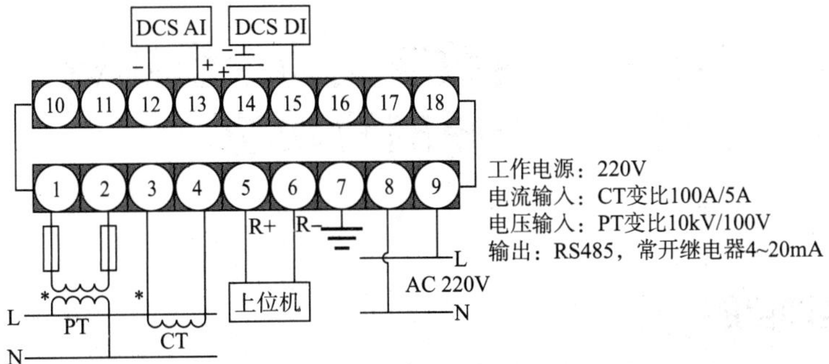

b) 电流＞10A，通过电流互感器接入；电压＞1000V，通过电压互感器接入

图 6-3-7 数字式交流功率表电流、电压输入接线图

（3）数字式功率表工作电源

数字式功率表工作电源的接线和数字式交、直流仪表工作电源的接线相同。

3. 数字式功率表显示面板

数字式功率表的显示面板如图 6-3-8 所示。四位 LED 数码管可以显示功率的测量值，显示面板右上角从上而下的四个指示灯分别为 AL1、AL2、k/W 和 COMM。AL1、AL2 为两路报警指示灯，报警继电器动作时，对应指示灯亮；报警继电器恢复时，对应指示灯灭；k/W 为功率单位指示灯，不亮为 W，长亮为 kW；COMM 为通信指示灯，与上位机通信时，指示灯闪烁。

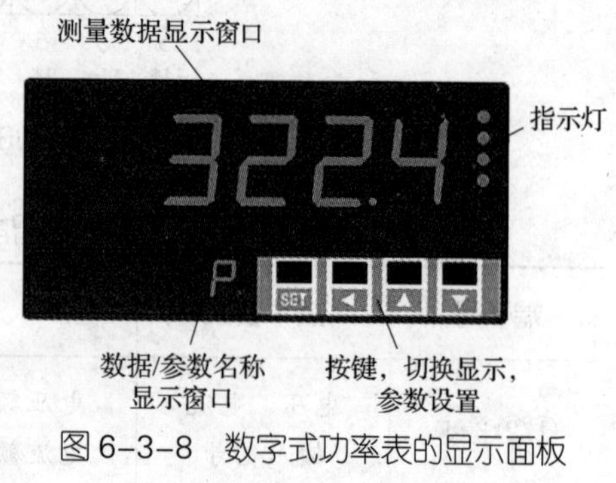

图 6-3-8 数字式功率表的显示面板

该型号的数字式功率表显示屏的显示画面在功率、电压和电流之间切换，如图 6-3-9 所示。

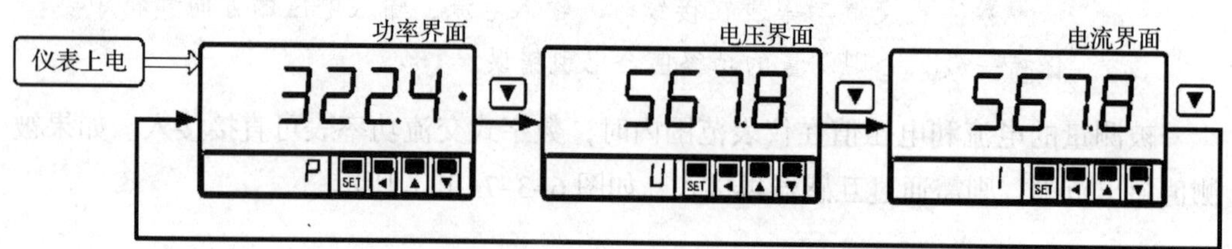

图 6-3-9 数字式功率表显示面板显示值的切换

4. 数字式功率表参数设置

数字式功率表参数的设置与数字式交、直流仪表参数设置的方法相同。

实训 11 用数字式功率表测量电路的有功功率

一、实训目的

1. 熟悉数字式有功功率表的结构和使用方法。
2. 能用数字式功率表测量单相和三相负载的功率。

二、实训器材

数字式交流功率表 3 只；三相开关 1 只，单相开关 1 只；220 V/200 W 白炽灯 3 只，220 V/100 W 白炽灯 3 只，220 V/25 W 白炽灯 3 只；150 W 高压钠灯（含镇流器）3 只。

三、实训内容及步骤

1. 外观检查

检查仪表的外壳、端钮、按键等是否完好无损，必要的标志和极性符号是否清晰，表内有无脱落元器件，绝缘有无破损，数字显示面板是否清晰等。

2. 用一只数字式交流功率表分别测量三相四线制负载的功率

（1）按图 6-3-10 连接实训电路。分别切断 a 和 a'、b 和 b'、c 和 c'，将数字式交流功率表的电流接线端子接入，再将电压接线端子分别接入 a' 和 N'、b 和 N'、c 和 N'。

（2）安装三只相同参数的白炽灯，合上单相开关 SA，再合上三相开关 QS，用一只数字式交流功率表分别测量三相对称负载的有功功率，测量结果如下：

功率表读数 P_1=________，P_2=________，P_3=________，$P_{总}$=________。

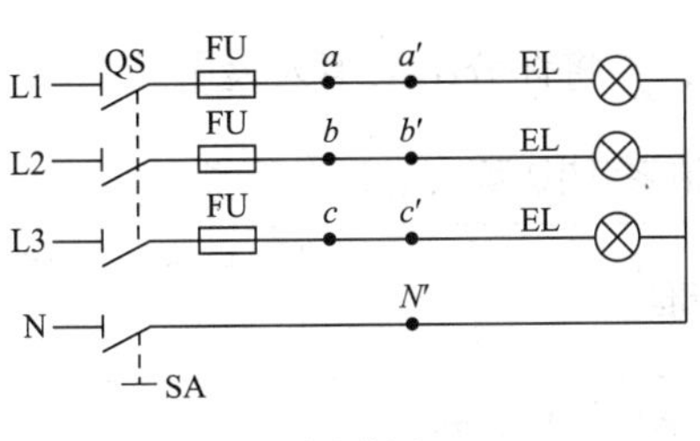

a) 实训电路接线图

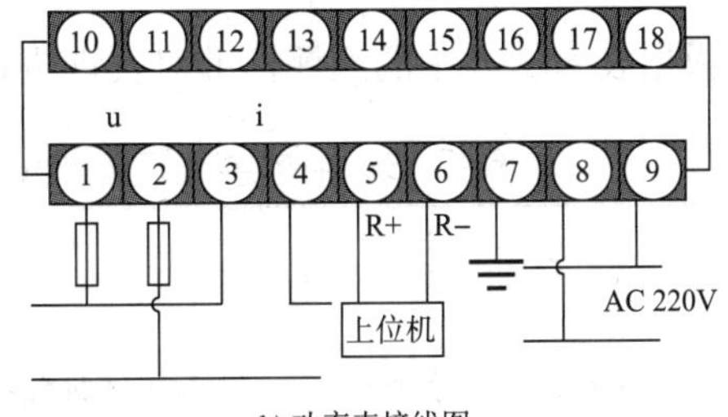

b) 功率表接线图

图 6-3-10 用一只数字式交流功率表分别测量三相功率

（3）将其中任意两只更换为不同参数的白炽灯，合上单相开关 SA，再合上三相开关 QS，用一只数字式交流功率表分别测量三相不对称负载的有功功率，测量结果如下：

功率表读数 P_1=________，P_2=________，P_3=________，$P_{总}$=________。

3. 用三只数字式交流功率表测量三相四线制负载的功率

（1）按图 6-3-11 连接实训电路。三只数字式交流功率表的接线方法和第二步相同。

（2）先合上单相开关 SA，再合上三相开关 QS，用三只数字式交流功率表同时测量其功率，测量结果如下：

三只功率表读数 P_1=________，P_2=________，P_3=________，$P_{总}$=________。

（3）将白炽灯换成高压钠灯，合上单相开关 SA，再合上三相开关 QS，用三只数字式交流功率表同时测量其功率，测量结果如下：

三只功率表读数 P_1=________，P_2=________，P_3=________，$P_{总}$=________。

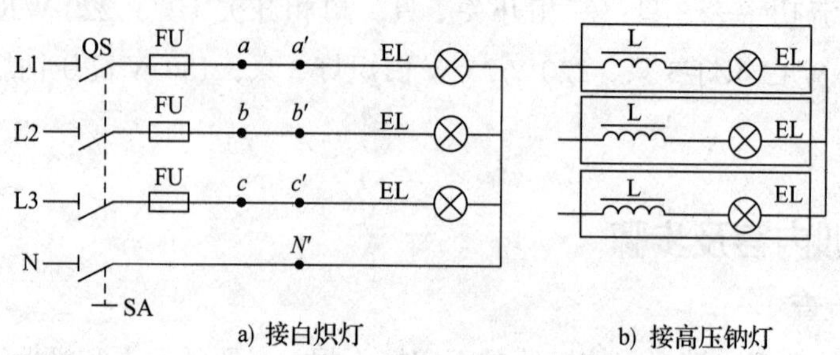

图 6-3-11　用三只数字式交流功率表测量三相功率

4. 按照现场管理规范清理场地，归置物品。

四、实训注意事项

通电前，一定要检查电路连接是否正确，并经实训指导教师同意后方能进行通电实训。

五、实训测评

根据表 6-3-3 中的测评标准对实训进行测评，并将评分结果填入表中。

表 6-3-3　用数字式功率表测量电路的有功功率实训评分标准

序号	测评内容	测评标准	配分（分）	得分（分）
1	仪表面板符号含义	能正确识别数字式功率表面板的符号	15	
2	数字式功率表测量功率的方法、步骤和结果	能熟练使用一只数字式交流功率表测量电路的功率，并正确读数	30	
		能熟练使用三只数字式交流功率表测量电路的功率，并正确读数	40	
3	安全文明实训	工作环境整洁，操作习惯良好，具有安全意识，能积极参与教学活动，整体符合 6S 标准	15	
合计			100	

第七章
电能的测量

由于实际生产中常采用 kW · h 作为电能的单位，所以测量电能的仪表称为电能表或千瓦时表。电能表与功率表的不同之处在于电能表不仅能反映负载功率的大小，还能计算负载用电的时间，并通过计度器把电能自动地累计起来。

20 世纪 50 ~ 70 年代，我国使用的电能表都是交流感应式电能表。随着电子技术的不断发展，在 20 世纪 70 年代末开始了电子式电能表的研制，至今已研制成功的有多功能的电子式电能表，半电子式和全电子式的卡式电能表，脉冲电能表，集中抄表的电能表，断压、断流计量电量电能表，分时计费电能表等。电子式电能表克服了机械感应式电能表的摩擦问题，从而大大提高了灵敏度，降低了仪表本身消耗的功率。

电子式电能表从结构上改变了电能表的组成，取消了转动的铝盘、电流元器件和电压元器件，改用电子元器件，用液晶显示器或步进电机驱动的字轮显示读数。

本章主要介绍单相电子式电能表、智能式电能表等基本知识和三相电能的测量及电能表的使用常识等。

§ 7-1 单相电能的测量

学习目标

1. 了解单相电子式电能表的结构和工作原理，掌握单相电子式电能表的接线方法。

2. 了解单相电子式预付费电能表的工作原理及使用方法。

3. 了解单相费控智能电能表的基本知识。

4. 了解单相数字式电能表的结构和工作原理，掌握单相数字式电能表的选型和接线方式。

5. 了解导轨式单相多功能表的基本知识。

电子式电能表也称为静止式电能表，但严格地说，由于电子式电能表采用步进电机驱动字轮，因此不能认为是完全静止的。如果要做到完全静止，必须采用液晶显示器。若采用液晶显示器则要有相应的存储器件，有时还需要备用电源，才能保证电能表在停电后能够保存数据。

一、单相电子式电能表

单相电子式电能表与感应式电能表相同，测量的电能是有功功率与时间的乘积，交流电路中电压 U 和电流 I 在某一段时间 t 内的电能 E 的表达式为

$$E = UI\cos\varphi t$$

1. 单相电子式电能表的结构和工作原理

普通单相电子式电能表是将被测电量 U 和 I 先经电压输入电路和电流输入电路转换，然后通过模拟乘法器将转换后的 U_U 和 U_I 相乘（模拟乘法器的增益为 K），乘法器产生一个与 U 和 I 的乘积（有功功率 P）成正比的信号 U_0。再通过 U/f（电压 / 频率）转换型 A/D 转换器，将模拟量 U_0 转换成与 $UI\cos\varphi$ 的大小成正比的频率脉冲输出。最后经计数器累积计数而测得时间 t 内的电能数值。普通单相电子式电能表外形如图 7–1–1 所示，工作原理框图如图 7–1–2 所示。

图 7–1–1 单相电子式电能表

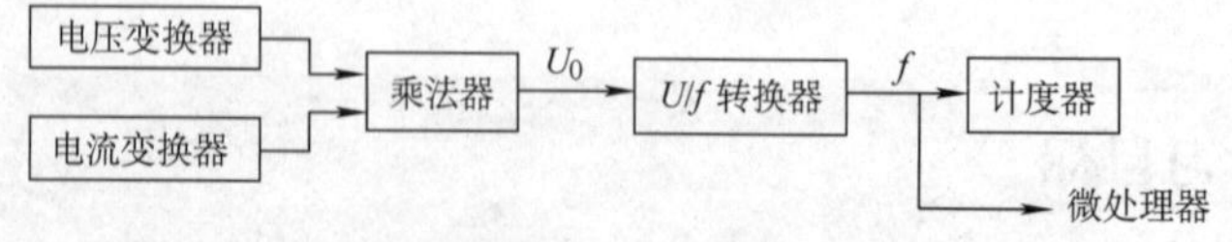

图 7–1–2 普通单相电子式电能表工作原理框图

（1）输入变换电路

输入变换电路包括电压变换器和电流变换器两部分。其作用是将高电压、大电流变换成可用于电子测量的小信号后送至乘法器。转换后的信号分别与输入的高电压和

大电流成正比。常见的变换器有分流分压电阻和仪用互感器两种。

（2）乘法器

乘法器是电子式电能表的核心，是一种能将两个互不相关的模拟信号相乘的电子电路，通常具有两个输入端和一个输出端，是一个三端网络。其输出信号与两个输入信号的乘积成正比。

（3）*U/f* 转换器

U/f 转换器的作用是将输入电压转换成与之成正比的频率脉冲信号。在模 / 数（A/D）转换中，*U/f* 转换器是一种常用的电子电路。

（4）计度器

计度器包括计数器和显示部分。计数器可将由 *U/f* 转换器输出的脉冲加以计数，然后送至显示电路显示。全电子式电能表的显示部分通常采用液晶显示器，取消了感应式电能表的仪表转盘。

目前，也有一些电子式电能表采用的是步进电机式机械计度器，它通过步进电机驱动字轮显示用电量。步进电机可用石英电子钟上的永磁式单相步进电机。通常将步进电机与字轮组成一个单独部件，以便装配与更换。

2. 单相电子式电能表的接线方法

为接线方便，单相电子式电能表内设有专门的接线盒，盒内接有四个接线柱，连接时只要将 1、3 端接电源（进线端），2、4 端接负载（出线端）即可，如图 7-1-3 所示。

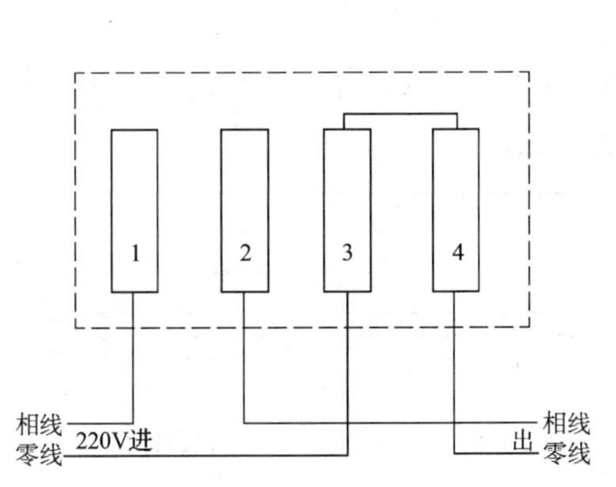

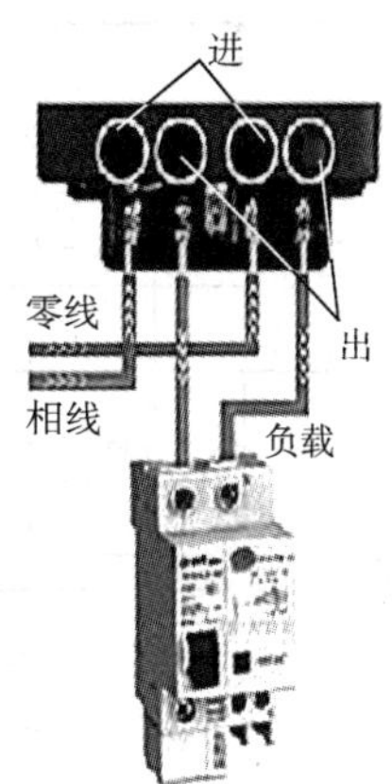

图 7-1-3 单相电子式电能表的接线

小提示

电能表接线盒盖的内侧通常画有其接线图，使用者只要按照接线图接线即可。

3. 电子式电能表的安装要求

（1）电子式电能表的安装地点应干燥、有利于抄表，且无尘土、热源，电磁场影响小（距离 100 A 左右的输电线不可低于 400 mm）。装于户外时，应采用防水防雨措施。

（2）电子式电能表应竖直安装，上下左右的坡度不超过 2°。电子式电能表中心距地面一般为 1.5 ~ 1.8 m，在成套设备高压开关柜内安装时，距地面不小于 0.7 m，两表中心间距不可低于 200 mm。三相电子式电能表应按正相序连接电路，并依照接线端子盖板上的接线方法接线。装有电压互感器的电子式电能表，电压互感器二次绕阻的同名端不可接错，不然将导致电能表反转、不转动或计量错误。电源开关、断路器应接在电子式电能表的负荷侧。

（3）电子式电能表的接线端子联片不可拆卸，否则电压线圈内没有电流，电能表无法运转。

（4）不同电价的用电线路应分别装表，同一电价的用电线路应合并装表。

（5）电子式电能表的电流线圈应串联在相线上。精确测量低电压大电流电路时，应将电流互感器的一次侧与电路连接，电能表的电流线圈串联在电流互感器的二次侧上，电能表的电压线圈并联在电路中。精确测量高电压大电流电路时，应将电压互感器的一次侧和电路连接，电能表的电压线圈并联在电压互感器的二次侧上，电流互感器的一次侧与电路连接，电能表的电流线圈串联在电流互感器的二次侧上。测量电路如图 7–1–4 所示。

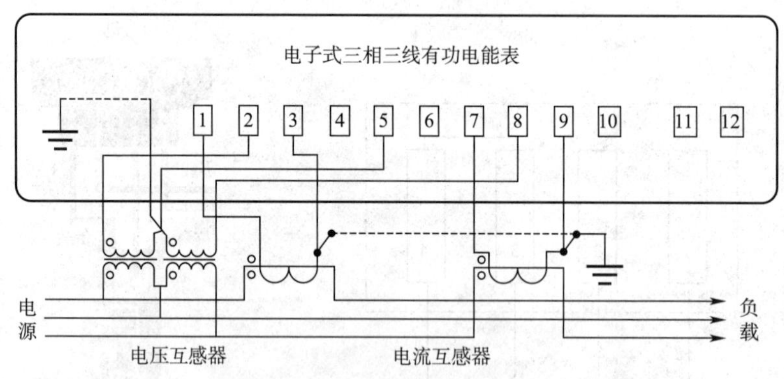

图 7–1–4　带电压互感器和电流互感器的三相电能测量电路

二、单相电子式预付费电能表

单相电子式预付费电能表的用途是计量额定频率为 50 Hz 的交流单相有功电能，并实现电量预购功能。它是一种采用先进的固态集成技术制造的新产品，其特点是精度高、过载能力强、功耗低、体积小、质量轻。供电部门可通过计算机售电管理系统对用户预购的电量进行预置，并经电卡传递给电能表。它还可以按需要储存用户表的出厂表号、电能表常数、计度器初始值、用户地址、用户姓名等，以便于进行系统管理。

单相电子式预付费电能表具有数据回读功能。当电卡插入表内，电能表正确读取数据后，能够将表内总电量、本次剩余电量、上次剩余电量、总购电次数等数据回读到电卡中，便于供电部门与用户进行信息传递，保护供、用电双方的利益。此外，该电能表还具有自动计算用户消耗电量、停电时表内数据自动保护、最大负荷控制等功能。

电卡作为媒介，由供电部门设置密码，保证了用户电卡只能自己使用而不能换用，电卡可反复使用一千次以上，表内的电卡插座与表内通过的市电完全绝缘，以保证用户使用电卡时的安全。

单相电子式预付费电能表的准确度等级为 1.0 级，额定电压为 220 V，额定电流有 2（10）A、5（25）A、10（50）A、20（100）A 等多种规格。

1．工作原理

单相电子式预付费电能表包括测量系统和单片机处理系统，测量系统是一块单相电子式电能表。其工作原理是由分压器完成电压取样，由取样电阻完成电流取样，取样后的电压、电流信号由乘法器转换为功率信号，经 *U*/*f* 变换后，由步进电机驱动计度器工作，并将脉冲信号输入单片机处理系统。用户在供电部门交款购电，所购电量在售电机上被写进用户电卡，由电卡传递给电能表，电卡经多次加密可以保证用户可靠地使用。当所购电量用完后，表内继电器将自动切断供电回路。

2．使用方法

单相电子式预付费电能表的外形如图 7-1-5 所示。

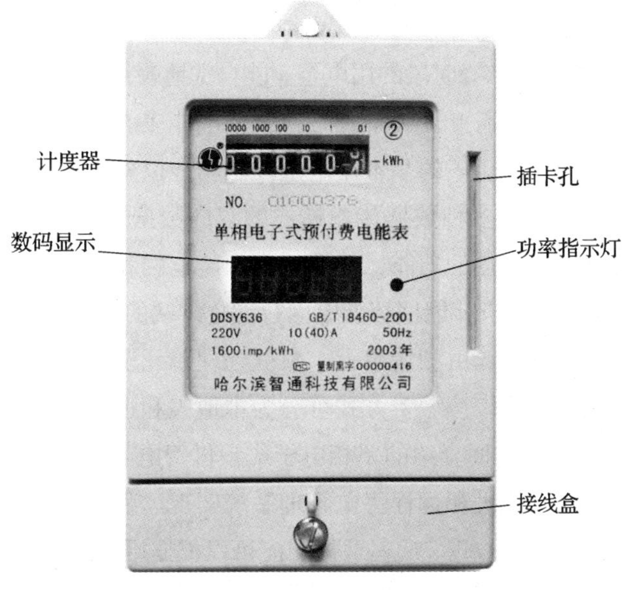

图 7-1-5 单相电子式预付费电能表

单相电子式预付费电能表采用六位计度器显示总消耗电量，其中左五位为整数位（黑色），右一位为小数位（红色），窗口示数为实际用电量，另用四位数码管滚动显示所购电量和剩余电量（0 ~ 9 999 kW · h）。电能表的标牌上装有红色功率指示灯，用以指示用户用电状况。用电负荷越大，该指示灯闪烁频率越快，反之越慢。当用户不用电时，该指示灯可停在常亮或常灭状态下，用电恢复后该灯继续随用电负荷的大小而闪烁。用户携电卡购电后，将电卡插入电表，保持 5 s 后拔出电卡即可用电。在用户拔下电卡约 30 s 后，电表进入隐显状态。当电表电量小于 10 kW · h 时，电表由隐显变为常显状态，提醒用户电量已剩余不多。当用户电量剩至 5 kW · h 时，电能表断电报警，此时用户将电卡重新插入表内一次，可继续使用 5 kW · h 电量。此功能用于再次提醒用户及时购电并输入。

小提示

电卡内有集成电路，为防止其被静电损坏，电卡一定要妥善保管，避免放入易产生静电的物体（如纤维、塑料）中，并保持电卡插头的清洁。如电卡丢失应及时到售电部门申请补配。

三、单相费控智能电能表

电网负荷的变化虽然是随机的，但总体来讲还是有一定的规律可循。例如，企业上班、夜幕降临时负荷会上升，企业下班、居民入睡后负荷会逐渐下降等。如果把一天的负荷状态按用电量大小来区分，则可以分成尖峰、峰、平、谷四个时段。为了提高电网的效率，在尖峰时段需要限制负荷，在谷时段则要鼓励用电，使一天的负荷相对平稳，为此电力管理部门制定了在不同时段执行不同电价的复费率制，以达到抑制尖峰时段用电的目的，使原来尖峰时段和峰时段的用电企业能自觉地改移到平时段和谷时段用电。

实行时段电价的用户则需要安装单相费控智能电能表。该表是现代智能电网的智能终端，它除了具备传统电能表的基本用电量计量功能以外，还具有双向多种费率计量功能、用户端控制功能、多种数据传输模式的双向数据通信功能、实时监测功能、自动控制以及防窃电等智能化的功能，能够适应智能电网和新能源的推广和使用。单相费控智能电能表代表着未来节能型智能电网智能化终端的发展方向。

单相费控智能电能表一般由测量单元、数据处理单元及通信单元等组成，外形如图 7-1-6 所示。智能式电能表按缴费方式可分为本地表和远程表。本地表是指用户可使用 IC 卡缴费的电能表，前面介绍的单相电子式预付费电能表就属于这种类型。远程表则是指供电部门通过计算机和远程售电管理系统实现远程费控功能的电能表，单相费控智能电能表则属于这种类型。远程费控功能可以根据用户的用电负荷、缴费记录、账户余额等对用户进行跳闸或合闸操作。

实现电能表远程费控给用电管理带来了极大的便利。一是拉闸动作只需在办公室完成（进入采集系统，单击“下发跳闸”指令即可），节省了不必要的人力支出，提高了工作效率；二是拉闸操作以系统采集的实时数据为依据，避免了拉错闸的情况，提升了供电服务质量。这种电能表还能够实现分时计量，用户可以轻松掌握自家的用电习惯。经过用电分析，调整用电习惯后，可以减少不必要的浪费。另外，用户在供电营业厅购电后，服务人员只需要通过计算机管理系统就能为用户远程充值，免去了用户拿着 IC 卡购电后再插到电表充值的过程。

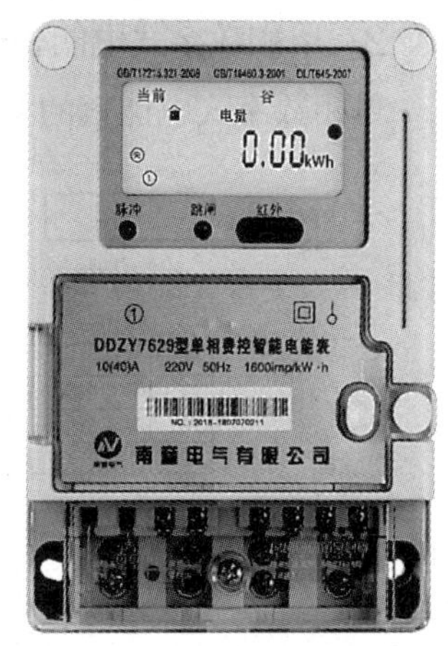

图 7-1-6 单相费控智能电能表

四、单相数字式电能表

SPC-96BE 系列单相数字式电能表专门为工矿企业、民用建筑、楼宇自动化等行业的电力监控系统而设计。仪表采用交流采样技术，通过面板按键设置 PT 及 CT 参数，可直观显示单相系统一次侧的电能。该表配有 RS485 通信接口，通过标准的 Modbus-RTU 协议，可与各种组态系统兼容，把前端采集到的电能数值实时传送给系统数据中心。单相数字式电能表是一种先进的智能化、数字化的电力信号采集装置，其外形如图 7-1-7 所示。

图 7-1-7 SPC-96BE 系列单相交流电能表

1．单相数字式电能表的结构和工作原理

单相数字式电能表利用电子电路和芯片来测量电能，其结构原理如图 7-1-8 所示。电能表用分流器或电流互感器将电流信号转换成可用于电子测量的小信号，用分压电阻或电压互感器将电压信号转换成可用于电子测量的小信号，经乘法器得到电压电流的乘积信号，再经 P/F 变换器产生一个频率，该频率与电压电流乘积成正比，这个频率经分频器处理，使输出信号的频率为输入信号频率的整数分之一并送入计数显示器，计数显示器对输出的频率脉冲个数进行累计并显示。

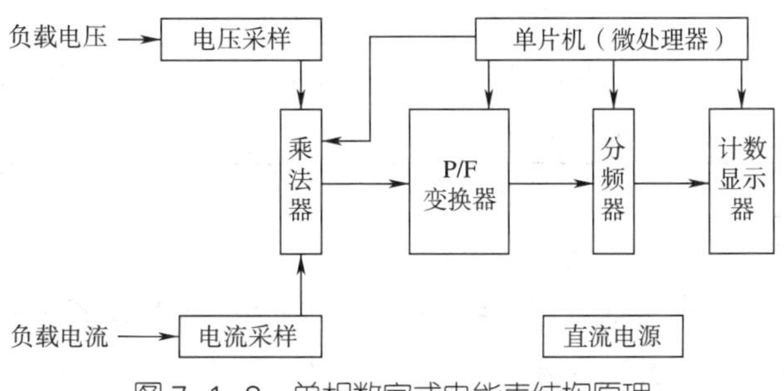

图 7-1-8 单相数字式电能表结构原理

2. 单相数字式电能表选型

单相数字式电能表的型号含义如下：

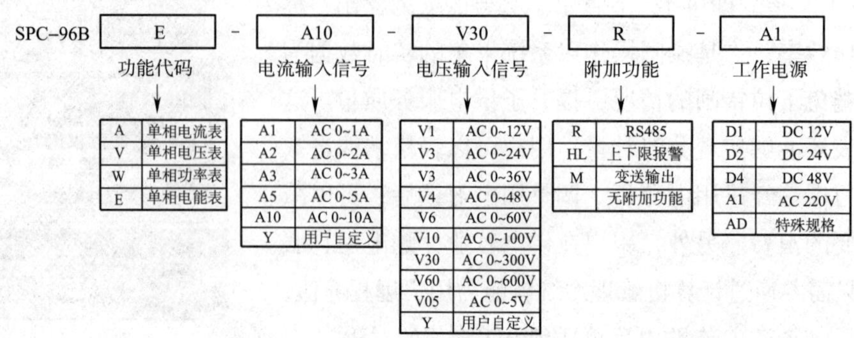

例如，型号 SPC–96BE–A10–V30–R–A1 表示该仪表为单相数字式电能表，其输入电流为 AC 0 ~ 10 A，输入电压为 AC 0 ~ 300 V，具有 RS485 通信输出功能，工作电源为 AC 220 V。

3. 单相数字式电能表接线方式

（1）接线端子

SPC–96BE 系列单相数字式电能表的接线端子如图 7–1–9 所示，接线端子的参数含义见表 7–1–1。

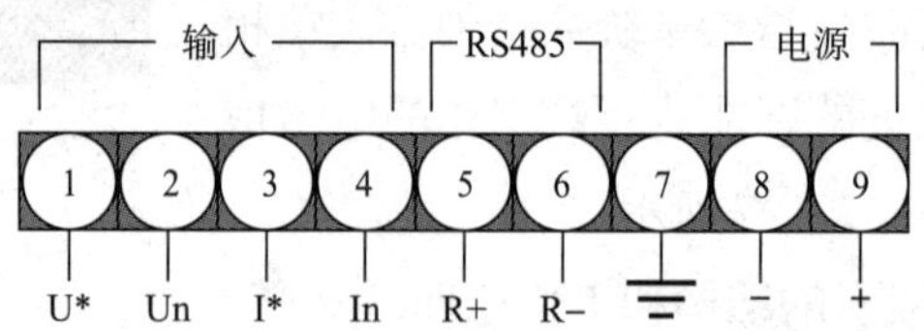

图 7–1–9　单相数字式电能表的接线图

表 7–1–1　单相数字式电能表接线端子的参数含义

端子号	技术含义	参数含义
①②③④	电流、电压输入信号	电压额定值：AC 100 V 或 AC 400 V。超出 400 V 需加电压互感器 电流额定值：AC 1 A 或 AC 5 A。超出 5 A 需加电流互感器
⑤⑥	通信	RS485/RS232 通信接口，Modbus–RTU 协议，通信地址：1 ~ 254 可设，传输速率：300 ~ 19 200 bit/s 可设
⑧⑨	工作电源	可选 DC 12 V，DC 24 V，DC 48 或 AC/DC 220 V，功耗小于 3 W
⑦	接地	用于接地保护

小提示

输入电流和电压要保持方向和相序的一致性，否则显示的额定电能和功率值将会出现错误。

（2）接线方式

如果被测量的电流值和电压值在仪表量程范围内，数字式电能表可直接接入。如果被测值超出量程范围，则需通过电流互感器或电压互感器接入，如图 7–1–10 所示。

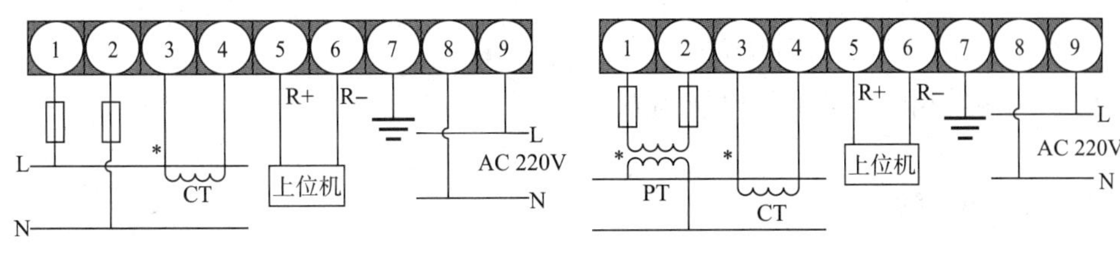

a) 电压输入：220V
电流输入：CT变比100A/5A

b) 电压输入：PT变比10kV/100V
电流输入：CT变比100A/5A

图 7–1–10　单相数字式电能表的接线图

（3）电能表工作电源

单相数字式电能表工作电源的接线方式和数字式直流仪表工作电源的接线方式相同。

五、导轨式单相多功能表

SPC–640 系列导轨式单相多功能表专为能效管理系统而设计。该仪表可直接与空气开关、断路器、接触器一起安装，可作为工厂、学校、医院、商场等具有电力分项管理需求的信号采集单元。该仪表无须外置电流互感器，最大可直接接入 100 A 电流，可同时测量交流电流、电压、功率、频率和电能等参数，标配 RS485 通信接口，默认 Modbus–RTU 通信协议，可与各种组态系统兼容，把前端采集到的电路参数实时传送给系统数据中心。其外形如图 7–1–11 所示。

图 7–1–11　SPC–640 系列导轨式单相多功能表

小提示

所有导轨式电表都为直输式电表，无须外接电流互感器，为了提高测量准确度，请根据负载的电流等级选择适合的电表。当负载电流大于 80 A 时，连接导线需要加装专用的接线端子，以确保接线安全。

实训 12　用单相电能表测量电路的电能

一、实训目的

1. 熟悉单相电能表的结构和使用方法。
2. 掌握用单相电能表测量电能的方法。

二、实训器材

单相电能表 1 只，熔断器 2 只，空气开关 1 只，电源插座 2 只，导线若干。

三、实训内容及步骤

1．外观检查图

检查电能表的外壳、端钮、按键等是否完好无损，必要的标志和极性符号是否清晰，表内有无脱落元器件，绝缘有无破损等。

2．绘制单相电能表的接线图

3．按照接线图进行接线

参照图 7–1–12 所示的安装示意图接线，接线应安全可靠、布局合理，安装应符合从上到下、从左到右的原则。

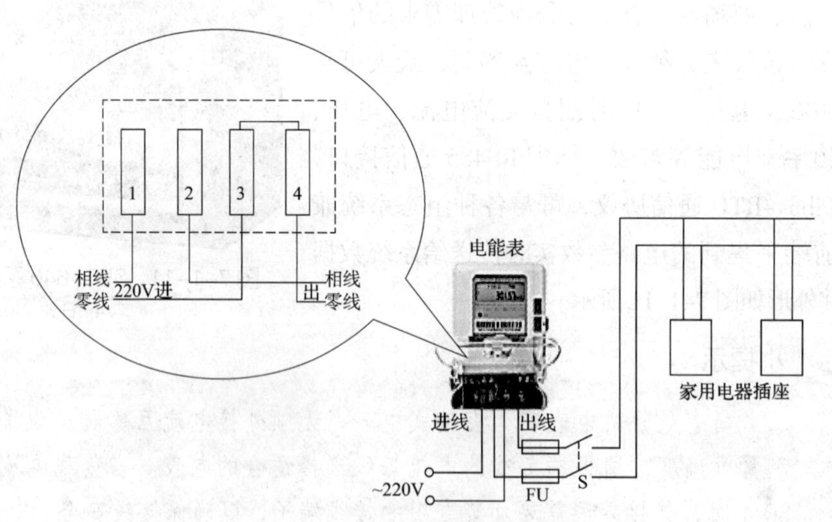

图 7–1–12　单相电能表安装示意图

4．接线完毕

经检查无误后，在指导教师的监护下进行通电实训。

5．按照现场管理规范清理场地，归置物品。

四、实训注意事项

通电前，一定要检查电路连接是否正确，并经实训指导教师同意后方能进行通电实训。

五、实训测评

根据表 7-1-2 中的测评标准对实训进行测评，并将评分结果填入表中。

表 7-1-2 用单相电能表测量电路的电能实训评分标准

序号	测评内容	测评标准	配分（分）	得分（分）
1	仪表面板符号含义	能正确识别电能表面板的符号	20	
2	用单相电能表测量电路电能的方法、步骤	能熟练使用单相电能表测量电能，并正确读数	60	
3	安全文明实训	工作环境整洁，操作习惯良好，具有安全意识，能积极参与教学活动，整体符合 6S 标准	20	
合计			100	

§ 7-2 三相电能的测量

学习目标

1. 掌握三相三线和三相四线有功电能表的基本知识和接线方式。
2. 掌握三相三线和三相四线无功电能表的基本知识和接线方式。
3. 了解导轨式三相多功能表的接线方式和显示面板。

尽管电能表和功率表在结构及用途上并不相同，但是就测量负载功率这一点来讲，它们却是完全相同的，只不过电能的测量还需增加计度器，以计算功率的消耗时间。因此，对三相电路有功功率测量的各种方法和理论，同样适用于三相有功电能的测量。

换句话说，三相电路有功电能的测量，也可用一表法、两表法、三表法来实现。值得注意的是，由于电能表中的电压线圈是一个阻抗而不是纯电阻，要获得完全平衡的人工中性点比较困难，因此在三相电能测量中，通常不采用人工中性点法。

实际生产中的三相电能测量一般采用三相电能表。三相电能表是根据两表法或三表法的原理，把两个或三个单相电能表的测量机构组合在一只表壳内制成的。实际中，由于完全对称的三相电路很少，所以一表法在三相电能的测量中使用较少。下面主要介绍三相有功电能的测量方法和三相无功电能的测量方法。

一、三相有功电能的测量

1．三相三线有功电能的测量

常见的三相三线有功电能表如图 7–2–1 所示。三相三线有功电能表一般用于计量 50 Hz 电网中的三相三线交流有功电能，常用于企业、变电站或电厂，也可作为输配电或配网的自动化用表。

三相三线有功电能表的接线方式与两表法测量功率的接线方式相同。按规定，对于低压供电线路，当其负荷电流为 80 A 及以下时，可直接接入电能表，其接线如图 7–2–2 所示。当负荷电流为 80 A 以上时，电能表应配合电流互感器接入电路，其接线如图 7–2–3 所示。

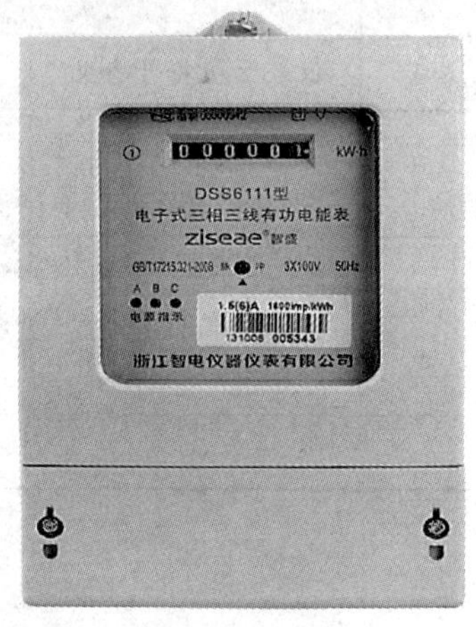

图 7–2–1　三相三线有功电能表

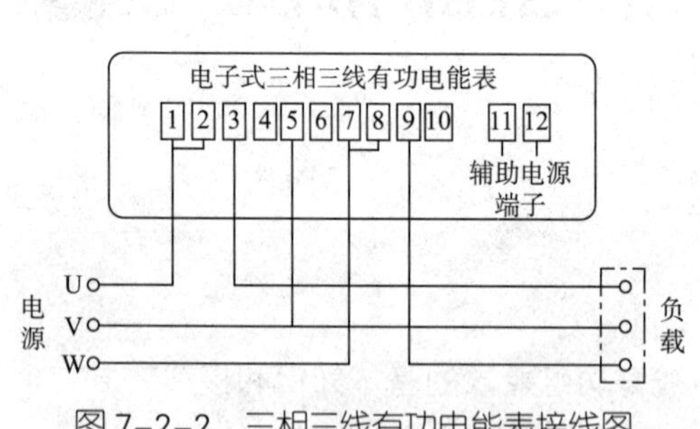

图 7–2–2　三相三线有功电能表接线图

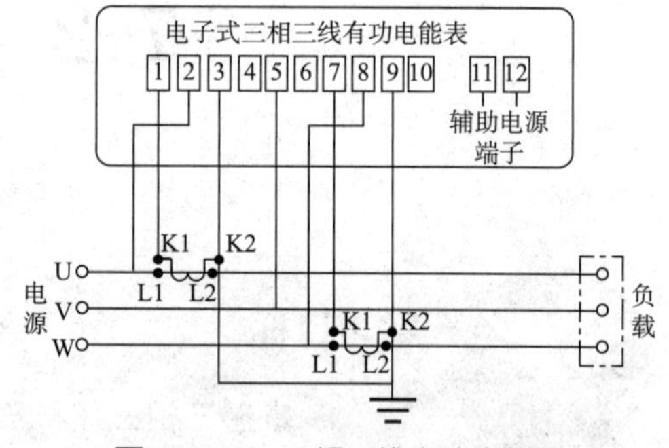

图 7–2–3　三相三线有功电能表配电流互感器接线图

2．三相四线有功电能的测量

三相四线有功电能表实际上是按照三表法测功率的原理，由三只单相有功电能表的测量机构组合而成的。

目前常见的三相四线有功电能表的外形与三相三线有功电能表的外形完全相同，其接线如图 7–2–4 所示。当负载电流为 80 A 以上时，也应配合电流互感器使用，其接线如图 7–2–5 所示。

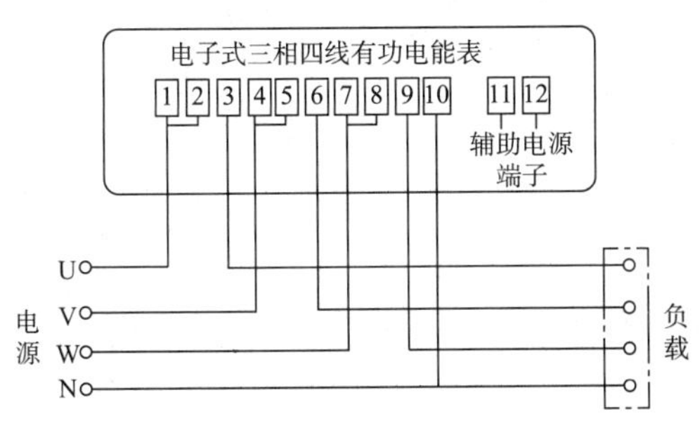

图 7-2-4 三相四线有功电能表接线图

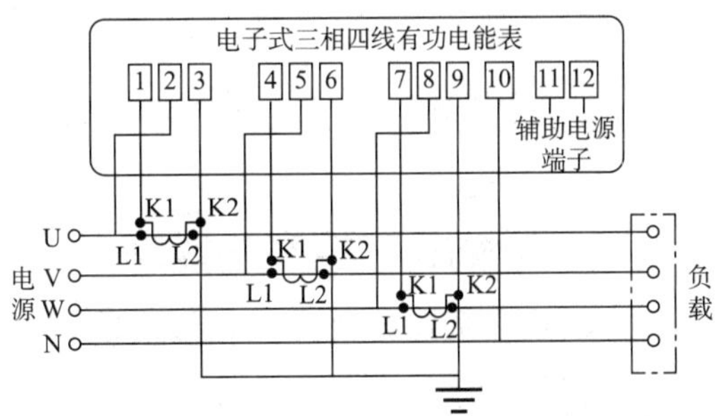

图 7-2-5 三相四线有功电能表配电流互感器接线图

小提示

电能表接线盒盖的内侧通常画有其接线图，使用时只要按照接线图接线即可。

二、三相无功电能的测量

在实际生产中，为了提高发电设备的效率，必须设法提高系统的功率因数，以降低系统的无功电能损耗。为此，有必要对用户无功电能的消耗进行监督，也就是需要用三相无功电能表测量用户的无功电能。所以无功电能的测量对电力部门是十分重要的。

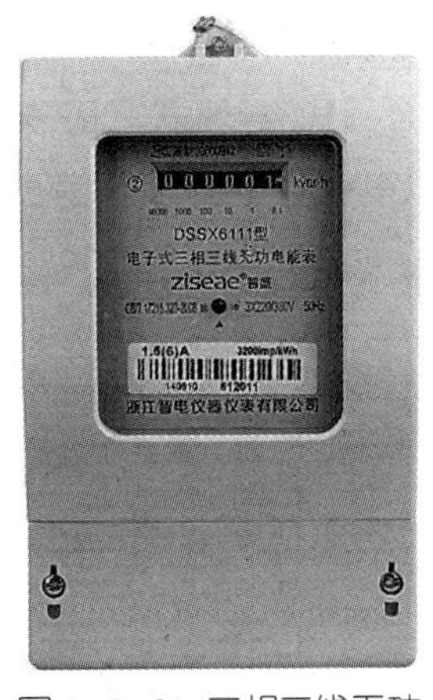

图 7-2-6 三相三线无功电能表

1. 三相三线无功电能的测量

测量三相三线无功电能可采用三相三线无功电能表。常见的三相三线无功电能表如图 7-2-6 所示。三相三线无功电能表的接线如图 7-2-7 所示。

2. 三相四线无功电能的测量

常见的三相四线无功电能表的外形与三相三线无功电能表的外形基本相同，其接线如图 7-2-8 所示。

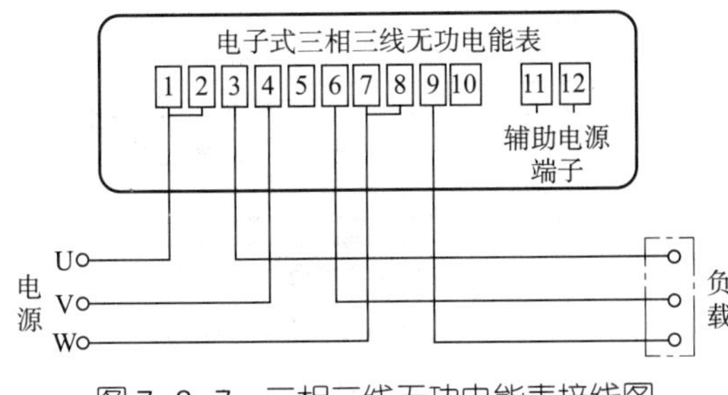

图 7-2-7 三相三线无功电能表接线图

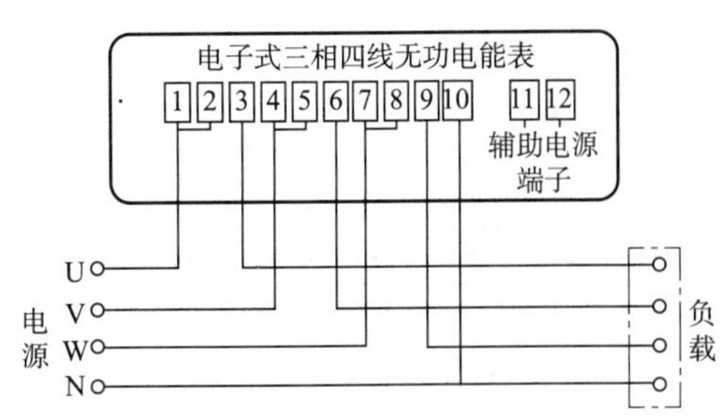

图 7-2-8 三相四线无功电能表接线图

小提示

三相四线无功电能表不仅可以测量三相四线制线路的无功电能，而且还可以测量三相三线制线路的无功电能。

三、导轨式三相多功能表

SPC-670 系列导轨式三相多功能表专为能效管理系统而设计，可直接与空气开关、断路器、接触器一起安装，可作为工厂、学校、医院、商场等具有电力分项管理需求的信号采集单元。该仪表无须外置电流互感器，最大可直接接入 100 A 电流，可测量三相电网的电流、电压、有功功率、无功功率等 30 个电路参数，标配有 RS485 通信接口，通过标准的 Modbus-RTU 协议，可与各种组态系统兼容，把前端采集到的电路参数实时传送给系统数据中心。其外形如图 7-2-9 所示。

图 7-2-9 SPC-670 系列导轨式三相多功能表

1. 导轨式三相多功能表的接线方式

SPC-670 系列导轨式单相多功能表的接线如图 7-2-10 所示。接线端子的参数含义见表 7-2-1。

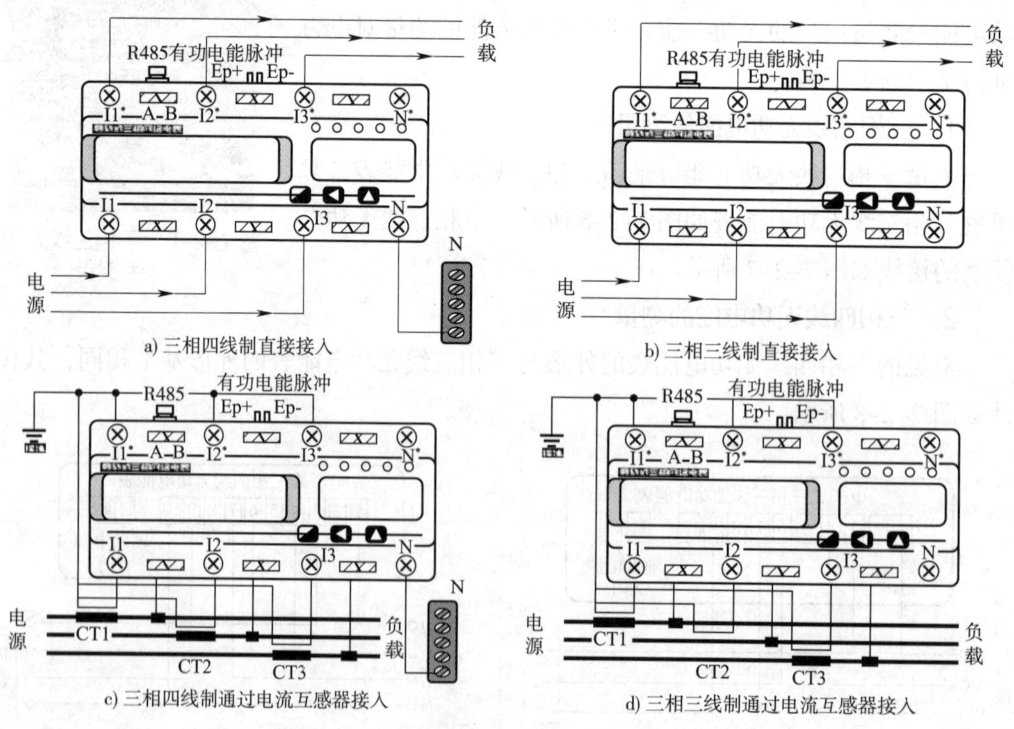

图 7-2-10 导轨式三相多功能表的接线图

表 7-2-1 导轨式三相多功能表接线端子的参数含义

端子号	技术含义	参数含义
I_1、I_2、I_3、N	输入端	电压额定值：127/220 V、220/380 V、230/400 V 电流额定值：5 A、16 A、32 A、63 A、100 A
I_1^*、I_2^*、I_3^*、N^*	输出端	
A、B	通信	RS485 通信接口，Modbus-RTU 协议，通信地址：1 ~ 254 可设，传输速率：1 200 ~ 9 600 bit/s 可设
Ep+、Ep-	电能脉冲	脉冲宽度 80 ms ± 20 ms

小提示

当负载电流大于 80 A 时，使用 SPC-670 导轨式单相多功能表需用专用的接线端子，以确保接线安全。

2. 导轨式三相多功能表显示面板

导轨式三相多功能表的显示面板有八位数字显示测量值，如图 7-2-11 所示。图中显示电能测量值为 5 238 818.4 kW·h。若 1 min 内无操作，仪表将自动返回开机页面。正常通信时，面板下方的 ☎ 会闪烁。

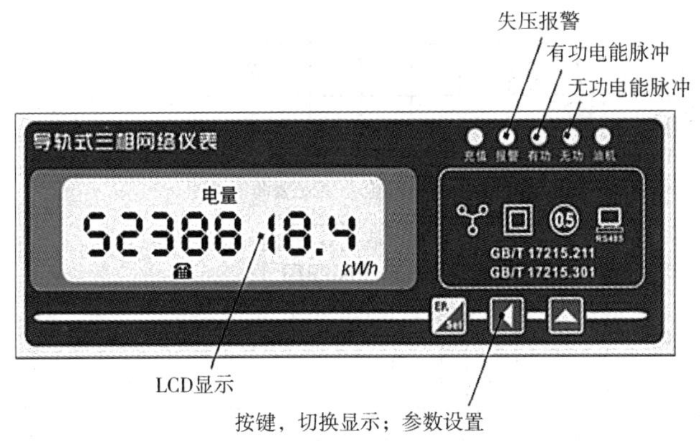

图 7-2-11 导轨式三相多功能表显示面板

实训 13 用三相电能表测量电路的电能

一、实训目的

1. 熟悉三相有功电能表的结构和使用方法。
2. 掌握用三相有功电能表计量电能的方法。

二、实训器材

三相三线有功电能表 1 只，三相四线有功电能表 1 只，电流互感器 3 只，熔断器 3 只，三相开关 2 只。

三、实训内容及步骤

1．外观检查

检查电能表的外壳、端钮、按键等是否完好无损，必要的标志和极性符号是否清晰，表内有无脱落元器件，绝缘有无破损等。

2．绘制三相三线有功电能表和三相四线有功电能表的接线图

3．按照接线图分别进行接线

按照图 7-2-12a ~图 7-2-12c 所示的安装示例图接线。接线应遵循安全可靠、布局合理的原则。

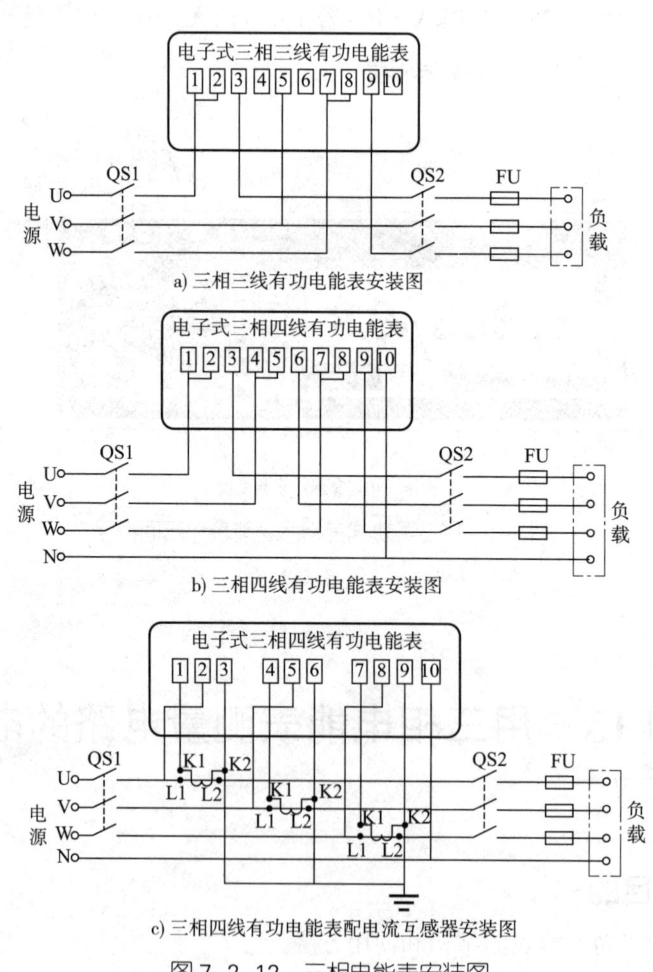

a) 三相三线有功电能表安装图

b) 三相四线有功电能表安装图

c) 三相四线有功电能表配电流互感器安装图

图 7-2-12　三相电能表安装图

4. 接线完毕

经检查无误后，在指导教师的监护下进行通电实训。

5. 按照现场管理规范清理场地，归置物品。

四、实训注意事项

通电前，一定要检查电路连接是否正确，并经实训指导教师同意后方能进行通电实训。

五、实训测评

根据表 7-2-2 中的测评标准对实训进行测评，并将评分结果填入表中。

表 7-2-2 用三相电能表测量电路的电能实训评分标准

序号	测评内容	测评标准	配分（分）	得分（分）
1	仪表面板符号含义	能正确识别三相电能表面板的符号	20	
2	用三相三线电能表测量电能的方法、步骤	能熟练使用三相三线电能表测量电能，并正确读数	20	
3	用三相四线电能表测量电能的方法、步骤	能熟练使用三相四线电能表测量电能，并正确读数	20	
4	用三相四线有功电能表配合电流互感器测量电能的方法、步骤	能熟练使用带电流互感器的三相四线有功电能表测量电能，并正确读数	20	
5	安全文明实训	工作环境整洁，操作习惯良好，具有安全意识，能积极参与教学活动，整体符合 6S 标准	20	
合计			100	

第八章 常用的电子仪器

随着科学技术的迅猛发展，许多设备的维修和调试都必须使用专用的电子仪器才能完成，如数控机床、晶闸管整流系统等。当今世界，电子仪器的应用日益普及，已经渗透到国民经济的各个领域和行业之中。对于新一代的电气工程技术人员来说，只掌握一般电工仪表的使用方法已经远远不能满足实际生产的需要。

电子仪器是指利用电子技术原理，由电子元器件构成的仪表、仪器及装置的总称。它种类繁多，用途和性能各异，本章将重点介绍电工常用的电子仪器，主要包括直流稳压电源、函数信号发生器、模拟双踪示波器和数字存储示波器。

§8-1 直流稳压电源

学习目标

1. 了解直流稳压电源的结构组成和工作原理。
2. 熟练掌握直流稳压电源的使用方法。

直流稳压电源是为负载提供稳定直流电源的电子装置。直流稳压电源的供电电源大都是交流电源，当交流供电电源的电压或负载电阻变化时，稳压电源的直流输出电压会一直保持稳定。常用的直流稳压电源如图 8-1-1 所示。由于直流稳压电源调整管的静态损耗大，因此需要安装一个很大的散热器，此外，由于变压器工作在工频（50 Hz），也导致了直流稳压电源的重量较大。

图 8-1-1 常用的直流稳压电源

根据仪器中调整管的工作状态，常把直流稳压电源分为线性直流稳压电源和开关直流稳压电源。此外，还有一种使用稳压管的小电源。其中，线性直流稳压电源是指调整管工作在线性状态下的直流稳压电源。

一、直流稳压电源的组成和工作原理

直流稳压电源是一种将 220 V 工频交流电转换成恒定的直流电的装置，它一般由变压、整流、滤波、稳压四个主要环节组成，如图 8-1-2 所示。

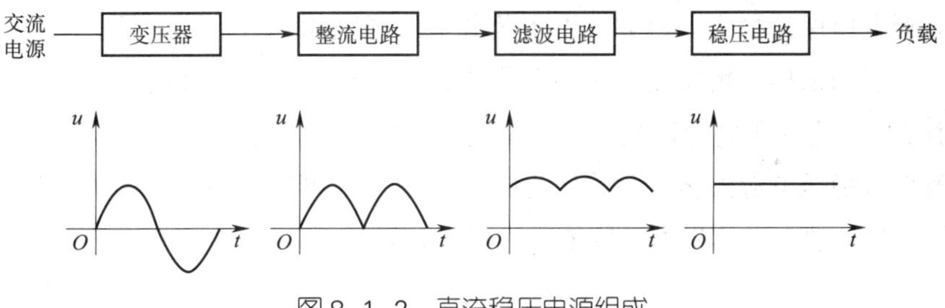

图 8-1-2 直流稳压电源组成

1．直流稳压电源的组成

（1）电源变压器

电源变压器是降压变压器，它的作用是将电网的 220 V 交流电压变换成符合需要的交流电压，输送给整流电路。

（2）整流电路

整流电路的作用是利用具有单向导电性能的整流元件，把 50 Hz 的正弦交流电变换成脉动的直流电。

（3）滤波电路

滤波电路的作用是将整流电路输出电压中交流成分的大部分加以滤除，从而得到比较平滑的直流电压。

（4）稳压电路

稳压电路的作用是使输出的直流电压稳定，使之不随交流电网电压和负载的变化而变化。

2. 直流稳压电源的工作原理

常用的直流稳压电源电路如图 8–1–3 所示。

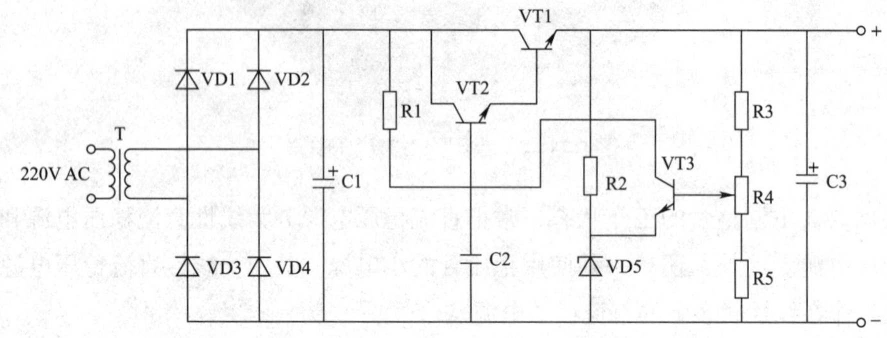

图 8–1–3　直流稳压电源电路图

交流电源经过电源变压器降压、桥式整流电路整流、电容滤波电路滤波后成为恒定的直流电。除以上电路外的部分是起电压调节、稳定作用的稳压电路。稳压电路通过对输出电压实时采样，并对采样电压进行负反馈，来调节输出管的动态电阻和压降，从而使输出电压保持稳定。例如，由于负载电流增大而导致输出电压下降时，稳压器就会通过上述的采样、负反馈、调整等动作，使输出管的管压降减小，从而在很大程度上抵消了输出电压下降的影响，使输出电压基本保持稳定。

该类直流稳压电源的优点是稳定性高，纹波小，可靠性高，易做成多路、输出连续可调的成品，缺点是体积大，较笨重，效率相对较低。

二、直流稳压电源的使用

下面以 UTP3305 型直流稳压电源为例，介绍直流稳压电源的使用。UTP3305 型直流稳压电源是一款双路可调输出、一路固定输出的三路线性直流稳压电源，具有跟踪、恒压、恒流、串并联输出，温控散热，过压过流保护等功能。其外形如图 8–1–4 所示。

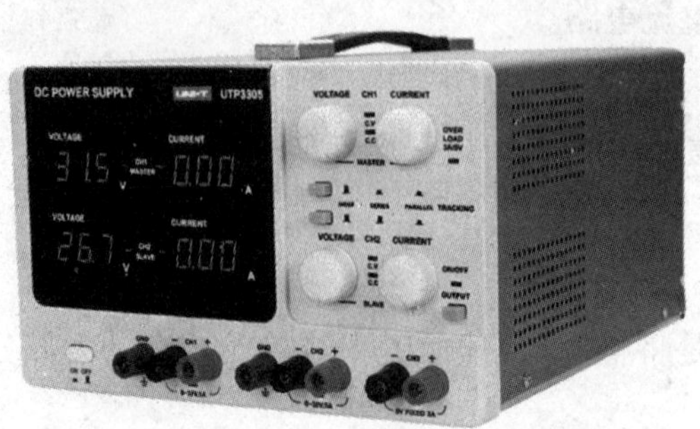

图 8–1–4　UTP3305 型直流稳压电源

1. 直流稳压电源的结构

UTP3305 型直流稳压电源的结构如图 8-1-5 所示。符号功能见表 8-1-1。

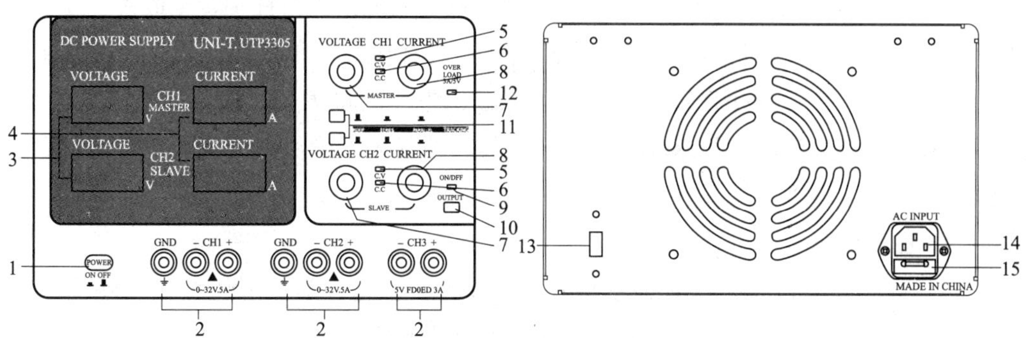

图 8-1-5 直流稳压电源结构

表 8-1-1 直流稳压电源结构符号功能

序号	符号	作用	序号	符号	作用
1	ON OFF	电源开关按键	9	ON/OFF	输出指示灯。按下“OUTPUT”键并且为电压工作状态时灯亮
2	GND – CH1 + 0~32V,5A	输出接线端子。直流正极为红色，直流负极为黑色，接地为绿色	10	OUTPUT	输出开关。ON/OFF 表示输出状态
3	VOLTAGE 31.5 V	数字式电压表	11	TRACKING	独立 / 跟踪开关
4	CURRENT 0.00 A	数字式电流表	12	OVER LOAD 3A/5V	5 V/3 A 指示灯。当 CH3 路输出端的负载超过额定值时灯亮
5	C.V	电压指示灯。电源开关闭合并且为电压工作状态时灯亮	13		电源电压选择开关
6	C.C	电流指示灯。电源开关闭合并且为电流工作状态时灯亮	14		交流电源输入端子
7	VOLTAGE	电压调节旋钮	15		交流输入端熔丝座
8	CURRENT	电流调节旋钮			

2. 直流稳压电源的使用

（1）准备工作

使用 UTP3305 型直流稳压电源，开机前应将电流旋钮顺时针旋转至最大。按下电源开关按键，LCD 显示屏和 CV 指示灯点亮。逆时针旋转电压旋钮至最小，确保输出电压为 0，然后再顺时针旋转至最大，确保输出电压为最大值。按下“OUTPUT”按键，逆时针旋转电流旋钮至最小，再顺时针旋转至最大，确保电流值能从 0 增大到额定值，然后方能连接负载。

（2）恒压操作

按下电源开关按键，LCD 显示屏和 CV 指示灯点亮，调节电压旋钮以输出电压（输出端开路）。调节电流旋钮至最大可输出电流（电流限制），作为确定的负载条件。在实际操作中，如果一个负载变化导致电流限制超出，电源将自动交叉，以恒定电流模式运作，预设的电流限制和输出电压的比例下降。调节电压旋钮，控制所需的输出电压，最后按下“OUTPUT”按键，以便直流电压输出。

（3）恒流操作

逆时针旋转电流旋钮到最小，确保输出电流为 0，然后按下电源开关按键，LCD 显示屏和 CV 指示灯点亮。调节电压旋钮（无负载连接）至最大输出电压（电压限制），作为确定的负载条件。在实际操作中，如果一个负载变化导致电压限制超出，电源将自动交叉，以恒定电压模式运作，预设的电压限制和输出电流的比例下降。调节电流旋钮，控制所需的输出电流，最后按下“OUTPUT”按键，以便直流电压输出。

（4）独立 / 跟踪工作模式

独立 / 跟踪（串联或并联）工作模式是通过独立 / 跟踪的两个按键开关来实现的。具体实现的功能如下：

1）当两个按键都处于 OFF 状态时，是独立模式，CH1、CH2 两路电源彼此完全独立。

2）当上面的按键处于 ON 状态，下面的按键处于 OFF 状态时，是串联跟踪模式。最大电压的设置由 CH1（主）路电源控制（CH2 路电源的输出电压跟踪 CH1 路电源的输出电压）。同时，在这个模式中，CH2 路电源的正极与 CH1 路电源的负极连接在一起，可以提供从 0 到额定值两倍的电压，提供从 0 到额定值的电流。

3）当两个按键都处于 ON 状态时，是并联跟踪模式。CH1（主）和 CH2（从）两路电源的输出是并联的（正极对正极，负极对负极），电流和电压的设置都由 CH1 路电源控制，可以提供从 0 到额定值两倍的电流，提供从 0 到额定值的电压。

在并联和串联跟踪模式中，电压和电流都是由 CH1 输出控制的。应将 CH2 路的电压和电流旋钮顺时针调节到最大值的位置。

3. 直流稳压电源的维护

（1）直流稳压电源使用一段时间后，应对指示电路进行校准。可通过外接电压表和电流表与该表上的数值进行比较并调整（分别为电压及电流指示校准），以达到校准的目的。但应注意如果机箱为钢板结构，盖上箱盖后会引起微小的读数变化，可先观察一下变化范围，在开机调整时留出余量进行校正即可。

（2）经常检查电源线接线是否松动，内部是否断裂。

（3）经常检查接线柱是否松动，机箱内外螺钉是否牢固。

（4）仪器应保持清洁，垂直安放。

（5）如果熔丝烧坏，CV 和 CC 指示灯不亮，电源也不能工作，应查找出熔丝损坏的原因并予以修复后，更换一个同规格的熔丝。

（6）仪器使用过程中的常见故障及处理方法如下。

1）无输出电压：应检查电源开关是否接通，熔丝是否完好，检查电路中有无短路现象。

2）输出电压太高：应检查调整管是否击穿。

3）输出电压不稳：应检查基准电压是否稳定。

4）输出电流不够：应检查调整管是否烧毁开路，负载是否超出仪器规定的范围。

实训 14　直流稳压电源的使用

一、实训目的

1. 熟悉直流稳压电源的结构和作用。

2. 熟练使用直流稳压电源。

二、实训器材

直流稳压电源 1 台，数字式万用表 1 只，单相开关 1 只，电阻若干只。

三、实训内容及步骤

1．外观检查

检查直流稳压电源的外壳、LCD 显示屏、端钮等是否完好无损，必要的标志和极性符号是否清晰，表内有无脱落元器件等。

2．使用直流稳压电源

按照直流稳压电源的使用方法进行操作。

3. 测量电路参数

实训电路如图 8–1–6 所示。使用直流稳压电源给该电路供电，用数字式万用表测量该电路的参数，并填入表 8–1–2 中。

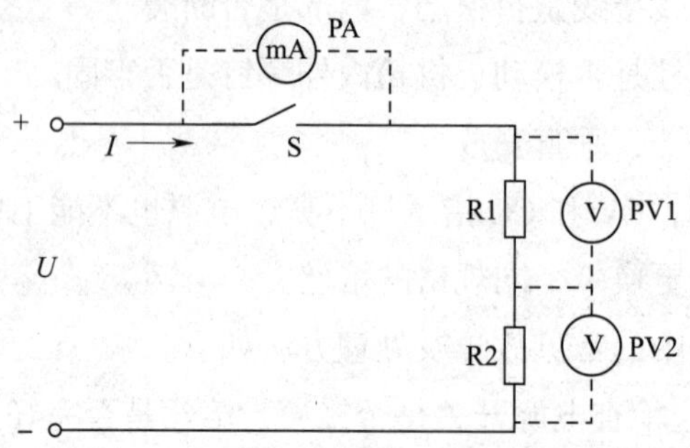

图 8–1–6　直流电流、电压测量电路

表 8–1–2　电路参数测量记录表

电阻	未接通电源前	接通电源后	接通电源和开关后
R_1= 1 000 Ω， R_2= 500 Ω	电源电压 U= ________ V	测量值 I= ________ mA 测量值 U_{R1}= ________ V 测量值 U_{R2}= ________ V	测量值 I= ________ mA 测量值 U_{R1}= ________ V 测量值 U_{R2}= ________ V
R_1= 1 000 Ω， R_2= 1 000 Ω	电源电压 U= ________ V	测量值 I= ________ mA 测量值 U_{R1}= ________ V 测量值 U_{R2}= ________ V	测量值 I= ________ mA 测量值 U_{R1}= ________ V 测量值 U_{R2}= ________ V

4. 按照现场管理规范清理场地，归置物品。

四、实训注意事项

通电前，一定要检查电路连接是否正确，并经实训指导教师同意后方能进行通电实训。

五、实训测评

根据表 8–1–3 中的测评标准对实训进行测评，并将评分结果填入表中。

表 8–1–3　直流稳压电源的使用实训评分标准

序号	测评内容	测评标准	配分（分）	得分（分）
1	仪表面板符号含义	能正确识别直流稳压电源面板的符号	20	
2	直流稳压电源的使用	按照实训步骤要求进行，正确使用直流稳压电源	20	
		熟悉直流稳压电源使用过程中的注意事项	20	

续表

序号	测评内容	测评标准	配分（分）	得分（分）
3	直流电量参数的测量	按照实训步骤要求进行，正确测量直流电阻、电压和电流值	10	
		正确回答开关闭合前后，电压值是否有变化及其原因	10	
4	安全文明实训	工作环境整洁，操作习惯良好，具有安全意识，能积极参与教学活动，整体符合 6S 标准	20	
合计			100	

§8-2 函数信号发生器

学习目标

1. 了解函数信号发生器的结构组成。
2. 熟练掌握函数信号发生器的使用方法。

函数信号发生器实际上是一种多波形信号源，一般能产生正弦波、方波、三角波，有的还可以产生锯齿波、矩形波、正负脉冲、半正弦波等波形，因其输出波形都能用数学函数来描述而得名。函数信号发生器主要供电气设备或电子线路的调试及维修使用。本节主要介绍目前使用较为广泛的 UTG900 系列函数信号发生器的结构组成和使用方法。

一、函数信号发生器

UTG962 型函数信号发生器使用了直接数字合成技术，能够生成精确、稳定、纯净、低失真的输出信号，分辨率低至 1 μHz，操作便捷，技术指标优越，图形显示人性化，是一款经济、高性能、多功能的任意波形信号发生器。其外形如图 8-2-1 所示。

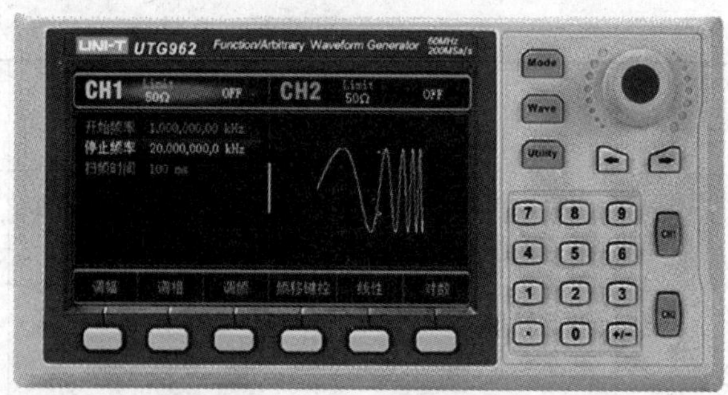

图 8-2-1 UTG962 型函数信号发生器

1. 函数信号发生器的组成和原理

（1）电路组成

函数信号发生器的电路构成有多种形式，一般由以下电路组成。

基本波形发生电路：基本波形可以由 RC 振荡器、文氏电桥振荡器或压控振荡器等电路产生。

波形转换电路：基本波形通过矩形波整形电路、正弦波整形电路、三角波整形电路可以转换为方波、正弦波、三角波。

放大电路：将波形转换电路输出的波形信号放大。

可调衰减器电路：对仪器输出信号进行 20 dB、40 dB 或 60 dB 衰减处理，输出各种幅度的函数信号。

（2）工作原理

常用的函数信号发生器大多由晶体管构成，一般采用恒流充放电的原理来产生三角波，同时产生方波。改变充放电的电流值，就能得到不同频率的信号。当充电与放电的电流值不相等时，原先的三角波可变成各种斜率的锯齿波，同时方波就变成不同占空比的脉冲。另外，将三角波通过波形变换电路，就产生了正弦波。然后正弦波、三角波（锯齿波）、方波（脉冲）经函数开关转换并由功率放大器放大后输出。

函数信号发生器的原理如图 8-2-2 所示。图中的方波由三角波通过矩形波整形电路变换而成。实际中，三角波和方波的产生是难以分开的，矩形波整形电路通常是三角波发生器的组成部分。正弦波是三角波通过正弦波整形电路变换而来的，所需波形经过

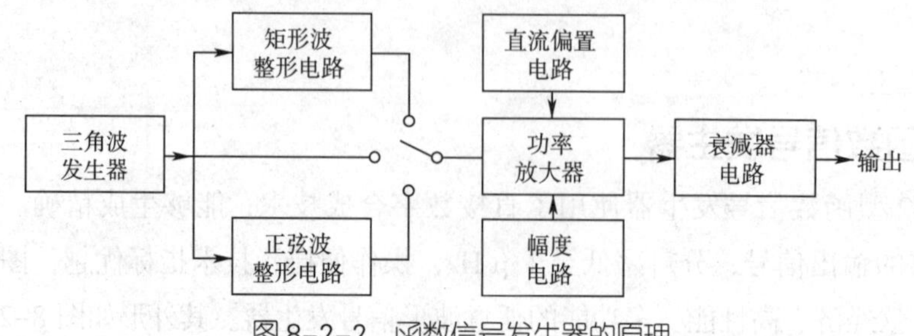

图 8-2-2 函数信号发生器的原理

选取、放大后经衰减器输出。直流偏置电路提供直流补偿调整，使信号发生器输出的直流成分可以进行调节。

2. 函数信号发生器的结构

UTG962 型函数信号发生器的结构如图 8–2–3 所示。结构功能见表 8–2–1。

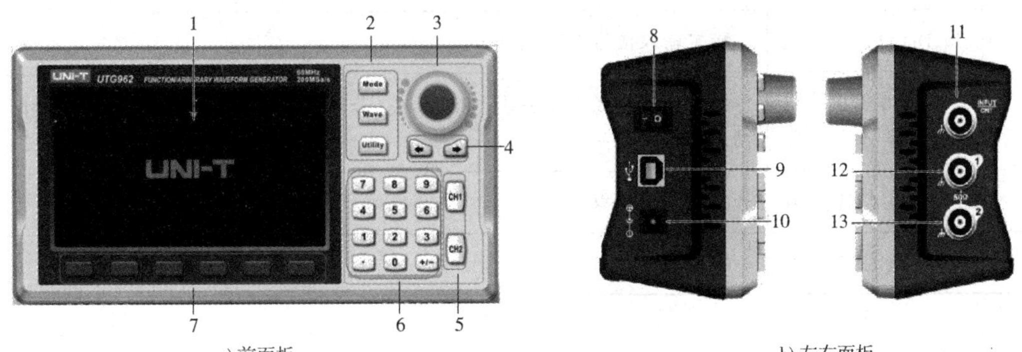

a) 前面板　　b) 左右面板

图 8–2–3　函数信号发生器结构

表 8–2–1　函数信号发生器结构功能

序号	符号	作用
1	LCD 显示屏	4.3 寸高分辨率 TFT 彩色液晶显示屏，通过色调的不同，明显区分通道 1 和通道 2 的输出状态、功能菜单和其他重要信息，人性化的系统界面使人机交互变得更便捷
2	功能按键	多功能按键有“Mode”“Wave”和“Utility”按键，通过这些按键进行调制设置、基波选择和辅助功能设置等
3	多功能旋钮	多功能旋钮可以改变数字（顺时针旋转数字增大）或作为方向键使用，按多功能旋钮可选择功能或确定设置的参数
4	方向键	在使用多功能旋钮和方向键设置参数时，用于切换数字的位或清除当前输入的前一位数字或移动（向左或向右）光标的位置
5	CH1/CH2 控制输出键	快速切换在屏幕上显示的当前通道（CH1 信息标签高亮表示为当前通道，此时参数列表显示通道 1 的相关信息，以便对通道 1 的波形参数进行设置）。若通道 1 为当前通道，可通过按“CH1”键快速开启 / 关闭通道 1 输出，也可以通过按“Utility”键弹出标签后再按通道 1 设置软键来设置。打开通道输出时，背光灯亮，同时信息标签会显示输出的功能模式（“波形”“调制”“线性”或“对数”字样），输出端输出信号。关闭通道输出时按“CH1”键或“CH2”键，背光灯灭，同时信息标签会显示“OFF”字样
6	数字键盘	用于输入所需参数的数字键，包括数字 0 ~ 9、小数点“.”和符号键“+/–”。左方向键的功能为退格并清除当前输入的前一位
7	菜单操作软键	通过软键标签的标识对应地选择或查看标签（位于功能界面的下方）的内容，配合数字键盘、多功能旋钮或方向键对参数进行设置

续表

序号	符号	作用
8	电源开关键	电源开关置“I”时，设备开机，置“O”时，设备关机
9	USB 接口	通过此 USB 接口与上位机连接
10	DC 电源输入端	额定输入值为 5 V，2 A
11	同步输出端 / 频率计输入端	同步信号和频率计共用一个端口。若同步信号打开时需要使用频率计功能，则需要关闭同步开关
12	通道 CH1 输出	CH1 输出接口
13	通道 CH2 输出	CH2 输出接口

小提示

仪器通道输出端设有过压保护功能，满足下列条件之一则产生过压保护。产生过压保护时，通道自动断开输出。

（1）幅度设置＞0.25 Vp−p（在函数信号发生器和示波器等常用仪器中，用 Vpp 表示信号波形的电压峰—峰值，mVpp 表示信号波形电压峰—峰值的千分之一），｜输入电压｜＞12.5 V，频率＜10 kHz。

（2）幅度设置≤0.25 Vp−p，｜输入电压｜＞2.5 V，频率＜10 kHz。

3. LCD 显示屏

UTG962 型函数信号发生器的 LCD 显示屏的显示界面如图 8−2−4 所示，功能说明见表 8−2−2。

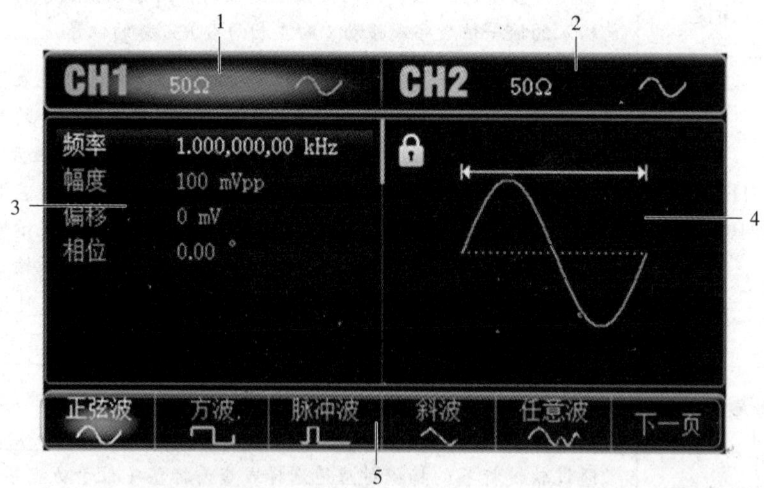

图 8−2−4　UTG962 型函数信号发生器的 LCD 显示屏显示界面

表 8-2-2 LCD 显示屏显示界面功能说明

序号	符号	说明
1	CH1 通道	"50 Ω"表示输出端要匹配的阻抗为 50 Ω(1 ~ 999 Ω 可调，或为高阻，出厂默认为 50 Ω)。表示当前为正弦波（不同工作模式下可能为"基波波形""调制""线性""对数""OFF"等字样）
2	CH2 通道	
3	波形参数列表	以列表的方式显示当前波形的各项参数，如果字符底色为当前通道的颜色（系统设置时为白色），说明此字符进入编辑状态，可用方向键、数字键盘或多功能旋钮来设置参数
4	波形显示区	显示该通道当前设置的波形形状（可通过颜色或 CH1、CH2 信息栏的高亮来区分是哪一个通道的当前波形，左边的参数列表显示该波形的参数）。注：系统设置时没有波形显示区，此区域被扩展成参数列表
5	软键标签	用于标识功能菜单软键和菜单操作软键当前的功能 高亮显示：标签的正中央显示当前通道的颜色或系统设置时的灰色，字体为纯白色

二、函数信号发生器的使用

1. 准备工作

使用 UTG962 型函数信号发生器前应检查附件是否齐全，包括电源适配器一个、BNC 电缆一根、BNC 转鳄鱼夹传输线一根。

2. 基本波形的输出

（1）输出频率的设置

输出波形的默认配置：频率为 1 kHz，幅度为 0.1 $V_{p\text{-}p}$ 的正弦波。

将频率改为 2.5 MHz 的具体步骤如下：

依次按"Wave"键→"正弦波"键→"频率"键，使用数字键盘输入 2.5，然后选择参数单位"MHz"即可。

（2）输出幅度的设置

输出波形的默认配置：幅度为 0.1 $V_{p\text{-}p}$ 的正弦波。

将幅度改为 0.3 $V_{p\text{-}p}$ 的具体步骤如下：

依次按"Wave"键→"正弦波"键→"幅度"键，使用数字键盘输入 300，然后选择参数单位"m$V_{p\text{-}p}$"即可。

（3）DC 偏移电压的设置

输出波形的默认配置：DC 偏移电压为 0 的正弦波。

将 DC 偏移电压改为 −150 mV 的具体步骤如下：

依次按"Wave"键→"正弦波"键→"偏移"键，使用数字键盘输入 −150，然后选择参数单位"m$V_{p\text{-}p}$"即可。

（4）相位的设置

输出波形的默认配置：相位为0°。

将相位设置为90°的具体步骤如下：

按“相位”键，使用数字键盘输入90，然后选择参数单位“°”即可。

（5）脉冲波占空比的设置

输出脉冲波的默认配置：频率为1 kHz，占空比为50%。

将占空比（受最低脉冲宽度规格80 ns的限制）改为25%的具体步骤如下：

依次按“Wave”键→“脉冲波”键→“占空比”键，使用数字键盘输入25，然后选择参数单位“%”即可。

（6）斜波对称度的设置

输出斜波的默认配置：频率为1 kHz。

将对称度改为75%的三角波的具体步骤如下：

依次按“Wave”键→“斜波”键→“对称度”键，使用数字键盘输入75，然后选择参数单位“%”即可。

（7）直流电压的设置

输出直流电压的默认配置：电压为0。

将直流电压改为3 V的具体步骤如下：

依次按“Wave”键→“下一页”键→“直流”键，使用数字键盘输入3，然后选择参数单位“V”即可。

（8）噪声波的设置

输出噪声波的默认配置：幅度为0.1 V_{p-p}，直流偏移电压为0的准高斯噪声。

将幅度改为0.3 V_{p-p}，直流偏移电压为1 V的准高斯噪声的具体步骤如下：

依次按“Wave”键→“下一页”键→“噪声”键→“幅度”键，使用数字键盘输入300，再选择参数单位“mV_{p-p}”，然后按“偏移”键，使用数字键盘输入1，然后选择参数单位“V_{p-p}”即可。

3. 辅助功能的设置

辅助功能（Utility）可对通道、频率计、系统等进行设置和查看，辅助功能设置的方法和步骤见表8-2-3。

表8-2-3　辅助功能设置的方法和步骤

序号	步骤	功能菜单	操作设定	说明
1	通道设置	通道输出	关、开	选择通道输出，可选择“关”或“开”。也可通过按前面板上的“CH1”“CH2”键快速开启通道输出
		通道反向	关、开	选择通道反向，可选择“关”或“开”

续表

序号	步骤	功能菜单	操作设定	说明
1	通道设置	负载	50 Ω，高阻	选择负载，可输入范围为 1 ~ 999 Ω，也可以选择 50 Ω、高阻
		幅度限制	关、开	支持幅度限制输出，以便保护负载 选择幅度限制，可选择“关”或“开”
		幅度上限		选择幅度上限，设定幅度的上限范围
		幅度下限		选择幅度下限，设定幅度的下限范围
2	频率计设置	Utility		只有通过外部数字调制或频率计接口（INPUT /CNT 连接器）输入兼容 TTL 电平信号时，频率计才刷新显示。在没有信号输入时，频率计参数列表始终显示上一次的测量值。测量频率的范围为 100 mHz ~ 100 MHz
3	系统设置	同步输出	通道 1、通道 2、关	选择同步输出，可选择“CH1”“CH2”或“关”
		起始相位	独立、同步	选择起始相位，可选择“独立”或“同步” 独立：CH1 和 CH2 输出的相位没有关联 同步：CH1 和 CH2 输出的起始相位同步
		数字分隔符	逗号、空格、无	设置通道参数数值之间的分隔符号，按下数字分隔符后可选择逗号、空格、无
		默认设置		恢复出厂设置选择

小提示

进行辅助功能设置时，选择“Utility”键，再选择“通道 1 设置”（或“通道 2 设置”）键，进行通道设置；选择“频率计”键，读取信号频率；选择“系统”键，进入系统参数设置。

除以上功能外，UTG962 型函数信号发生器还具有 AM（幅度调制）、PM（相位调制）、FM（频率调制）、输出任意波等高级功能。需要这些特殊功能的使用者，可以进一步参考使用手册。

三、函数信号发生器的维护

仪器在使用过程中可能会出现故障，可按照以下步骤进行处理，如不能处理，可以与仪器生产厂家联系，并提供机器的设备信息（获取方法：依次按“Utility”键→“系统”键→“关于”键，可获得该仪器的相关信息）。常见的一般性故障处理可参照以下步骤执行。

1. 屏幕无显示（黑屏）

（1）检查是否有电。

（2）检查电源是否接好。

（3）检查后面板的电源开关是否接好并置于“I”位置。

（4）检查前面板的电源开关是否打开。

（5）重新启动仪器。

2. 无波形输出（设置正确但没有波形输出）

（1）检查 BNC 电缆与通道输出端是否正确连接。

（2）检查按键“CH1”或“CH2”是否按下。

在日常使用中，要避免仪器的液晶显示器长时间受到直接日照。此外，为避免损坏仪器和连接线，勿将其置于雾气、液体或溶剂中。

§8-3 模拟示波器

学习目标

1. 了解模拟示波器的基本原理。
2. 熟悉模拟双踪示波器的探头和校准信号发生器的使用。
3. 熟练掌握模拟双踪示波器的使用方法。
4. 掌握模拟双踪示波器的维护方法。

示波器是一种用来测量电信号或脉冲信号的仪器，它能把肉眼无法看见的电信号变换成看得见的图像，便于人们研究各种电现象的变化过程，是一种用途十分广泛的电子测量仪器。利用示波器能观察各种不同信号幅度的波形曲线，还可以用它测试各种不同的电路参数，如电压、电流、频率、相位差、调幅度等。只要是可以变为电信号的周期性物理过程，都可以用示波器进行观测。目前，常用的示波器可分为模拟示波器和数字示波器两大类。

模拟示波器是一种能够直接显示电压（或电流）变化波形的电子仪器。通过模拟示波器不仅可以直观地观察被测电信号随时间变化的全过程，还可以通过它显示的波形测量电压（或电流）的有关参数，并进行频率和相位的比较、特性曲线的描绘等，用途十分广泛。目前，虽然数字示波器在许多场合取代了模拟示波器，但由于模拟示波器数量庞大，不少单位仍然在正常使用。

模拟示波器的种类很多，除通用示波器外，还有能同时显示两个以上波形的多踪示波器；利用取样技术，将高频信号转换为低频信号再进行显示的取样示波器。此外，还有具有特殊功能的特种示波器，如电视示波器、矢量示波器、高压示波器等。

本节主要介绍较为常用的双踪示波器，即能在同一屏幕上同时显示两个被测波形的示波器。双踪示波器通常是用电子开关控制两个被测信号，不断交替地送入普通示波管中进行轮流显示。只要轮换的速度足够快，示波管的余辉效应和人眼的视觉残留作用就能使屏幕上同时显示出两个波形的图像。

一、示波器的组成和原理

1．普通示波器的组成和原理

普通示波器的基本工作框图如图 8-3-1 所示，主要由示波管、*Y* 轴偏转系统、*X* 轴偏转系统、扫描及整步系统和电源五部分组成，各部分的组成和作用见表 8-3-1。

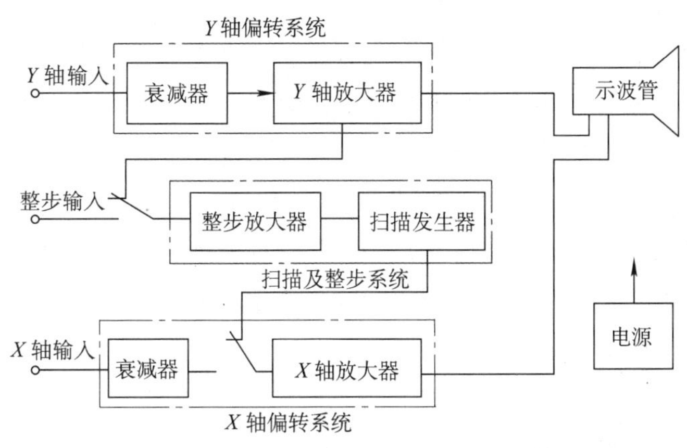

图 8-3-1 普通示波器的基本工作框图

表 8-3-1 普通示波器的组成及各部分的作用

名称	组成和作用
示波管	示波器的核心，其作用是把所需观测的电信号变换成发光的图形
Y 轴偏转系统	由衰减器和 *Y* 轴放大器组成，其作用是放大被测信号。衰减器先将不同的被测电压衰减成能被 *Y* 轴放大器接收的微小电压信号，再经 *Y* 轴放大器放大后提供给 *Y* 轴偏转板，以控制电子束在垂直方向的运动

续表

名称	组成和作用
X轴偏转系统	由衰减器和X轴放大器组成，其作用是放大锯齿波扫描信号或外加电压信号。衰减器主要用来衰减由X轴输入的被测信号，衰减倍数由“X轴衰减”开关进行切换。当此开关置于“扫描”位置时，由扫描发生器送来的扫描信号经X轴放大器放大后送到X轴偏转板，以控制电子束在水平方向的运动
扫描及整步系统	扫描发生器的作用是产生频率可调的锯齿波电压，作为X轴偏转板的扫描电压。整步系统的作用是引入一个幅度可调的电压，使扫描电压与被测信号电压保持同步，屏幕上显示出稳定的波形
电源	由变压器、整流及滤波等电路组成，作用是向整个示波器供电

模拟示波器的工作方式是模拟电路的电子枪向屏幕发射电子，发射的电子经聚焦形成电子束，并打到屏幕上，屏幕的内表面涂有荧光物质，这样电子束打中的点就会发出光来。在被测信号的连续作用下，电子束就像一支笔的笔尖，可以在屏幕上描绘出被测信号瞬时值的变化曲线。

知识链接

示波器中的“整步”

实际上，由于锯齿波扫描电压和被测电压来自两个不同的信号源，两个电压周期的整数倍关系很难长时间保持绝对稳定，因此需要利用整步作用使两者保持整数倍的关系。整步作用通常是把被测信号电压送入扫描发生器，让锯齿波扫描电压的频率受到被测信号的控制而使两者同步。这个起整步作用的信号电压称为“触发电压”，触发电压越大，整步作用越强。触发电压除了可取自被测信号外，还可取自示波器内部的正、负电源。触发电压的选择和大小的调节可由示波器面板上的“触发方式”开关和“触发电平”旋钮来实现。

2. 双踪示波器的特有部分

双踪示波器除了具有普通示波器的组成部分外，还具有自己特有的组成部分。

（1）探头

探头是连接示波器外部的一个输入电路部件。探头的作用是提高垂直通道的输入电阻、减小输入电容，从而减小杂散信号对被测信号的影响。此外，探头还具有分压作用，被测信号通过探头可以产生10∶1的衰减，达到扩大量程的目的。

探头的外形、结构和等效电路如图8–3–2所示，它将一个RC并联电路装在金属屏蔽罩内，通过屏蔽电缆接在示波器的垂直输入端。图中R1、C1表示探头中的并联电阻和电容，R_i、C_i 表示示波器的输入电阻和输入电容。通过调整 C1，使得 $R_1C_1 = R_iC_i$，就能组成宽频带脉冲分压器，使输入电阻增大为原来的 10 倍，输入电容减小为原来的 1/10，同时量程扩大为原来的 10 倍。

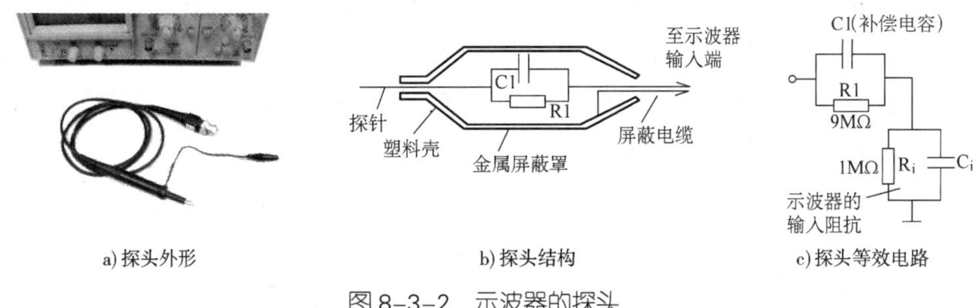

a) 探头外形　　b) 探头结构　　c) 探头等效电路

图 8-3-2　示波器的探头

还有一种探头被称为有源探头，它通过在探头内装一个射极输出器来提高其输入阻抗。其主要特点是对信号没有衰减作用，因而便于测量微小信号。但测量的动态范围有限，测量大信号时有失真。

（2）校准信号发生器

校准信号发生器的作用是产生频率为 1 kHz、幅度为 0.5 V_{P-P} 的标准方波电压。校准信号发生器的电路主要由一个射极耦合多谐振荡器构成，其输出经限幅、放大，然后由射极跟随器的射极分压后产生标准方波。

知识链接

连续扫描与触发扫描

前面介绍的示波器采用的是连续扫描方式，即在被测信号的一个周期内用连续不断的扫描电压进行扫描。这种扫描方式一般适用于观察连续变化的波形，如正弦波。而需观察持续时间很短的脉冲波或非周期性的信号波形时，只能用触发扫描方式。

触发扫描与连续扫描的不同点是：连续扫描是由一个线性变化的扫描电压进行扫描，这个扫描电压是由锯齿波扫描发生器产生的，不需要外界信号控制就能产生扫描电压，而触发扫描必须在外界信号的触发下才能产生扫描电压。外界信号触发一次，就产生一个扫描电压波形。外界信号不断触发，就产生一系列扫描电压波形，而且扫描电压和被测脉冲信号始终保持同步。

双踪示波器中自动扫描电路的作用是在无触发信号时，使扫描发生器产生自激扫描；当有触发信号输入时，电路自动转换到触发状态，由触发信号启动扫描，也就是所谓的触发扫描。

3. 双踪示波器的原理

双踪示波器的垂直系统和普通示波器相比，主要的区别是设有两个 Y 轴通道及增加了电子开关和门电路，如图 8–3–3 所示。被测的两个信号由 Y 轴的两个通道 CH1 和 CH2 分别输入，经各自的探头、衰减器、前置放大器放大后送入各自的门电路（CH1 门电路和 CH2 门电路），门电路受电子开关的控制轮流打开，使两个被测信号轮流送入延迟电路和 Y 轴后置放大器，最后送到示波管的 Y 轴偏转板上，实现电子束在垂直方向上的偏转。基本原理如图 8–3–4 所示。

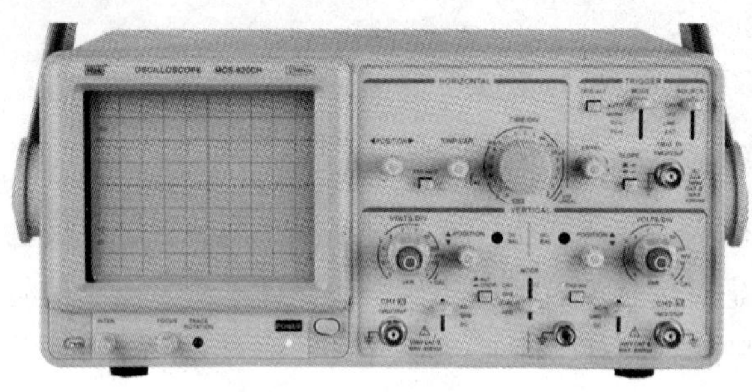

图 8–3–3　常用的双踪示波器

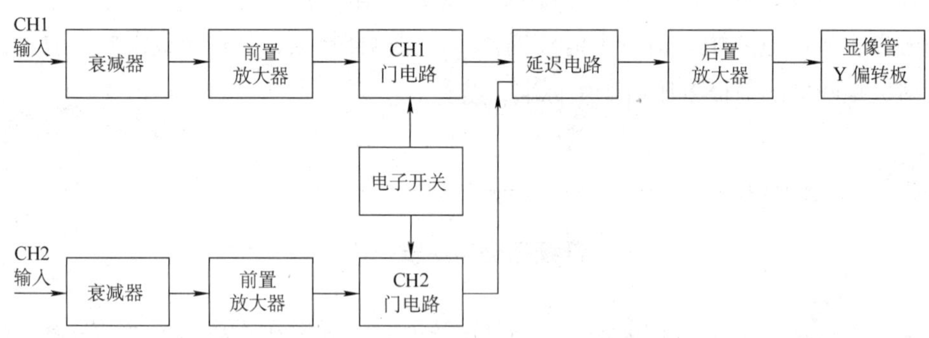

图 8–3–4　双踪示波器的基本原理

和普通示波器相似，被测信号经前置放大器放大后送出一路“内触发”信号，该信号经“触发器选择开关”选择和“触发整形放大器”放大后，触发“扫描发生器”，产生锯齿波扫描信号。

小提示

电子开关（Y 工作方式）有“交替”“断续”“CH1”“CH2”和“CH1+CH2”五种工作状态。

当处于“交替”状态时，电子开关产生一个方波信号，当方波在“1”电平时，门电路只让 CH1 通道的信号通过；当方波在“0”电平时，门电路只让 CH2 通道的信号通过。由于电子开关的转换速度受扫描信号的控制，被测信号的频率越高，扫描频率也越高，电子开关的转换速度也越快，在屏幕上就会同时出现两个不同的被测信号，实现双踪显示的目的。当被测信号频率过低时，电子开关转换速度过低，屏幕上无法同时显示出两个信号波形。所以这种工作状态只适用于显示频率较高的信号波形。

当处于“断续”状态时，电子开关不受扫描信号的控制，产生固定频率为 250 kHz 的方波信号。电子开关以 250 kHz 的频率进行自动转换，轮流接通两个通道。这样在一个扫描周期内，两个输入信号就反复断续显示多次。只要断续次数足够多，两个波形看起来就是连续的。在这种状态下工作时，被测信号频率不得高于电子开关的转换频率，因而适用于显示频率较低的信号。

值得注意的是，上述“交替”和“断续”两种状态都属于“双踪”显示的范围。

当处于“CH1”状态时，方波在“1”电平，CH1 通道开启，屏幕上只能显示 CH1 通道的波形。

当处于“CH2”状态时，方波在“0”电平，CH2 通道开启，屏幕上只能显示 CH2 通道的波形。

当处于“CH1+CH2”状态时，电子开关不工作。这时两路信号同时通过门电路和放大器，屏幕上显示的是两路信号叠加后形成的波形。

二、模拟双踪示波器的使用方法

模拟双踪示波器的型号很多，如 CA8020 型、XC4320 型等，如图 8-3-5 所示。使用方法也大同小异。下面以 XC4320 型双踪示波器为例，说明双踪示波器的使用方法。

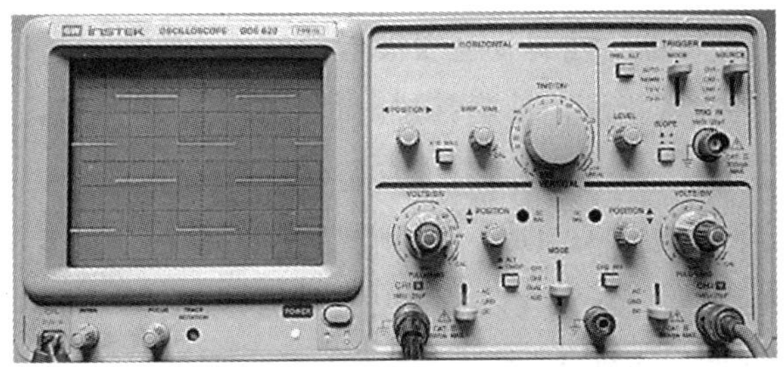

图 8-3-5 常见的模拟双踪示波器

1. XC4320 型双踪示波器的面板

XC4320 型双踪示波器的前面板如图 8-3-6 所示。

（1）电源部分

电源开关——示波器主电源开关。开关按下时电源指示灯亮，表示电源接通。

辉度旋钮——控制光点和扫描线亮度。

聚焦旋钮——调整扫描线的清晰度。

光迹旋转旋钮——调整水平扫描线，使之与水平刻度线平行。

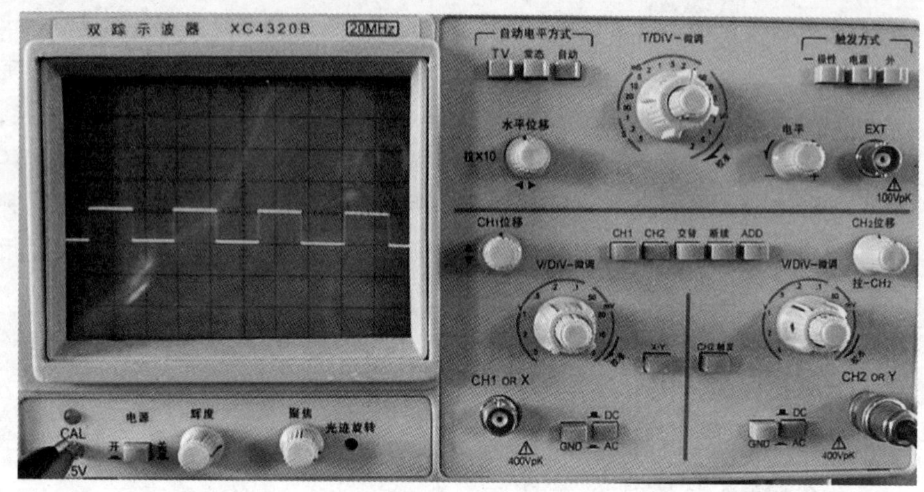

图 8-3-6　XC4320 型双踪示波器的前面板

（2）垂直系统部分

CH1（X）——Y1 的垂直输入端。在 X-Y 工作方式时作为 X 轴输入端。

CH2（Y）——Y2 的垂直输入端。在 X-Y 工作方式时作为 Y 轴输入端。

耦合选择开关（AC-GND-DC）——AC：交流耦合；GND：放大器的输入端接地；DC：直流耦合。

V/Div——衰减器旋钮。从 5 mV/Div~5 V/Div 共分为 10 挡，供选择垂直偏转因数。Div 表示分格，V/Div 表示显示器屏幕上每一格对应的电压值，这样就能很方便地从屏幕上波形所占的格数计算出波形的电压值。

微调——偏转因数微调。可调节至面板指示值的 2.5 倍以上，当置于“校准”位置时，偏转因数校准为面板指示值；当其拉出时，放大器增益增大 5 倍。

CH1 位移和 CH2 位移——调节扫描线或光点的垂直位置。

Y 方式——由五个按键开关组成，用于选择垂直系统的工作方式（CH1：Y1 单独工作。CH2：Y2 单独工作。交替：Y1、Y2 以交替方式工作。断续：Y1、Y2 以断续方式工作。ADD：Y1+Y2 同时工作）。

（3）水平系统部分

T/Div——扫描时间因数选择旋钮。用于选择扫描时间因数。

微调——扫描微调，用于微调扫描时间因数。可调节至面板指示值的 2.5 倍以上，当其置于“校准”位置时，扫描偏转因数校准为面板指示值。

水平位移——调节扫描线或光点的水平位置。当该旋钮拉出时，处于“×10”扩展状态。

（4）触发部分

触发方式开关——由三个按键开关组成，用于选择触发信号（极性：选择触发极性。电源：交流电源作触发信号。外：由输入端 EXT 引入的外触发信号作为触发信号）。

电平——调节触发电平的大小。

自动电平方式——由三个按键开关组成，用于选择所需的扫描方式（自动：无论有无触发信号，扫描自动进行。常态：无触发信号时，扫描处于准备状态，没有扫描线。TV：扫描受电视信号的控制）。

（5）0.5 V_{P-P}

输出频率为 1 kHz 的校准电压信号（0.5 V_{P-P} 的方波电压），供校准仪器用。

2. XC4320 型双踪示波器的使用方法

（1）测量前的准备工作

1）设置开关及旋钮位置。将电源线插入交流电源插座之前，应按表 8-3-2 设置示波器的开关及控制旋钮的位置。

表 8-3-2　各开关及旋钮的位置

开关名称	位置设置	开关名称	位置设置
电源开关	断开	触发源	CH1
辉度	相当于时钟 3 点位置	耦合选择	AC
Y 轴工作方式	CH1	电平	锁定（逆时针旋到底）
CH1 位移和 CH2 位移	中间位置，推入	自动电平方式	常态
V/Div	10 mV/Div	T/Div	0.5 ms/Div
垂直微调	校准（顺时针旋到底），推入	水平微调	校准（顺时针旋到底），推入
AC-GND-DC	GND	水平位移	中间位置，推入

2）打开电源。调节辉度和聚焦旋钮，使扫描基线清晰度较好。

3）一般情况下，应将垂直微调和扫描微调旋钮处于“校准”位置，以便读取 V/Div 和 T/Div 的数值。

4）调节 CH1 垂直移位。使扫描基线设定在屏幕中间，若此光迹在水平方向略微倾斜，则应调节光迹旋转旋钮，使光迹与水平刻度线平行。

5）校准探头。由探头输入方波校准信号到 CH1 输入端，将 0.5 V_{P-P} 校准信号加到探头上。将“AC-GND-DC”开关置于“AC”位置，校准波形将显示在屏幕上。

（2）测量信号的方法和步骤

1）将被测信号输入示波器通道输入端。注意输入电压不能超过 400 V（DC+AC_{P-P}）。使用探头测量大信号时，必须将探头衰减旋钮拨到“×10”位置，此时输入信号缩小到原值的 1/10，实际的 V/Div 值为显示值的 10 倍。测量低频小信号时，可将探头衰减旋钮拨到“×1”位置，如图 8-3-7 所示。

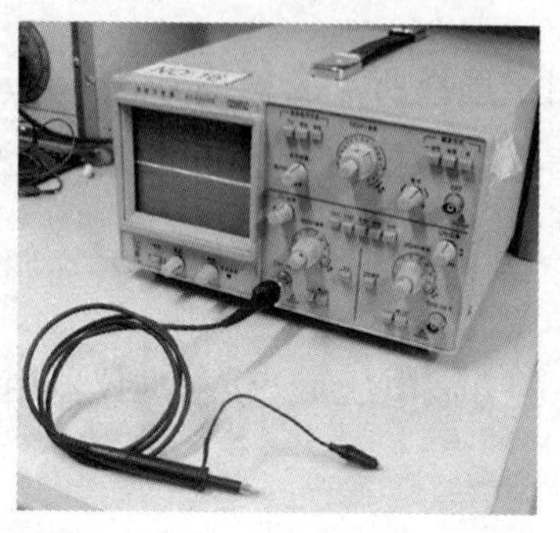
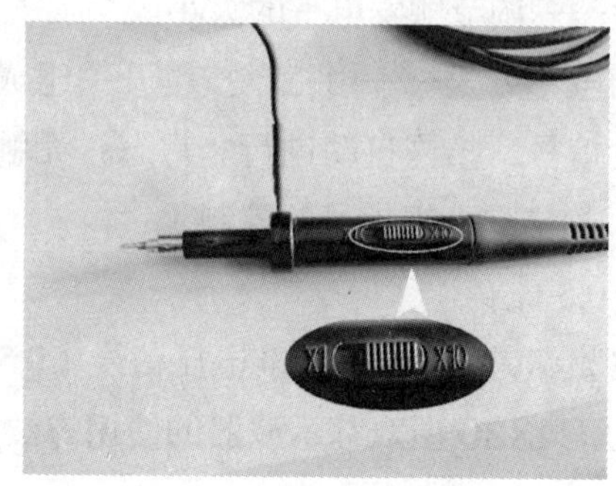

图 8-3-7　探头的使用

2）按照被测信号参数测量方法的不同，选择各旋钮的位置，使信号正常显示在荧光屏上，记录测量的读数或波形。测量时必须注意将 Y 轴偏转因数微调旋钮和 X 轴扫描微调旋钮旋至“校准”位置。因为只有在“校准”时才可按旋钮“V/Div”及“T/Div”的指示值计算测量结果。同时还应注意，面板上标定的垂直偏转因数“V/Div”中的“V”是指峰—峰值。

3）根据记录的读数进行分析、运算和处理，得到测量结果。

知识链接

双踪示波器的应用示例——电压的测量

利用示波器所做的任何测量，最终都归结为对电压的测量。示波器不仅可以测量直流电压、正弦电压、脉冲和非正弦电压的幅度，还可以测量各种电压的波形及相位，这是其他任何电压测量仪器都不能比拟的。

常用的直接测量法，就是从屏幕上测量出被测电压波形的高度，然后换算成对应的电压值。

定量测量电压时，一般把 Y 轴偏转因数微调旋钮转至“校准”位置上，这样就可以从“V/Div”的指示值和被测信号占据的纵轴幅度直接计算出被测电压值，因此直接测量法又称为标尺法。

（1）交流电压的测量

将 Y 轴输入耦合开关置于“AC”位置，显示出输入波形的交流成分。若交流信号的频率很低，则应将 Y 轴输入耦合开关置于“DC”位置。

将被测波形移至屏幕的中心位置，用“V/Div”旋钮将被测波形控制在屏幕有效工作范围内，按坐标分度尺的分度读取整个波形在 Y 轴方向的幅度 H，则被测电压的峰—峰值（V_{P-P}）就等于“V/Div”旋钮指示值与 H 的乘积。使用探头测量时，应把探头的衰减量计算在内，若将探头衰减旋钮拨到“×10”位置，则将上述计算数值乘 10。

如图 8–3–8 所示，示波器的 Y 轴偏转因数置于“1 V/Div”挡，被测波形在 Y 轴的幅度 H 为 6 Div，则该信号的峰—峰值为：V_{P-P}=6 Div×1 V/Div=6 V。最大值为：U_m=3 Div×1 V/Div=3 V。有效值为：$U=\frac{U_m}{\sqrt{2}}=\frac{3}{\sqrt{2}}\text{V}\approx 2.12\text{ V}$。如果测试时 Y 轴输入端采用了 10∶1 衰减的探头，则 U=2.12×10 V=21.2 V。

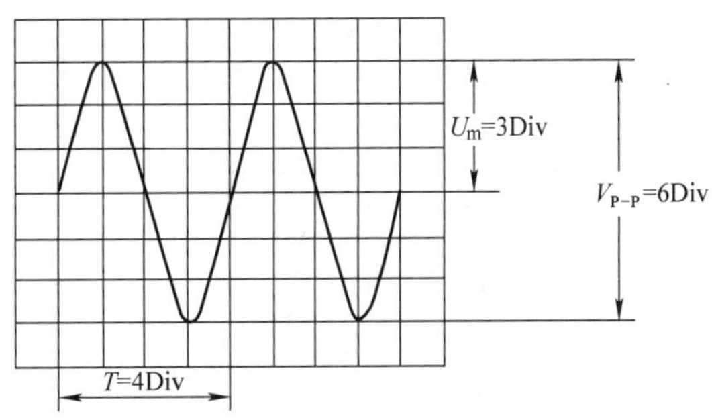

图 8–3–8 正弦交流电压的测量

（2）直流电压的测量

设置 Y 轴输入耦合方式为“GND”，自动电平方式为“自动”，使屏幕显示一水平扫描线，此扫描线即为零电平线。

设置 Y 轴输入耦合方式为“DC”，加入被测电压，此时扫描线在 Y 轴方向产生跳变位移 H，被测电压即为“V/Div”旋钮指示值与 H 的乘积。

直接测量法简单易行，但误差较大。产生误差的原因主要有读数误差、视觉误差和示波器的系统误差（衰减器、偏转系统误差，示波管边缘效应）等。

知识链接

双踪示波器的应用示例——时间和周期的测量

示波器中的扫描发生器能产生与时间呈线性关系的扫描线，因此可以用荧光屏的水平刻度来测量波形的时间参数，如周期性信号的重复周期、脉冲信号的宽度、时间间隔、上升时间（前沿）和下降时间（后沿）、两个信号的时间差等。

测量时，要先将示波器的 X 轴扫描微调旋钮转到“校准”位置，显示波形在水平方向分度所代表的时间才能将“T/Div”旋钮的指示值直接用于计算，从而准确地求出被测信号的时间参数。

（1）脉冲参数的测量

用双踪示波器测量脉冲波形参数时，由于其 Y 轴电路中有延迟电路，使用内触发方式能很方便地测出脉冲波形的上升沿和下降沿的时间，如图 8–3–9 a 所示。测量上升沿的时间时，可调整脉冲幅度，使其占 5 Div 左右，并使 10% 和 90% 电平处于网格上，这样能很容易读出上升沿的时间。测量脉冲宽度时，可将脉冲幅度调整到占 6 Div 左右，这时 50% 电平恰好在网格线上，如图 8–3–9 b 所示。测量脉冲幅度时，适当调整“V/Div”，使显示的波形较大，从而较容易读出刻度值，如图 8–3–9 c 所示。

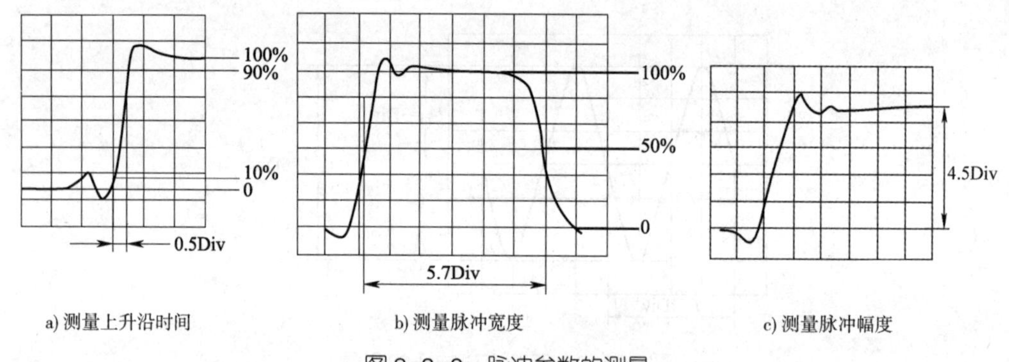

a) 测量上升沿时间　　b) 测量脉冲宽度　　c) 测量脉冲幅度

图 8–3–9　脉冲参数的测量

若测量图 8–3–9 所示波形参数，已知 Y 轴偏转因数为 1 V/Div，扫描偏转因数为 2 μs/Div，则可得测量结果为脉冲上升时间：0.5 Div×2 μs/Div=1.0 μs。脉冲宽度：5.7 Div×2 μs/Div=11.4 μs。脉冲幅度：4.5 Div×1 V/Div=4.5 V。

（2）周期的测量

如图 8–3–8 所示，若已知扫描偏转因数为 1 μs/Div，则该正弦波的周期为 T= 4 Div×1 μs/Div=4 μs。由此可计算出该波形的频率为 $f=\dfrac{1}{T}=\dfrac{1}{4\times10^{-6}}\text{Hz}=250\text{ kHz}$。

（3）相位的测量

利用双踪示波器可以方便地测量两个同频率正弦交流电的相位，具体方法是：在 CH1、CH2 输入插孔分别输入两个正弦波电压，显示开关选择“交替”，调节 Y 移位，使两个电压波形处于同一水平位置，即图中的 a、b、c 三点均在 X 轴上，波形如图 8–3–10 所示。波形与中心轴交点 a、b 之间即为 A 电压的一个周期 T。a、c 之间则是两电压的相位差，若相位差角度为 φ，则 $\varphi=\dfrac{X_{ac}}{X_{ab}}\times360°$，图中，$X_{ac}$=2 Div，$X_{ab}$= 8 Div，则 $\varphi=\dfrac{2\text{ Div}}{8\text{ Div}}\times360°=90°$，即 A 电压超前 B 电压 90°。

三、模拟双踪示波器的维护

1. 双踪示波器的使用注意事项

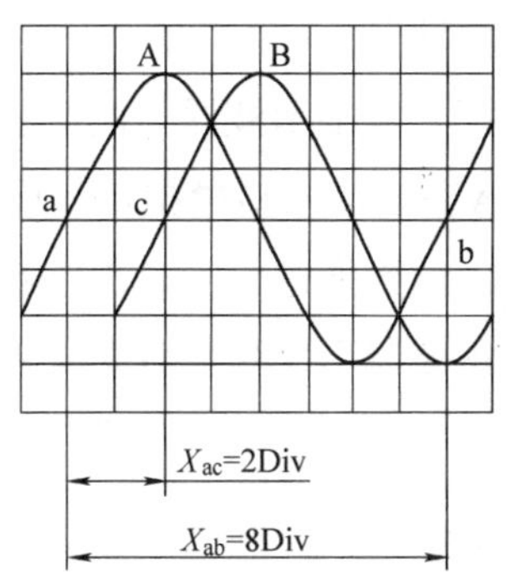

图 8-3-10 相位差的测量

（1）双踪示波器的电源为单相三线制，故仪器通电前应检查供电电源是否符合此要求。

（2）为了保护荧光屏不被灼伤，使用双踪示波器时，光点亮度不能太强，而且也不能长时间停留在荧光屏的同一位置。在使用过程中，如果短时间内不使用双踪示波器，可将"辉度"旋钮调到最小，不要经常通断双踪示波器的电源，避免缩短示波管的使用寿命。

（3）双踪示波器上所有开关与旋钮都有一定强度与调节角度。使用前，应掌握所使用的双踪示波器面板上各旋钮的作用。使用时应轻轻地旋转，不能用力过猛或随意旋转。

2. 双踪示波器的存放条件

（1）双踪示波器在日常使用时，应保持干燥和清洁。不使用时，应罩上塑料外罩，避免金属杂物和尘埃的进入。此外，存放处应保持干燥和通风，在气候潮湿时，应使用干燥剂，以免机内元器件受潮，产生故障。

（2）在搬运双踪示波器的过程中，应轻拿轻放，避免剧烈振动，以免损坏示波器。

§8-4 数字示波器

学习目标

1. 了解数字示波器的组成和工作原理。
2. 熟练掌握数字示波器的使用和维护方法。

数字示波器是运用数据采集、A/D 转换、软件编程等技术制造的高性能智能示波器。数字示波器通过模拟转换器把被测信号转换为数字信号，捕获波形的一系列样值，并对样值进行存储，存储限度是累计的样值能够描绘出波形为止，随后数字示波器重构波形。

数字示波器与模拟示波器的不同之处在于，信号进入数字示波器后立刻通过高速A/D转换器对模拟信号前端采样，存储其数字化信号，并利用数字信号处理技术对存储的数据进行实时快速处理，得到信号的波形及参数，最终由LCD显示屏显示。数字示波器不仅测量精度高，还能够存储和调用显示特定时刻的信号。

本节主要以具有广泛代表性的UTD2102e型数字示波器为例，介绍其组成、工作原理和使用方法。

一、数字示波器的组成和工作原理

UTD2102e型数字示波器如图8-4-1所示。该数字示波器具有快速完成测量任务所需要的高性能指标和强大功能。UTD2102e型数字示波器通过高速的实时采样和等效采样，可以在数字示波器上观察到更快的信号。强大的触发和分析能力使其易于捕获和分析波形。清晰的液晶显示和全面的数学运算功能，使其便于使用者更快、更清晰地观察和分析信号。

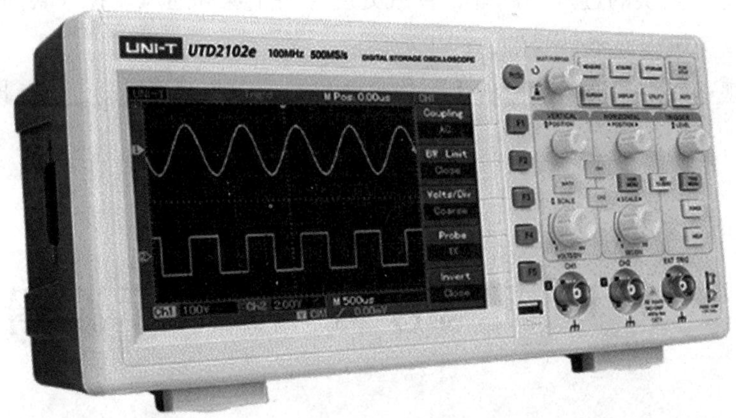

图8-4-1 UTD2102e型数字示波器

1. 数字示波器的组成

UTD2102e型数字示波器的结构如图8-4-2所示。该数字示波器提供简单而功能明晰的前面板，以进行基本的操作。面板上包括旋钮和功能按键，旋钮的功能与其他数字示波器类似。显示屏右侧的一列按键为控制菜单软键（自上而下定义为F1 ~ F5），通过它们可以设置当前菜单的不同选项。其他按键为功能键，通过它们可以进入不同的功能菜单或直接获得特定的功能应用。

UTD2102e型数字示波器正常测量时，LCD显示屏的界面如图8-4-3所示。LCD显示屏上的显示项目与前面板的旋钮和功能按键一一对应。通过旋钮和功能按键可以分别调出需要显示的项目。

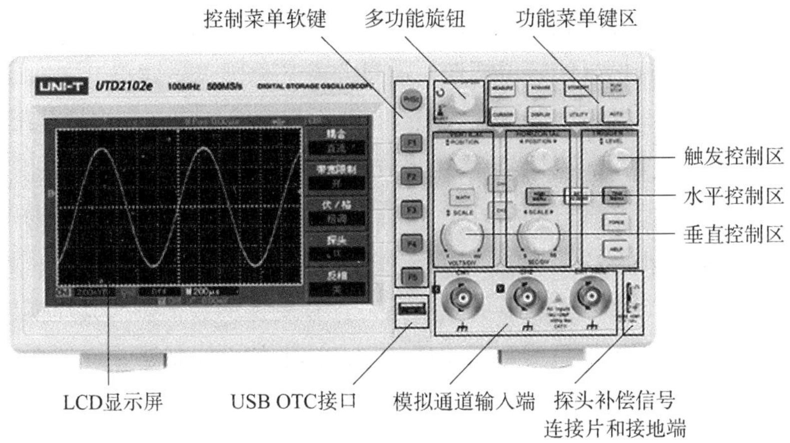

图 8-4-2　UTD2102e 型数字示波器的结构

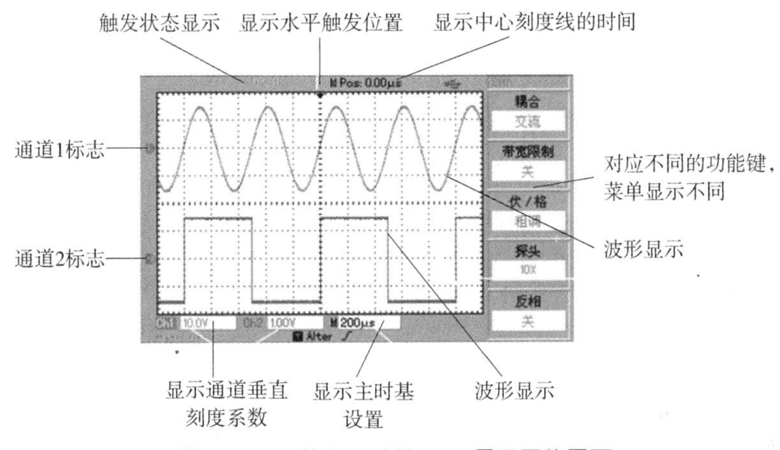

图 8-4-3　数字示波器 LCD 显示屏的界面

2. 数字示波器的工作原理

数字示波器有别于模拟示波器，它是将采集到的模拟信号转换为数字信号，再由微处理器进行分析、处理、存储、显示等操作。通过数据接口还可将数据传输到计算机等外部设备进行分析处理。

数字示波器的工作过程一般分为存储和显示两个阶段。在存储阶段，首先对被测模拟信号进行采样和量化，经 A/D 转换器转换成数字信号后，依次存入 RAM 中。当采样频率足够高时，就可以实现信号的不失真存储。在显示阶段，微处理器对存储器中的数字化信号波形进行相应的处理，并显示在 LCD 显示屏上。数字示波器的工作原理如图 8-4-4 所示。

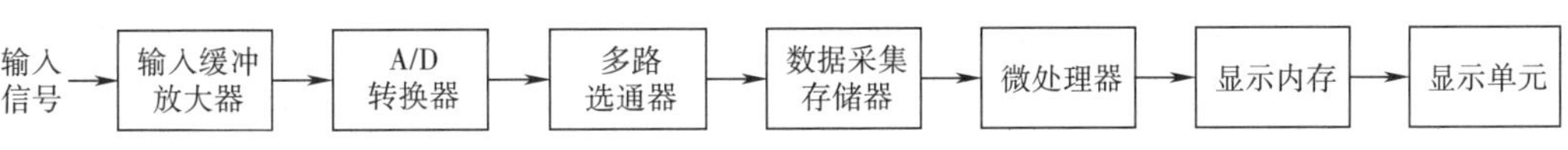

图 8-4-4　数字示波器的工作原理

（1）输入缓冲放大器。输入缓冲放大器用于将输入的信号作缓冲变换，将被测体与示波器隔离，同时将信号的幅值切换至适当的电平范围（示波器可以处理的范围），也就是说不同幅值的信号在通过输入缓冲放大器后都会转变成相同电压范围内的信号。

（2）A/D 转换器。A/D 转换器起到采样的作用，它在采样时钟的作用下，将采样脉冲到来时刻信号幅值的大小转化为数字表示的数值，这个点称为采样点。A/D 转换器是波形采集的关键部件。

（3）多路选通器。多路选通器的作用是将 A/D 变换的数据按照其在模拟波形上的先后顺序存入存储器，也就是给数据安排地址，地址的顺序就是采样点在波形上的顺序，相邻采样点之间的时间间隔就是采样间隔。

（4）数据采集存储器。将采样数据按照安排好的地址存储下来，当采集存储器内的数据足够复原波形时，再送入后级处理，用于复原波形并显示。

（5）微处理器和显示内存。微处理器用于控制和处理所有的信息，并把采样点复原为波形点，存入显示内存区用于显示。

（6）显示单元。将显示内存中的波形点显示出来，显示内存中的数据与 LCD 显示屏上的点是一一对应的关系。

小提示

我们在数字示波器 LCD 显示屏上看到的波形，是由采集到的数据重建后的波形，而不是输入连接端上所加信号的直接波形。

二、数字示波器的使用

1．基本使用

（1）功能检查

1）接通电源。电源的供电电压为交流 100~240 V，使用产品附带的电源线或者其他符合标准的电源线，将示波器连接到电源。

2）开机检查。按下示波器的电源开关键，示波器启动，出现开机动画，启动完成后即进入正常的界面。

3）接入信号。数字示波器为双通道输入，另有一个外触发输入通道。按照如下步骤接入信号：

① 将数字示波器探头连接到 CH1 输入端，并将探头上的衰减倍率设定为“10×”，如图 8–4–5 所示。

② 在数字示波器上设置探头衰减系数。此衰减系数能够改变仪器的垂直挡位倍率，从而使测量结果正确反映被测信号的幅值。设置探头衰减系数的方法为按“F4”使菜单显示“10×”，如图 8–4–5 所示。

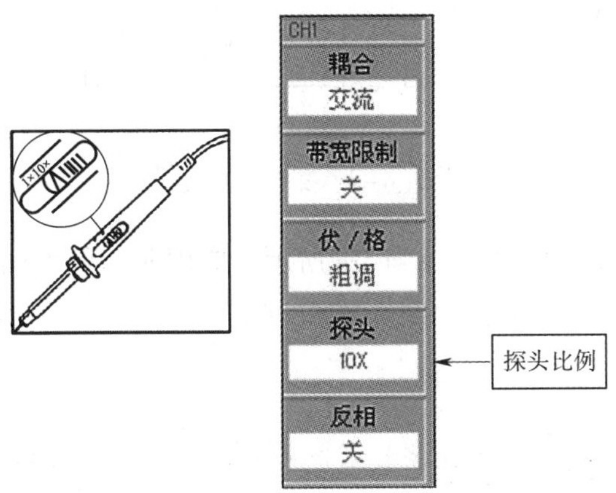

图 8-4-5 设定探头衰减倍率和衰减系数

③ 把探头的探针和接地夹连接到探头补偿信号的相应连接端上。按“AUTO”键，几秒内可见到方波显示（1 kHz，3 V_{p-p}），如图 8-4-6 所示。

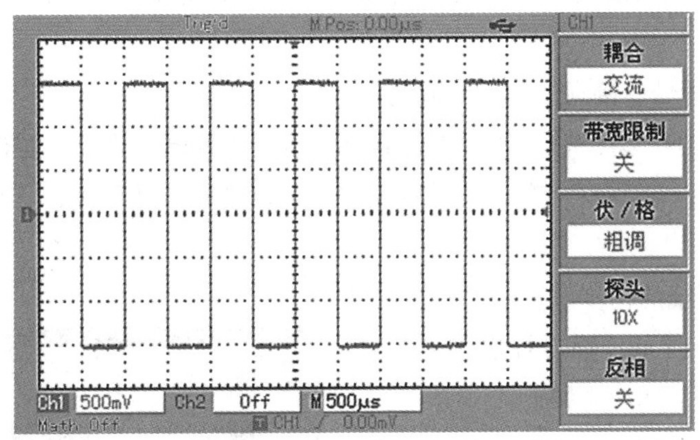

图 8-4-6 探头补偿信号

以同样的方法检查 CH2，按“OFF”键关闭 CH1，按“CH2”键打开 CH2，重复步骤①②③。

（2）探头补偿校正

在首次将探头与任一输入通道连接时，需要进行探头补偿校正，使探头与输入通道相配。未经补偿校正的探头会导致测量误差或错误。探头补偿校正的操作步骤如下：

1）将探头菜单衰减系数设定为“10×”，探头上的旋钮置于“10×”，并将数字示波器探头与 CH1 连接。如使用探头钩形头，应确保其与探头接触可靠。将探头端部与探头补偿器的信号输出连接器相连，接地夹与探头补偿器的地线连接器相连，打开 CH1，然后按“AUTO”键。

2）观察显示波形，如图 8-4-7 所示。

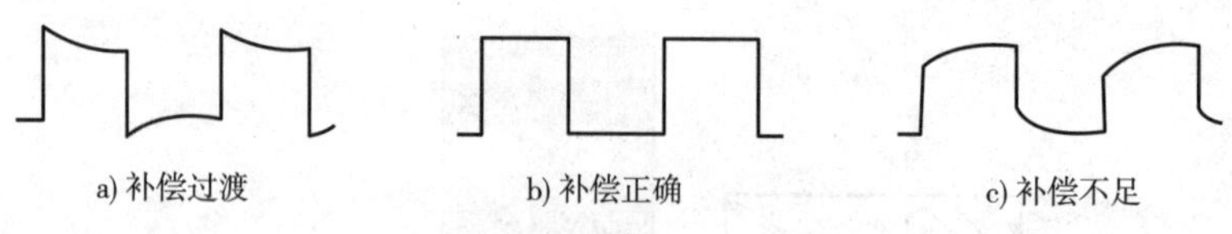

图 8-4-7 探头补偿校正

如果显示波形如图 8-4-7a 或 8-4-7c 所示，应用非金属手柄的改锥调整探头上的可变电容，直到屏幕显示的波形如图 8-4-7b 所示。

小提示

为避免使用探头在测量高电压时被电击，应确保探头的绝缘导线完好，并且连接高压源时不要接触探头的金属部分。

（3）波形显示的设置

数字示波器具有自动设置波形显示的功能，根据输入的信号可自动调整至最合适的波形。应用自动设置的要求是被测信号的频率大于或等于 50 Hz，占空比大于 1%。具体操作步骤如下：

1）将被测信号连接到信号输入通道。

2）按“AUTO”键。数字示波器将自动设置垂直偏转系数、扫描时基以及触发方式。如果需要进一步观察，在自动设置完成后可再进行手动调整，直至波形显示达到需要的效果。

（4）垂直系统的初步设置

如图 8-4-8 所示，垂直控制区有一系列的按键和旋钮，其功能如下：

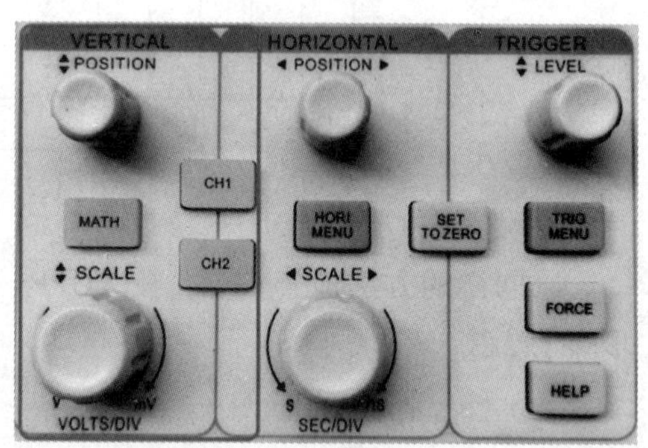

图 8-4-8 垂直控制区

1）垂直位置旋钮“VERTICAL POSITION”可以调整信号在波形窗口的垂直位置。当旋转垂直位置旋钮“VERTICAL POSITION”时，指示通道地（GROUND）的标识会跟随波形上下移动。如果通道耦合方式为 DC，可以通过观察波形与信号地之间的差距来快速测量信号的直流分量。如果耦合方式为 AC，则信号中的直流分量被滤除。这种方式能够用更高的灵敏度显示信号的交流分量。

2）“SET TO ZERO”键是双模拟通道垂直位置恢复到零点的快捷键。按该键能够使垂直移位、水平移位、触发电平的位置回到零点（中点）。

3）旋转垂直标度旋钮“SCALE”可以改变“伏 / 格”垂直挡位。

4）按“CH1”“CH2”“MATH”键可以使屏幕显示对应通道的操作菜单、标志、波形和挡位状态信息。

5）双击“CH1”“CH2”“MATH”键可以关闭需要关闭的通道。

（5）水平系统的初步设置

如图 8-4-9 所示，在水平控制区有一系列的按键和旋钮，其功能如下：

1）水平标度旋钮“SCALE”可以改变水平时基挡位设置。旋转水平标度旋钮“SCALE”改变“秒 / 格”时基挡位，可以发现状态栏对应通道的时基挡位显示发生了相应的变化。水平扫描速率从 2 ns~50 s，以 1-2-5 方式步进。

2）水平位置旋钮“HORIZONTAL POSITION”可以调整信号在波形窗口的水平位置。旋转水平位置旋钮“HORIZONTAL POSITION”时，可以观察到波形随旋钮旋转而水平移动。

3）按“HORI MENU”键可显示 Zoom 菜单。在此菜单下，按“F3”键可以开启视窗扩展，再按“F1”键可以关闭视窗扩展而回到主时基。在此菜单下，还可以设置触发释抑时间。

（6）触发系统的初步设置

图 8-4-10 所示为触发控制区的旋钮、按键以及 LCD 显示屏上显示的触发菜单。

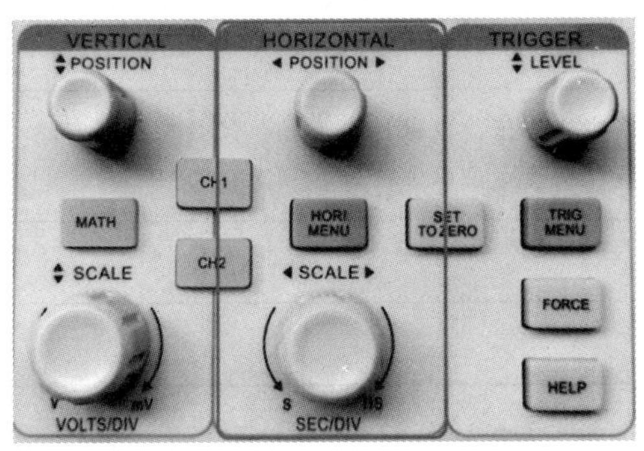

图 8-4-9 水平控制区

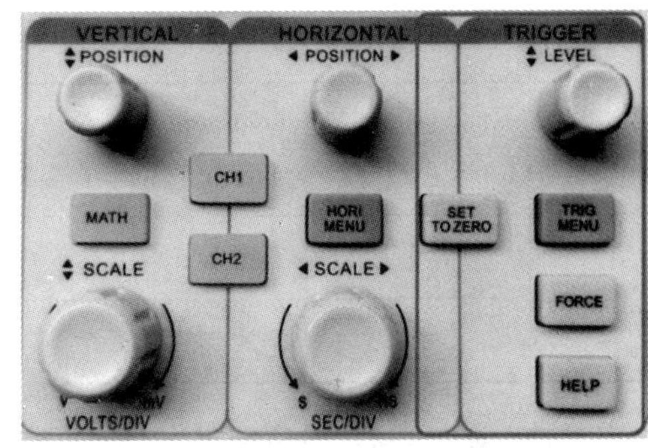

图 8-4-10 触发控制区和触发菜单

1）使用触发电平旋钮“TRIGGER LEVEL”改变触发电平，可以在屏幕上看到触发标志来指示触发电平线，并且随旋钮的转动上下移动。在移动触发电平的同时，可以观察到屏幕下部触发电平数值的相应变化。

2）按“TRIG MENU”键可以改变触发设置。按“F1”键选择“边沿”触发；按“F2”键选择“触发源”为 CH1；按“F3”键设置边沿类型“斜率”为上升；按“F4”键设置“触发方式”为自动；按“F5”键设置“触发耦合”为交流。

3）按“SET TO ZERO”键可使波形的垂直位置归零，并使触发电平的位置在触发信号幅值的垂直中点。

4）按“FROCE”键可强制产生一触发信号，主要应用于触发方式中的正常和单次模式。

2. 垂直系统的进一步设置

数字示波器提供两个模拟输入通道，每个通道有独立的垂直菜单，每个项目都按不同的通道分别设置。按“CH1”或“CH2”功能键，系统显示 CH1 或 CH2 通道的操作菜单，功能说明见表 8-4-1。

表 8-4-1　垂直通道菜单的功能说明

功能	设定	说明
耦合	交流	阻挡输入信号的直流成分
	直流	通过输入信号的交流和直流成分
	接地	显示参考地电平（不断开输入信号）
带宽限制	打开	限制带宽至 20 MHz，被测信号中高于 20 MHz 的高频分量将被衰减
	关闭	不打开带宽限制功能，示波器按满带宽工作
伏格	粗调	按 1-2-5 步进设定当前通道的垂直挡位
	细调	在粗调设置的范围之间，按当前伏格挡位 1% 的步进来设置当前通道的垂直挡位
探头	1×、10×、100×、1 000×	根据探头衰减倍率选取其中一个值，以保持垂直挡位读数与波形实际显示一致，而不需要通过乘探头衰减倍率进行计算
反向	关	波形正常显示
	开	波形反相显示

（1）垂直通道耦合设置

以信号通过 CH1 通道为例，被测信号是一含有直流分量的正弦信号。按“F1”键选择交流，设置为交流耦合方式，被测信号中的直流分量被阻隔，波形显示如图 8-4-11a 所示。按“F1”键选择直流，设置为直流耦合方式，被测信号的直流分量和交流分量都可以通过，波形显示如图 8-4-11b 所示。按“F1”键选择接地，设置为接地耦合方式，被测信号的直流分量和交流分量都被阻隔，波形显示如图 8-4-11c 所示。

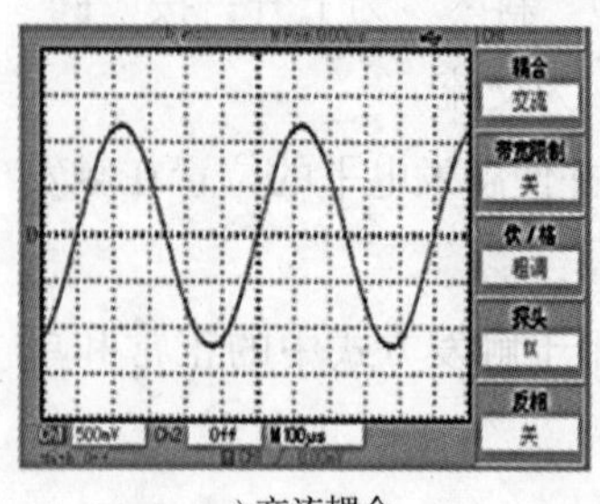

a) 交流耦合

b) 直流耦合

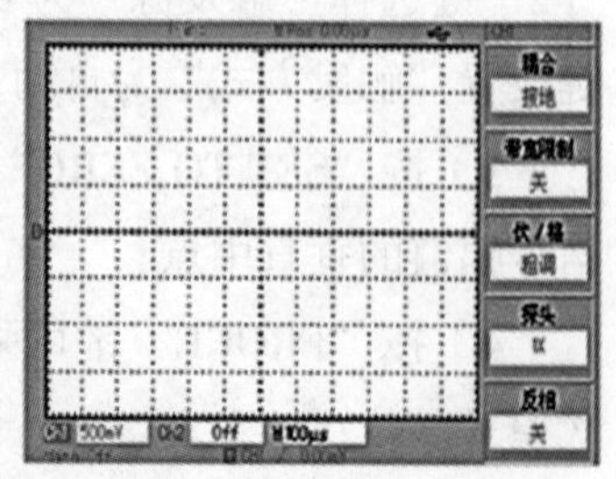

c) 接地耦合

图 8-4-11　垂直通道耦合的设置方式

（2）垂直通道带宽限制

以一个 40 MHz 左右的正弦信号通过 CH1 通道为例，按“CH1”键打开 CH1 通道，然后按“F2”键，关闭带宽限制，此时通道带宽为全带宽，被测信号含有的高频分量都可以通过，波形显示如图 8–4–12 a 所示。按“F2”键，打开带宽限制，此时被测信号中高于 20 MHz 的噪声和高频分量被大幅度衰减，波形显示如图 8–4–12 b 所示。

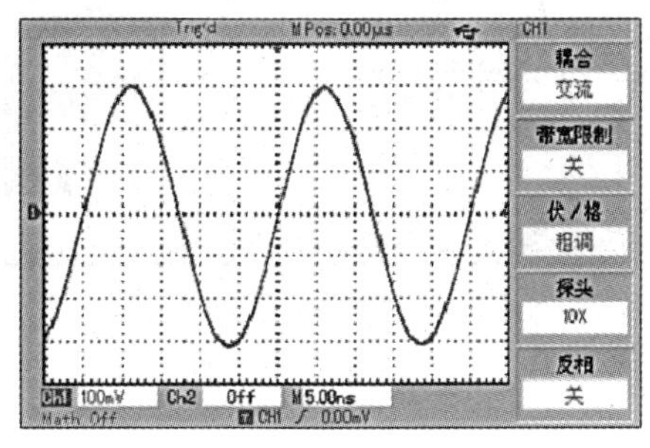

a) 带宽限制关闭时的波形显示

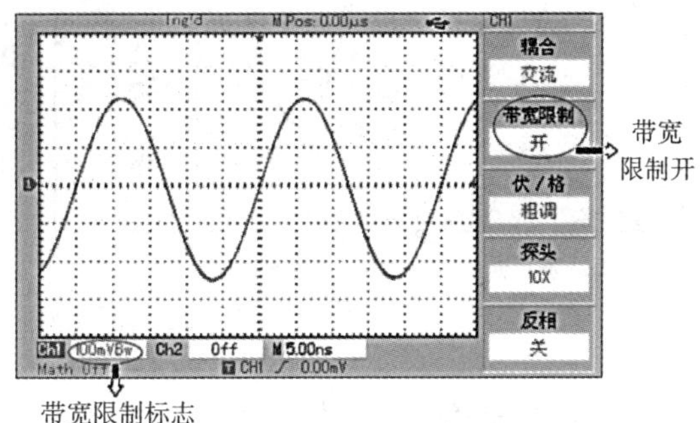

b) 带宽限制打开时的波形显示

图 8–4–12　垂直通道带宽限制关闭 / 打开的波形显示

（3）设置探头衰减系数

为了配合探头衰减倍率，需要在通道操作菜单中进行相应的设置。若探头上的旋钮置于“10×”，则通道菜单中探头衰减系数相应设置为“10×”，以此类推，以确保读数正确。图 8–4–12 所示为使用 10∶1 探头时的设置及垂直挡位的显示。

（4）调节垂直偏转系数

垂直偏转系数的伏 / 格挡位调节分为粗调和细调两种模式。在粗调时，伏 / 格范围是 1 mV/Div~20 V/Div，以 1–2–5 方式步进。在细调时，在当前垂直挡位范围内以更小的步进改变偏转系数，从而实现垂直偏转系数在所有垂直挡位内无间断地连续可调。图 8–4–12 所示为粗调，图 8–4–13 所示为细调。

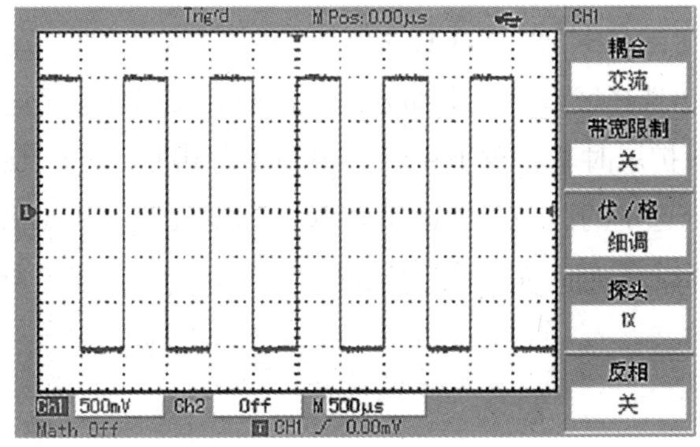

图 8–4–13　垂直偏转系数细调

（5）反相

波形反相即显示信号的相位翻转 180°。未反相的波形如图 8-4-14 a 所示，反相后的波形如图 8-4-14 b 所示。

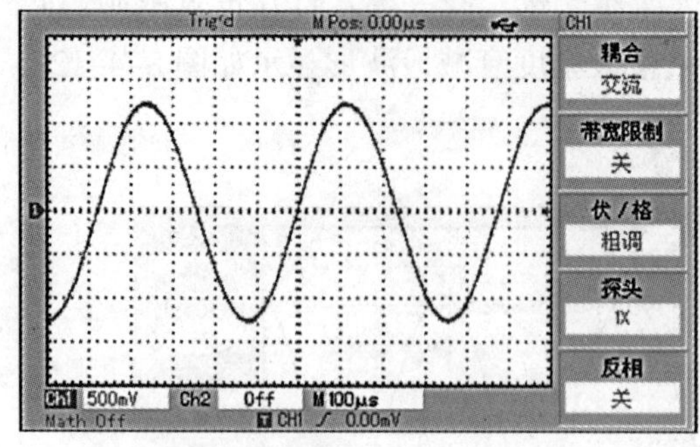

a) 垂直通道反相设置（未反相）

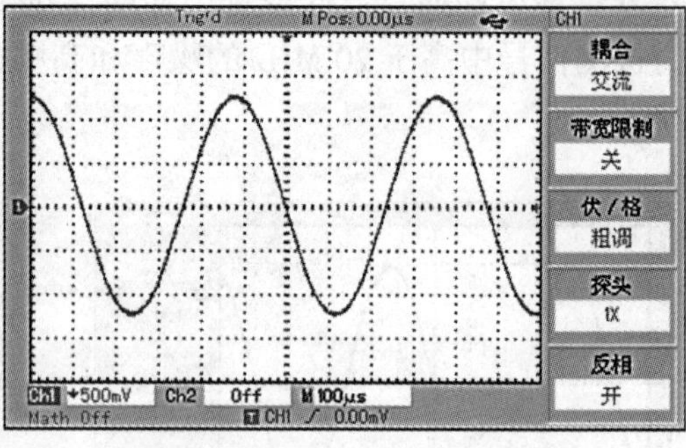

b) 垂直通道反相设置（反相）

图 8-4-14　垂直通道反相设置

3. 水平系统的进一步设置

（1）水平扫描

X-T 方式——在此方式下，*Y* 轴表示电压值，*X* 轴表示时间。

X-Y 方式——在此方式下，*X* 轴表示 CH1 电压值，*Y* 轴表示 CH2 电压值。

慢扫描模式——当水平时基控制设定在 100 ms/Div 或更慢时，仪器进入慢扫描采样模式。应用慢扫描模式观察低频信号时，建议将垂直通道耦合设置成直流。

SEV/DIV——水平刻度（时基）单位，如波形采样被停止（按“RUN/STOP”键），时基控制可扩张或压缩波形。

（2）视窗扩展

视窗扩展用来放大一段波形，以便查看图像细节。视窗扩展的设定不能慢于主时基的设定。视窗扩展下的屏幕显示如图 8-4-15 所示。

在扩展视窗下，屏幕分两个显示区域，上半部分显示的是原波形，此区域可以通过旋转水平位置旋钮“HORIZONTAL POSITION”左右移动，或旋转水平标度旋钮“SCALE”扩大和减小选择区域。下半部分是选定的原波形区域经过水平扩展得到的波形。值得注意的是，扩展时基相对于主时基提高了分辨率。由于整个下半部分显示的波形对应于上半部分选定的区域，因此旋转水平标度旋钮“SCALE”减小选择区域可以提高扩展时基，即提高波形的水平扩展倍数。

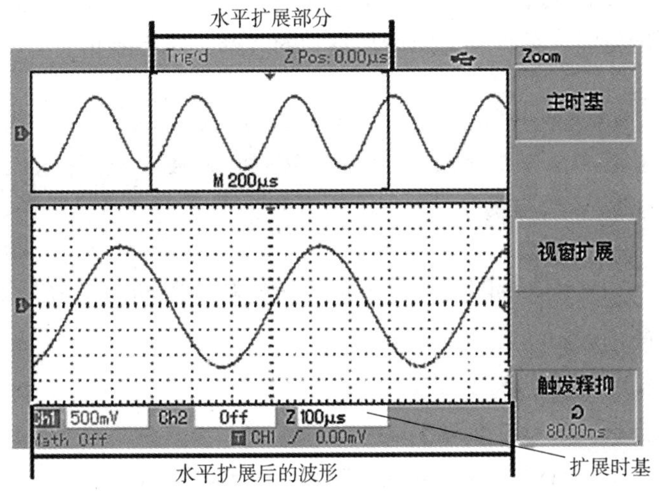

图 8-4-15　视窗扩展下的屏幕显示

4. 触发系统的进一步设置

触发决定了数字示波器何时开始采集数据和显示波形。一旦触发被正确设定，它可以将不稳定的显示转换成有意义的波形。

数字示波器在开始采集数据时，先收集足够的数据用来在触发点的左侧画出波形，并在等待触发条件发生的同时连续地采集数据。当检测到触发后，数字示波器连续地采集足够多的数据以在触发点的右侧画出波形。

（1）触发系统

1）触发源：触发可从多种信号源得到，例如输入通道（CH1、CH2）、外部触发（EXT）和市电。

输入通道——最常用的触发源是输入通道（可任选一个）。被选中作为触发源的通道，无论其输入是否被显示，都能正常工作。

外部触发——这种触发源可在两个通道上采集数据的同时在第三个通道上触发。例如，可利用外部时钟或来自待测电路的信号作为触发源。

市电——即市电电源。这种触发方式可用来观察与市电相关的信号，如照明设备和动力提供设备之间的关系，从而获得稳定的同步。

2）触发方式：决定数字示波器在无触发事件情况下的行为方式。该型号数字示波器提供自动触发、正常触发和单次触发三种触发方式。

自动触发——在没有触发信号输入时，系统自动采集波形数据，在屏幕上可显示扫描基线；当有触发信号输入时，自动转为触发扫描，从而与信号同步。

正常触发——只有触发条件满足时才能采集到波形。在没有触发信号时停止数据采集，示波器处于等待触发状态。

单次触发——用户按下“运行”按钮，数字示波器进入等待触发状态，当数字示波器检测到一次触发时，采样并显示所采集到的波形，然后停止。

小提示

扫描波形设定在 50 ms/Div 或更慢的时基上时，自动触发方式允许没有触发信号。

3）触发耦合：决定信号的何种分量被传送到触发电路。耦合类型包括直流、交流、低频抑制和高频抑制。

直流——让信号的所有成分通过。

交流——阻挡直流成分并衰减 10 Hz 以下信号。

低频抑制——阻挡直流成分并衰减低于 80 kHz 的低频成分。

高频抑制——衰减超过 80 kHz 的高频成分。

4）预触发 / 延迟触发：触发事件之前 / 之后采集的数据。触发位置通常设定在屏幕的水平中心，可以观察到 5 Div（或 6 Div）的预触发和延迟触发信息。可以通过调节波形的水平位移，查看更多的预触发信息。观察预触发数据可以掌握触发前的波形情况。例如，捕捉到电路启动时刻产生的毛刺，通过观察和分析预触发数据，就能帮助查出毛刺产生的原因。

（2）触发控制的方式

触发控制的方式分为边沿触发、脉宽触发和交替触发。

边沿触发——当触发信号的边沿到达某一给定电平时，触发产生。

脉宽触发——当触发信号的脉冲宽度达到设定的触发条件时，触发产生。

交替触发——当 CH1、CH2 分别交替地触发各自的信号时，触发产生，适用于触发没有频率关联的信号。

知识链接

数字示波器的应用示例

1. 测量简单的信号

观测电路中一未知信号，迅速显示并测量信号的电压峰—峰值和频率。

（1）显示该信号的操作步骤如下：

1）将探头衰减系数设定为“10×”，并将探头上的旋钮置于“10×”。

2）将 CH1 的探头连接到电路被测点。

3）按“AUTO”键。

数字示波器将自动设置使波形显示达到最佳。在此基础上，可以进一步调节垂直、水平挡位，直至波形的显示符合要求。

（2）自动测量信号的电压峰—峰值和频率操作步骤如下：

1）按“MEASURE”键，以显示自动测量菜单。

2）按“F1”键，进入测量菜单种类选择。

3）按“F3”键，选择电压类。

4）按“F5”键翻至2/4页，再按“F3”键选择测量类型为峰—峰值。

5）按“F2”键，进入测量菜单种类选择，再按“F4”键选择时间类。

6）按“F2”键即可选择测量类型为频率。

以上操作结果如图8-4-16所示。

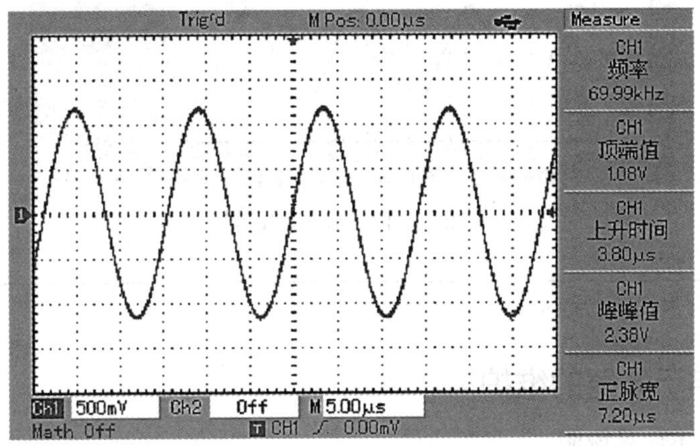

图8-4-16　自动测量的波形图

2. 观察正弦波信号通过电路产生的延时

与上例相同，设置探头和数字示波器通道的探头衰减系数为“10×”。将数字示波器CH1通道与电路信号输入端相接，CH2通道则与输出端相接。操作步骤如下：

（1）显示CH1通道和CH2通道的信号。

1）按“AUTO”键。

2）继续调整水平、垂直挡位直至波形显示满足测试要求。

3）按“CH1”键选择CH1通道，旋转垂直位置旋钮，调整CH1波形的垂直位置。

4）按“CH2”键选择CH2通道，同上一步操作，调整CH2波形的垂直位置。使通道1、2的波形既不重叠在一起，又利于观察比较。

（2）测量正弦信号通过电路后产生的延时，并观察波形的变化。

1）按“MEASURE”键以显示自动测量菜单。

2）按“F1”键，进入测量菜单种类选择。

3）按“F4”键，进入时间类测量参数列表。

4）按两次“F5”键，进入3/3页。

5）按“F2”键，选择延迟测量。

6）按“F1”键，选择CH1，再按下“F2”键，选择CH2，然后按“F5”键。此时，在F1区域的“CH1–CH2延迟”下可以看到延迟值。

7）观察两个波形的区别，如图8–4–17所示。

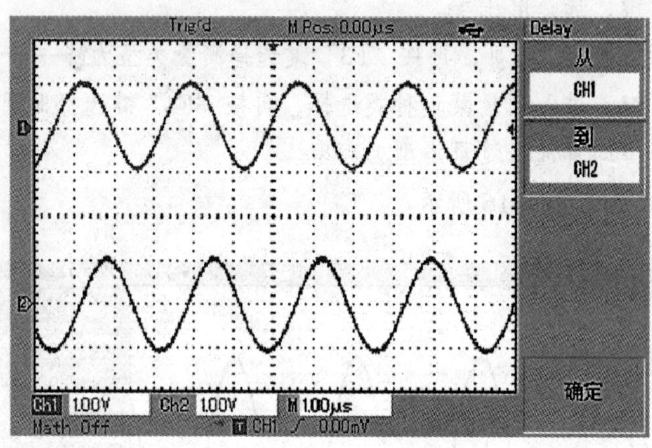

图8–4–17　波形的延时

三、数字示波器的维护

1. 系统提示信息说明

（1）调节已到极限：提示在当前状态下，多用途旋钮的调节已到达极限，不能再继续调整。

（2）U盘连接成功：当U盘插入到数字示波器时，如果连接正确，屏幕出现该提示。

（3）U盘已移除：当U盘从数字示波器上拔下时，屏幕出现该提示。

（4）Saving：当波形正在存储时，屏幕显示该提示，并在其下方出现进度条。

（5）Loading：当波形正在调出时，屏幕显示该提示，并在其下方出现进度条。

2. 简单故障排除

（1）无波形

采集信号后，画面中并未出现信号的波形，按下列步骤处理：

1）检查探头是否正常连接在信号测试点上。

2）检查信号连接线是否正常连接在模拟通道输入端上。

3）检查输入信号的模拟通道输入端与打开的通道是否一致。

4）将探头探针端连接到示波器前面板的探头补偿信号连接片，检查探头是否正常。

5）检查待测物是否有信号产生（可将有信号产生的通道与有问题的通道接在一起来确定问题所在）。

6）按“AUTO”键自动设置，使示波器重新采集信号。

（2）电压测试错误

测量的电压幅度值为实际值的 10 倍或 1/10，则应检查通道探头衰减系数设置是否与所使用的探头衰减倍率一致。

（3）不触发

有波形但无法稳定显示，按下列步骤处理：

1）检查触发菜单中的触发源设置与实际信号所输入的通道是否一致。

2）检查触发类型。一般的信号应使用边沿触发方式，只有设置正确的触发方式，波形才能稳定显示。

3）改变触发耦合为高频抑制或低频抑制，以滤除干扰触发的高频或低频噪声。

（4）刷新慢

1）检查“ACQUIRE”键菜单中的获取方式是否为“平均”，且平均次数较大。如果想加快刷新速度可适当减少平均次数或选取其他获取方式，例如“正常采样”。

2）检查“DISPLAY”键菜单中的“余辉时间”是否被设置成较长的时间或者“无限”。

（5）波形显示呈阶梯状

1）水平时基挡位过低，通过增大水平时基提高水平分辨率，可以改善显示。

2）显示类型为“矢量”，采样点间的连线造成波形阶梯状显示。将显示类型设置为“点”显示方式，即可解决。

实训 15　函数信号发生器与示波器的使用

一、实训目的

1. 掌握函数信号发生器的使用方法，熟悉各旋钮、按键的作用。
2. 掌握模拟示波器的使用方法，熟悉各旋钮、按键的作用。
3. 掌握数字示波器的使用方法，熟悉各旋钮、按键的作用。

二、实训器材

函数信号发生器 1 台，模拟示波器 1 台，数字示波器 1 台。

三、实训内容及步骤

1. 外观检查

主要检查函数信号发生器、模拟示波器和数字示波器的外壳、显示屏、端钮等是否完好无损，必要的标志和极性符号是否清晰，表内有无脱落元器件等。

2. 熟悉各仪器面板上旋钮和按键的作用

3. 开启示波器电源开关

预热一段时间后，调节示波器有关旋钮，使显示屏中央出现一条适当亮度的清晰水平线。

4. 使用函数信号发生器、模拟示波器和数字示波器

（1）将信号发生器的接地端与示波器的接地端相连，将信号发生器的输出电压端接在示波器的 CH1 输入端。接通信号发生器的电源开关，按照函数信号发生器基本波形输出的调试方法和步骤，将信号发生器的频率调至 1 kHz，输出电压逐渐加大到适当幅度，使示波器的显示屏上显示出被测波形。按照示波器的应用示例方法，使示波器显示屏上出现稳定的正弦波形。

（2）保持示波器设置不变，将信号发生器频率分别调到 1 kHz、500 Hz 和 50 Hz，观察、绘制频率的波形，记录在表 8-4-2 中，并分析这三种频率波形的区别。

表 8-4-2　测量参数及波形表

波形参数	模拟示波器显示的波形图	数字示波器显示的波形图
垂直设置：______/Div 水平设置：______/Div 频　率：______ Hz 最大值：______ V 最小值：______ V		

续表

波形参数	模拟示波器显示的波形图	数字示波器显示的波形图
垂直设置：______/Div 水平设置：______/Div 频　率：______ Hz 最大值：______V 最小值：______V		
垂直设置：______/Div 水平设置：______/Div 频　率：______ Hz 最大值：______V 最小值：______V		

5. 按照现场管理规范清理场地，归置物品。

四、实训注意事项

通电前，一定要检查电路连接是否正确，并经实训指导教师同意后方能进行通电实训。

五、实训测评

根据表 8–4–3 中的测评标准对实训进行测评，并将评分结果填入表中。

表 8–4–3　函数信号发生器与示波器的使用实训评分标准

序号	测评内容	测评标准	配分（分）	得分（分）
1	仪表面板符号含义	能正确识别函数信号发生器和示波器面板的符号	10	
2	函数信号发生器的使用	能正确使用函数信号发生器	15	
		能掌握函数信号发生器使用过程中的注意事项	10	

续表

序号	测评内容	测评标准	配分（分）	得分（分）
3	模拟示波器的使用	能正确使用模拟示波器	15	
		能调试出正弦波、方波、三角波	10	
4	数字示波器的使用	能正确使用数字示波器	15	
		能调试出正弦波、方波、三角波	10	
5	安全文明实训	工作环境整洁，操作习惯良好，具有安全意识，能积极参与教学活动，整体符合6S标准	15	
合计			100